连续炼铜基础理论及工艺优化研究

王松松　王亲猛　郭学益　著

中南大学出版社 · 长沙
www.csupress.com.cn

图书在版编目（CIP）数据

连续炼铜基础理论及工艺优化研究／王松松，王亲猛，
郭学益著. —长沙：中南大学出版社，2023.10
ISBN 978-7-5487-5460-2

Ⅰ．①连… Ⅱ．①王… ②王… ③郭… Ⅲ．①炼铜－
工程热力学－过程模拟－研究 Ⅳ．①TF811

中国国家版本馆 CIP 数据核字（2023）第 127603 号

连续炼铜基础理论及工艺优化研究
LIANXU LIANTONG JICHU LILUN JI GONGYI YOUHUA YANJIU

王松松　王亲猛　郭学益　著

□责任编辑	史海燕	
□责任印制	唐　曦	
□出版发行	中南大学出版社	
	社址：长沙市麓山南路	邮编：410083
	发行科电话：0731-88876770	传真：0731-88710482
□印　　装	长沙印通印刷有限公司	

□开　本	710 mm×1000 mm 1/16	□印张 15.25	□字数 306 千字	
□版　次	2023 年 10 月第 1 版	□印次 2023 年 10 月第 1 次印刷		
□书　号	ISBN 978-7-5487-5460-2			
□定　价	100.00 元			

图书出现印装问题，请与经销商调换

内 容 简 介

本书介绍了连续炼铜技术发展现状和高温冶金研究方法应用现状，以大型化富氧底吹连续炼铜工艺为研究对象，详细论述了铜复杂资源清洁高效处理基础理论和伴生元素定向分离富集优化调控措施。本书从热力学模型建立、高效求解算法开发、模型验证和应用等方面，详细阐述了计算机模拟在高温冶金工艺参数优化方面的应用。

本书可供从事铜冶金领域尤其是铜复杂资源清洁高效处理领域的科研、工程技术人员阅读，也可供高等院校相关专业师生参考。

前　言

　　铜冶金是我国有色金属领域重要产业，面对铜冶炼原料日益复杂资源现状和我国绿色低碳循环发展要求，常规炼铜工艺处理能力低、过程间断、环境污染大，亟须开发大型化、连续化铜冶金新方法，实现铜复杂资源清洁高效处理。大型化富氧底吹连续炼铜是我国自主创新工艺最新发展，因其原料适应性强、综合能耗低，已在国内建成多条工业化生产线。但该工艺基础理论研究相对薄弱，冶炼过程缺乏强化调控措施、伴生元素分散，限制了该工艺进一步推广应用。

　　作者及研究团队围绕富氧底吹炼铜工艺开展了系统研究工作，前期建立了底吹熔炼机理模型，针对底吹炉开展了动力学和热力学模拟，介绍了复杂含铜物料处理生产实践方案，相关成果已出版于《氧气底吹炼铜基础》。本书在此基础上延续和拓展，针对大型化底吹熔炼和底吹连续吹炼工艺特点，开展了富氧底吹大型化铜熔炼和铜锍连续吹炼热力学模拟，明晰了富氧底吹连续炼铜物相演变规律和元素多相分配行为，形成了原料合理成分和工艺参数优化措施。为了总结经验，促进交流，作者将近几年在大型化富氧底吹连续炼铜处理铜复杂资源方面的最新研究成果归纳整理成书。

　　全书共分 8 章，第 1 章绪论，介绍了连续炼铜技术发展现状和高温冶金研究方法应用现状，提出了本书研究内容及意义；第 2 章研究方法，介绍了大型化富氧底吹连续炼铜生产实践数据，以及高温冶金热力学模型建立过程；第 3 章并行粒子群算法开发与应用，介绍了一种速度快、精度高、结果可靠的热力学模型求解算法；第 4 章大型化底吹熔炼过程元素定向分离富集，介绍了贵金属铜锍定向富集、杂质元素高效氧化造渣和气相挥发脱除调控方法和措施；第5章富氧底吹铜锍连续吹炼过程机理，介绍了连续吹炼过程平衡物相演变规律和体系氛围变化规律；第6章底吹铜锍连续吹炼过程元素定向分离富集，介绍了贵金属定向富集和杂质元素强化脱除优化工艺参数；第7章连续炼铜杂质元素脱除影响因素分析，对比其他铜熔炼和铜锍吹炼工艺，揭示了大型化富氧底吹连续炼铜杂质分配行为底层原理；第8章结论与展望，介绍了本书主要结论和创新点，并且展望了未来研究方向。

本书内容研究过程中，获得了国家重点研发计划重点专项"铜精矿大比例协同熔炼基废料智能化型装备"（2022YFC3901501）、国家自然科学基金项目"废电路板催化热解协同熔炼梯级分离提取基础研究"（U20A20273）、河南豫光金铅股份有限公司科技攻关项目"双底吹连续炼铜过程砷分配行为调控研究"等科研项目支持，同时也得到了山东恒邦冶炼股份有限公司、河南中原黄金冶炼厂有限责任公司等企业支持，在此致以诚挚的感谢！

本书是作者及研究团队集体研究成果的总结。研究团队廖立乐、闫书阳、田苗、李中臣、姜保成等同门协助开展了大量研究工作，为相关研究成果报告成稿作出了重要贡献。同时也得到了曲胜利教授、赵宝军教授、闫红杰教授等专家学者的指导，在此表示衷心的感谢！

由于作者水平所限，书中难免有疏漏和不妥之处，敬请读者批评指正。

作　者

2023 年 4 月

目 录

>>>

符号说明

符号	意 义	单位(量纲)
OBBS	富氧底吹铜熔炼工艺	
OBCC	富氧底吹连续吹炼工艺	
OBCS	富氧底吹连续炼铜工艺	
FS	闪速熔炼工艺	
OTBS	富氧顶吹铜熔炼工艺	
OSBS	富氧侧吹铜熔炼工艺	
PS	Pierce-Smith 转炉吹炼工艺	
T	温度	K
p_{O_2}	氧分压	Pa
p_{S_2}	硫分压	Pa
p_{SO_2}	二氧化硫分压	Pa
N_p	体系包含总相数	
N_c	体系总化学组分数	
N_e	体系元素种类数	
N_b	体系独立反应数	
$V_{j,i}$	化学计量系数矩阵	
$A_{i,k}$	独立组分分子式矩阵	
$B_{j,k}$	从属组分分子式矩阵	
G	吉布斯自由能	J
μ	化学势	J/mol
$\Delta G_f^{\ominus}$	标准摩尔生成吉布斯自由能	J/mol
n	摩尔数	mol
γ	活度系数	1
x	摩尔分数	1
G_m	铜锍品位	%
R_{Fe/SiO_2}	铁硅质量比	1
$[M]_i$	组分 M 在 i 相中理论百分含量	%

符号	意　义	单位(量纲)
$[M]_i^{\text{sp}}$	机械悬浮修正后组分 M 在 i 相中百分含量	%
S_i^j	i 相在 j 相中机械悬浮修正系数	1
L_j^i	组分 i 在 j 相中修正系数	1
SDPSO	标准粒子群算法	
STPSO	单线程粒子群算法	
MTPSO	多线程并行粒子群算法	
$\boldsymbol{x}$	粒子位置矩阵	
$\boldsymbol{v}$	粒子速度矩阵	
t	第 t 次迭代	
c_1 , c_2	加速常数	
r_1 , r_2	随机数	
$\boldsymbol{pbest}$	粒子历史最优位置	
$\boldsymbol{gbest}$	种群历史最优位置	
N	粒子群规模	
M	子群规模	
R	随机抽取粒子数	
I	算法迭代次数	
$L_{\text{Me}}^{\text{mt/sl}}$	金属 Me 在铜锍和炉渣之间分配系数	1
$L_{\text{Me}}^{\text{sl/me}}$	金属 Me 在炉渣和铜相之间分配系数	1
$L_{\text{Me}}^{\text{mt/me}}$	金属 Me 在铜锍和铜相之间分配系数	1
$[\text{Me}]\text{me}$	铜相中化合物	
$[\text{Me}]\text{mt}$	铜锍中化合物	
$<\text{Me}>\text{sl}$	炉渣中化合物	
$(\text{Me})\text{g}$	气相中化合物	
L_1	铜锍相	
L_2	铜相	
L_3	Cu_2O 相	
L_{slag}	炉渣产率	1
L_{gas}	烟气产率	1

第 1 章　绪　论

1.1　连续炼铜技术现状及发展

铜是一种重要的工业基础原材料和战略物资,因其良好的导电、导热和延展性能,被广泛应用于电力电子、交通运输、国防军工等行业。据世界金属统计局(WBMS)[1]、工信部[2]统计,2021 年全球精炼铜产量 2466 万 t,消费量 2506 万 t,其中我国精炼铜产量 1049 万 t,消费量 1389 万 t。碳中和是应对全球气候变化、实现可持续发展目标的必然选择,新能源技术是实现碳达峰碳中和的必然路径[3]。新能源产业蓬勃发展,将成为铜消费增长的新驱动力。预计 2025 年、2030 年,风电、光伏发电、储能和新能源汽车铜需求量合计分别为 318 万 t、609 万 t[4, 5],约占 2021 年全球精炼铜消费量的 12.69%、24.30%。

火法冶金是金属铜生产的主要工艺,铜精矿经过"造锍熔炼→铜锍吹炼→粗铜精炼"等工序生产阳极铜。常规铜冶炼工艺上述工序在多个炉子内间断完成,冶炼中间产品需经吊车在多个车间内倒运,存在生产效率低、环境污染大等问题。随着优质铜精矿资源枯竭,复杂原生资源、二次资源成为主要处理对象,以及全球环境保护意识不断增强,亟须开发原料适应性强、冶炼强度高、处理能力大的新型连续炼铜方法。

连续炼铜,目前没有准确一致的定义。最初设想的连续炼铜,是利用一台炉子将铜精矿一步氧化直接生产粗铜,工艺流程短、生产效率高,适用于处理辉铜矿、斑铜矿等低铁优质资源,处理黄铜矿等高铁资源时,渣量大、有价金属直收率低,代表性工艺为诺兰达连续炼铜法、闪速一步炼铜法[6]。随着铜冶炼技术发展,将熔炼(渣贫化)—吹炼(精炼)设备通过溜槽连接,实现冶炼过程连续化技术被称为连续炼铜,其避免了热态物料在车间内转运,生产效率高、作业环境好,代表性工艺为三菱法连续炼铜、富氧底吹连续炼铜、侧吹熔炼-多枪顶吹连续炼铜[7]。铜锍吹炼呈现连续化发展趋势,传统 PS 转炉间断吹炼正逐步被取代,连续炼铜的定义进一步拓展为强化熔炼-铜锍连续吹炼,以双闪炼铜工艺、双顶吹炼铜工艺为代表。目前我国工业化应用的连续炼铜工艺包括:双闪炼铜法、双顶吹炼铜法、侧吹-多枪顶吹连续炼铜法和富氧底吹连续炼铜法等。

1.1.1 双闪炼铜法

1949 年芬兰奥托昆普公司建成了第一台闪速炉，形成了闪速熔炼工艺。1995年，闪速吹炼工艺首次在美国肯尼科特犹他冶炼厂工业化应用，标志着双闪炼铜工艺的形成。截至目前，世界上已有六家铜冶炼企业采用双闪工艺，其中五家在中国，包括阳谷祥光铜业有限公司、铜陵有色金属集团股份有限公司金冠铜业分公司、广西金川有色金属有限公司、中铜东南铜业有限公司和大冶有色金属集团控股有限公司，设计阴极铜产能均为 40 万 t/a[8]。设备连接如图 1-1 所示。

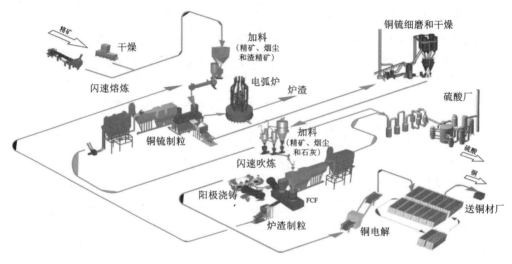

图 1-1 双闪炼铜设备连接图[9]

铜精矿与熔剂经磨细、干燥至 $w_{H_2O} < 0.3\%$，采用浓相气力输送至闪速熔炼炉，经中央喷嘴与富氧空气一起喷入反应塔中，快速发生硫化物的分解、氧化和熔炼等过程，生成高温熔体落入反应塔底部的沉淀池，继续反应生成铜锍和炉渣，并进行澄清分离。高温烟气则经过沉淀池上部，从上升烟道排出炉外。沉淀池中，继续进行造锍、造渣反应，生成铜锍(w_{Cu} 60%~75%)和炉渣(w_{Cu} 1.5%~2.3%)，由于密度差异而分为两层。炉渣经选矿回收有价金属，铜锍经水淬、破碎、磨细、干燥后与石灰熔剂和富氧空气一起加入闪速吹炼炉，进行铜锍连续吹炼，铜锍在悬浮状态下完成 Fe、S 及部分杂质元素脱除，生产粗铜(w_{Cu} 98.5%)、吹炼渣(w_{Cu} 16%~20%)及烟气(φ_{SO_2} 20%~30%)[10]。粗铜在回转式阳极炉脱硫、脱氧、脱杂，生产阳极铜，吹炼渣返回熔炼配料系统，高温烟气与熔炼阶段烟气一起送往制酸系统。双闪炼铜工艺流程如图 1-2 所示。

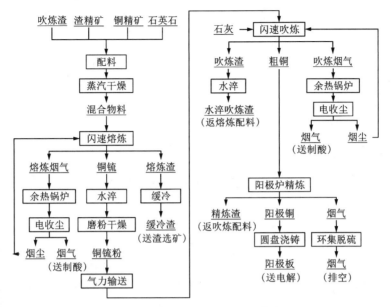

图 1-2 双闪炼铜工艺流程图[11]

双闪炼铜法自 2007 年首次在国内应用以来,通过工艺技术和设备创新发展,成为一种成熟的铜冶炼技术。相比其他铜冶炼工艺,具有生产效率高、冶炼强度大、供风压力低等优势。由于不能处理块状物料和含水物料,热态铜锍需冷却破碎,该工艺需要配备铜锍水淬、磨细和干燥等配套设备,同时存在原料适应性差、热量损失大、烟尘率高等缺点[12, 13]。

1.1.2 双顶吹炼铜法

20 世纪 70 年代,Floyd 博士发明了高温浸没燃烧法,1981 年更名为澳斯麦特(Ausmelt)技术开始商业化推广,1984 年应用于铜冶炼过程。1995 年,中条山有色金属集团有限公司侯马冶炼厂首次引进了世界上第一条"顶吹熔炼+顶吹吹炼"铜冶炼生产线,采用单炉周期吹炼模式生产粗铜,后于 2007 年进行连续吹炼工业化试验,优化了吹炼渣型,实现了水淬冷铜锍连续化吹炼[14]。2012 年,云南锡业股份有限公司双顶吹炼铜生产线建成投产,设计阴极铜产能 10 万 t/a[15],后期扩大到 15 万~20 万 t/a。双顶吹炼铜设备配置如图 1-3 所示。

铜精矿、熔剂和还原剂等通过配料、制粒后,经皮带运输到澳斯麦特熔炼炉。冶炼所需富氧空气经过喷枪鼓入熔池,熔炼产出高温烟气和混合熔体。高温烟气经余热回收、收尘,送制酸车间,混合熔体在炉外沉降电炉内澄清分离出铜锍和炉渣,炉渣送渣选车间回收铜或直接丢弃,热态铜锍则经冷却、破碎、配料后加入澳斯麦特吹炼炉,与富氧空气反应生成粗铜、吹炼渣和高温烟气。粗铜送往阳极炉精炼,吹炼渣返回熔炼配料,烟气送往制酸系统。双顶吹炼铜工艺流程如图 1-4 所示。

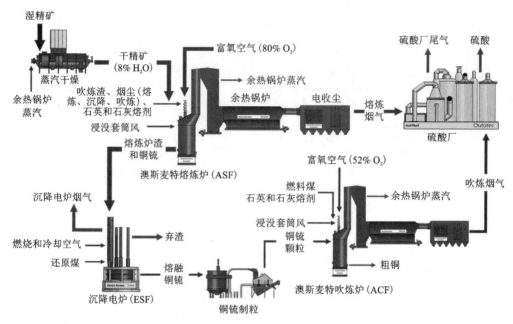

图 1-3 双顶吹炼铜设备连接图[20]

双顶吹炼铜工艺相比电炉、鼓风炉等传统冶金工艺,具有原料适应性强、冶炼强度大、硫捕集率高以及环境污染小等优点[16],但是熔炼和吹炼过程无法实现自热、能耗高[17]。另外顶吹连续吹炼易产生泡沫渣[18]、渣铜分离效果差[19]。

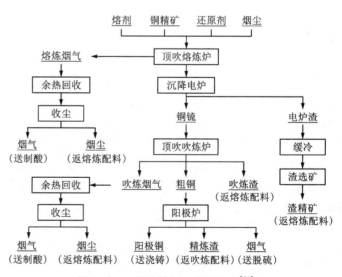

图 1-4 双顶吹炼铜工艺流程图[21]

1.1.3 侧吹-多枪顶吹连续炼铜法

结合瓦纽科夫铜熔炼工艺和三菱连续炼铜工艺的特点及优势，我国自主开发出了富氧侧吹熔炼-多枪顶吹吹炼连续炼铜工艺。该工艺可搭配处理低品位多金属伴生矿，原料适应性强，脱杂能力大，有价金属直收率高，熔炼和吹炼采用溜槽连接，避免高温熔体转运造成环境污染和热量损失，工艺流程短，易实现自动化控制[22, 23]。目前已在赤峰云铜有色金属有限公司、烟台国润铜业有限公司、广西南国铜业有限责任公司等企业应用，设备布置如图1-5所示。

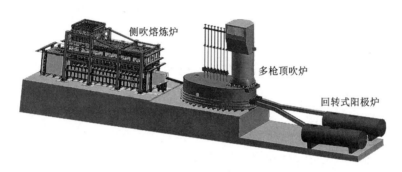

图1-5　侧吹-多枪顶吹连续炼铜设备连接图[24]

侧吹熔炼过程，富氧空气通过安装在侧墙上的风嘴鼓入炉渣中，混合铜精矿从加料口自由落入熔池，在气体搅拌作用下与铜锍和炉渣剧烈混合，快速发生造锍和造渣反应，生产高品位铜锍和炉渣。两相因密度差异澄清分离后，铜锍在下层、炉渣在上层。熔炼渣通过渣口溢流排出，送往渣选车间。高品位铜锍从虹吸口流出，通过溜槽加入到多枪顶吹连续吹炼炉。吹炼过程加入钙质熔剂造渣，富氧空气从安装在炉顶的多支喷枪喷入，与铜锍中Cu、Fe、S及杂质元素反应，发生造渣和造铜反应，生产粗铜和铁酸钙炉渣。炉渣通过渣口定期排出，经冷却破碎后返回侧吹熔炼配料，粗铜通过虹吸口放出至阳极炉。典型侧吹+多枪顶吹连续炼铜工艺流程如图1-6所示。

侧吹熔炼温度为1573~1623 K，富氧浓度高达80%~90%（体积分数），熔炼铜锍品位73%~76%（质量分数），采用铁橄榄石渣型，铁硅质量比为2.0，熔炼渣含铜1.8%~2.0%，烟尘率小于1.8%[25]，但侧吹熔炼难以实现自热，需配入1.4%~1.6%的燃煤进行补热[26]。多枪顶吹连续吹炼采用铁酸钙渣型，吹炼富氧空气浓度为25%~30%，处理高品位铜锍，生产出粗铜（w_{Cu} 98.5%~99.2%、w_S<0.3%）和吹炼渣（w_{Cu} 12%~15%）。[27, 28]

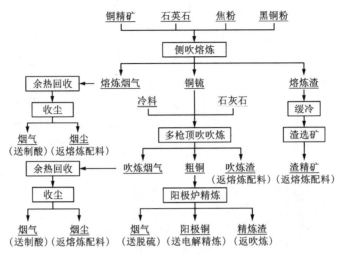

图1-6 侧吹-多枪顶吹连续炼铜工艺流程[26]

1.1.4 富氧底吹连续炼铜法

氧气底吹技术最早应用于钢铁冶金,1984年推广应用至铅冶金过程,发展成为"QSL炼铅法"。1991—1992年,我国在水口山有色金属集团开展了富氧底吹炼铜工业化试验,发明了"水口山炼铜法",并于2008年在越南生权大龙冶炼厂成功建成投产世界上第一条氧气底吹炼铜生产线。同年12月,该工艺在我国东营方圆有色金属有限公司首次工业化应用。基于富氧底吹铜熔炼工艺技术优势和广泛应用,我国于2012年进行了富氧底吹冷态铜锍连续吹炼半工业化试验和热态铜锍连续吹炼工业化试验。2014年世界上首条富氧底吹铜熔炼+富氧底吹铜锍连续吹炼的"双底吹"连续炼铜工艺(ϕ4.4 m×18 m+ϕ4.1 m×18 m),在河南豫光金铅股份有限公司建成投产,并在此基础上发展了富氧底吹铜熔炼+富氧底吹铜锍吹炼+氧气底吹炉/阳极炉精炼的"三连炉"连续炼铜技术[29],已在包头华鼎铜业发展有限公司(ϕ4.4 m×18 m+ϕ3.8 m×15 m+ϕ3.6 m×10 m)[30]、国投金城冶金有限责任公司(ϕ4.8 m×23 m+ϕ4.4 m×20 m+ϕ4.0 m×12.5 m)[31]等企业产业化应用,设备间全部采用溜槽连接,避免了冶炼中间产物转运过程造成的环境污染和生产效率低等问题。设备连接如图1-7所示。

低品位复杂铜精矿、二次含铜物料、熔剂等经过配料工序,通过皮带输送到富氧底吹炉,从炉顶开口加入。富氧空气从炉底鼓入,与精矿发生造锍、造渣反应,同时剧烈搅拌熔池,为复杂资源处理提供了良好的动力学和热力学条件。产出铜锍、炉渣在远离氧枪搅拌区的一侧澄清分离,高温烟气经余热回收、收尘后

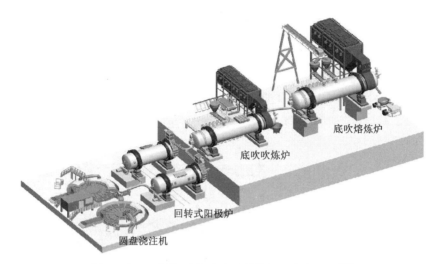

图1-7 "三连炉"富氧底吹连续炼铜设备连接图[29]

送往制酸系统。熔炼渣送往渣选厂，回收其中的有价金属。高品位铜锍通过溜槽流入富氧底吹连续吹炼炉，与炉体顶部加入的冷料、熔剂和炉体底部鼓入的富氧空气发生造渣和造铜反应，产出烟气送往制酸，吹炼渣返回底吹熔炼配料，粗铜通过溜槽加入底吹炉/阳极炉进行火法精炼。工艺流程如图1-8所示。

富氧底吹连续炼铜工艺可协同处理高杂金精矿[32]、高砷二次含铜物料[33]等复杂铜资源（w_{Cu} 14%~25%、w_{As} 2%），对物料含水（w_{H_2O} 9%）、粒度等要求较低，原料适应性强；采用富氧空气进行铜熔炼（φ_{O_2} 70%~75%）和铜锍连续吹炼（φ_{O_2} 26%~38%），过程自热，实现了碳减排；富氧空气从底部鼓入熔池，强化了铜冶炼过程传热传质，底吹熔炼生产高品位铜锍（w_{Cu} 60%~73%）、连续吹炼生产高硫粗铜（w_{Cu} 97%~98%、w_S 0.3%~0.6%）；熔炼渣 w_{Cu} 2.8%~3.3%、连续吹炼渣 w_{Cu} 12%~27%；设备之间采用溜槽连接，高温熔体无须吊车转运，避免了 SO_2 低空逸散和热量损失，熔炼温度达 1453~1493 K、连续吹炼温度达 1473~1513 K。但上述富氧底吹连续炼铜工艺设计阴极铜产能仅 10 万 t/a，并未充分发挥该工艺的生产潜力。

2015 年，河南中原黄金冶炼厂有限公司大型化底吹铜熔炼工艺投料运行，底吹炉尺寸 ϕ5.8 m×30 m，铜精矿处理能力 150~200 万 t/a[34]，阴极铜产能 30~40 万 t/a。该工艺熔炼温度达 1443~1473 K，铜锍品位 68%~72%，渣含铜 3%~4%，铁硅质量比 1.6~1.9。同年，大型化富氧底吹熔炼（OBBS）-底吹连续吹炼（OBCC）新型连续炼铜工艺（OBCS）在东营方圆有色金属有限公司工业化应用，主体设备为 1 台大型化底吹熔炼炉和 2 台底吹铜锍连续吹炼炉，熔炼炉和吹炼炉经

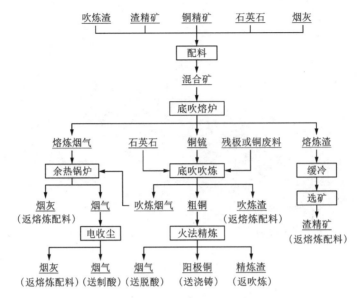

图 1-8　典型富氧底吹连续炼铜工艺流程图

溜槽连接, 设备连接如图 1-9 所示。

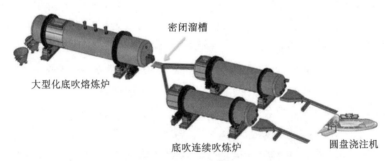

图 1-9　新型富氧底吹连续炼铜设备连接图[35]

　　大型化底吹熔炼炉如图 1-10 所示, 炉体尺寸 $\phi5.5\ \mathrm{m}\times28.8\ \mathrm{m}$, 设计年处理混合铜精矿 150 万 t。安装在炉底的 23 支双层氧枪, 内层鼓入纯氧、外层通空气冷却, 两者混合成适宜氧浓度的富氧空气 (φ_{O_2} 73%~81%), 从炉体底部鼓入, 与从炉顶加入的铜复杂资源发生造锍和造渣反应, 同时剧烈搅拌熔池。反应生成的铜锍 (w_{Cu} 70%~76%) 经溜槽交替放入连续吹炼炉; 高温烟气经余热回收系统、收尘系统, 最后送往制酸系统; 高温熔炼渣 (w_{Cu} 3%~3.5%) 送往渣缓冷、渣选矿, 回收其中的有价金属。

底吹熔炼炉体 　烟道口

放铜口及溜槽 　氧枪排布 　放渣口

图1-10 大型化底吹熔炼炉

新型底吹连续吹炼使用一台尺寸为$\phi4.8$ m×23 m卧式圆筒转炉，设计铜锍处理能力400 t/炉。熔融铜锍经过溜槽，从炉体一端的开口加入，冷铜锍、残极等冷料和造渣熔剂从炉体顶部开口加入，吹炼气体从炉体底部的双层氧枪直接鼓入熔池，在同一台底吹炉内经过氧化期将铜锍连续吹炼成高氧粗铜、经还原期脱氧生产阳极铜（w_{Cu} 98.5%~99%、w_O 0.10%~0.32%、w_S 0.01%~0.02%）。吹炼过程根据炉内所需的氧化气氛和还原气氛，动态调整氧气、空气、氮气和天然气四种气体。氧化阶段，氧枪外层通入氮气、内层通入氧气和空气，控制富氧浓度24%~26%；还原阶段，内部继续通氧气和空气，而外层由氮气切换为天然气，控制富氧浓度18%~22%。底吹连续吹炼炉如图1-11所示。

连续吹炼氧化期生产粗铜（w_{Cu} 98.5%、w_O 0.5%、w_S 0.07%）、氧化渣（w_{Cu} 25%~34%）和高温烟气，炉渣通过炉身一侧的渣口分批次放出，然后返回到造锍熔炼工序，吹炼烟气从烟道口排出，经余热回收、收尘、烟气净化后用于制备硫酸。氧化期生产粗铜中含氧较高，需要经还原阶段将氧脱除，生产合格阳极铜。阳极铜经过炉体一端的开口放出，浇铸为阳极板送往电解车间。

新型富氧底吹连续炼铜工艺不仅扩大了炉体尺寸、提高了产能，连续吹炼实现了传统PS转炉吹炼和火法精炼两个功能，进一步缩短了工艺流程，设备集成度更高。但针对该工艺的基础理论研究薄弱，在处理复杂含铜资源时，伴生杂质元素热力学行为不明、定向分离富集调控措施缺乏，实际生产工艺优化缺乏理论指导，特别是富氧底吹连续吹炼过程与传统吹炼工艺差别较大，可供参考借鉴的生产操作经验较少。本书主要针对该工艺开展研究，为富氧底吹大型化熔炼和铜锍连续吹炼工艺优化和过程强化提供理论依据和技术支持。

圆盘浇铸　　　　　放铜口、渣口　　　　　氧枪排布

图1-11　底吹连续吹炼炉

1.2　铜高温冶金相平衡研究现状

　　复杂资源中 Cu、Fe、S、O、Si 等主元素及 Au、Ag、As、Pb 等伴生元素，在连续炼铜高温强氧化条件下发生复杂反应，受自身热力学性质和冶炼工艺特性影响，最终分配在铜锍、金属铜、炉渣、烟气等多相中。针对生产实践问题直接开展工业化试验研究，存在耗时长、成本高、危险大等缺点。通过将问题简化，利用纯物质模拟复杂物相，在实验室条件下开展高温相平衡实验，可以获得连续炼铜相平衡组成、元素分配行为、高温熔体性质等关键热力学数据。

1.2.1　相平衡研究方法

　　(1)吉布斯相律

　　相律在冶金过程中的应用非常广泛，它是研究体系自由度数、相数、组分数和外界因素之间的关系，即相律是明确在一定条件下多相平衡体系具有多少自由度的定律。

　　假设某一多相反应体系受温度和压力影响，存在 N_p 个相、N_c 个组分，则每相中独立组分为 (N_c-1) 个，当有 N_p 个相共存时，则体系组分浓度变量数为 $N_p(N_c-1)$，考虑温度和压力的影响，体系总变量数为 $N_p(N_c-1)+2$。反应体系达到热力学平衡时，同一组分 i 在不同相 j 中的化学势 μ_{ij} 相等：

$$
\left.
\begin{array}{l}
\mu_{11} = \mu_{12} = \mu_{13} = \cdots = \mu_{1N_p} \\
\mu_{21} = \mu_{22} = \mu_{23} = \cdots = \mu_{2N_p} \\
\vdots \\
\mu_{N_c1} = \mu_{N_c2} = \mu_{N_c3} = \cdots = \mu_{N_cN_p}
\end{array}
\right\} \tag{1-1}
$$

由上式可知，每一个组分对应(N_p-1)个方程，N_c个组分共$N_c(N_p-1)$个方程，即为独立的限制条件数。按照自由度F定义：

$$F = [N_p(N_c - 1) + 2] - N_c(N_p - 1) \tag{1-2}$$
$$F = N_c - N_p + 2 \tag{1-3}$$

式(1-3)为相律的数学表达式，是研究冶金过程平衡体系最重要的定律。

在铜冶炼过程中存在着铜锍-炉渣-烟气三相共存体系，或金属铜-铜锍-炉渣-烟气四相共存体系。体系组分构成见表1-1。造锍熔炼和铜锍吹炼过程变量较多，但一般可根据变量之间的函数关系、平衡状态约束和冶炼实际情况进行简化。铜冶炼体系共有5个独立组分（Cu、Fe、S、O、Si），造锍熔炼3相共存（铜锍-炉渣-烟气），连续炼铜4相共存（铜-铜锍-炉渣-烟气）。

表1-1 铜冶炼体系平衡相组成

相态	组 分	外界条件
气相	SO_2、O_2、S_2、N_2	
渣相	FeO、Cu_2O、Fe_3O_4、SiO_2	温度T(K)
铜锍相	Cu_2S、FeS	压力p(Pa)
铜相	Cu、Fe、Cu_2S、Cu_2O	

考虑实际情况，造锍熔炼平衡体系自由度$F=5-3+2=4$，连续炼铜平衡体系自由度$F=5-4+2=3$。为获得给定条件下的相平衡组成，研究造锍熔炼相平衡需要给定4个条件（如温度T、铜锍品位、二氧化硫分压p_{SO_2}、炉渣中氧化亚铁活度a_{FeO}）、研究连续炼铜相平衡需要给定3个条件（如温度T、二氧化硫分压p_{SO_2}、炉渣中Fe_3O_4活度$a_{Fe_3O_4}$），以实现体系组成完全固定。体系中Cu_2S活度（a_{Cu_2S}）、FeS活度（a_{FeS}）、硫分压（p_{S_2}）等可根据体系平衡计算获得。$T=1573$ K条件下，$FeO-Fe_2O_3-SiO_2$三元相图如图1-12所示。

该体系包含一个低熔点熔融区（slag），其成分对应铜冶炼炉渣组成，在熔融区周围分别有饱和石英石、金属铁、维氏体和磁铁矿。实验过程中，可根据研究对象分别选择炉渣中饱和石英石（$a_{SiO_2}=1$）、饱和维氏体（$a_{FeO}=1$）、饱和磁铁矿（$a_{Fe_3O_4}=1$）作为固定体系的条件之一。

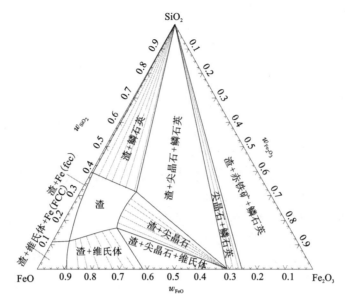

图 1-12　FeO-Fe$_2$O$_3$-SiO$_2$ 三元系 1573 K 等温截面相平衡图[36]

(2)磁铁矿(Fe_3O_4)饱和体系

连续吹炼冶炼强度大、氧分压高,渣中 Fe_3O_4 接近饱和。以铜锍连续吹炼体系为例,计算金属铜-铜锍-炉渣(磁铁矿饱和)-烟气四相体系平衡组成。控制 $p_{SO_2} = 0.22 \times 10^5$ Pa,温度 $T = 1523$ K,$a_{Fe_3O_4} = 1.00$ 三个条件,可实现体系完全固定。

高品位铜锍与金属铜共存体系对应 Cu-Fe-S 三元体系,饱和 Cu_2S 的铜相中,Fe 和 S 含量可用以下经验公式计算[37]:

$$[Fe]_{Cu} = (18.3 + 1.1t)x + (87.5 + 18.8t)x^2 \quad (x < 0.12) \quad (1-4)$$

$$[S]_{Cu} = (1.33 + 0.28t + 0.08t^2) - (0.3 - 2.7t)x + (43 + 33t)x^2 \quad (1-5)$$

式中:t 为温度系数,x 为 Fe 质量分数的函数。

$$t = 0.01(T - 1523) \quad (1473 \leqslant T \leqslant 1573) \quad (1-6)$$

$$x = 0.01[Fe]_{mt}^s \quad (1-7)$$

$[Fe]_{mt}^s$ 表示铜锍相中以 FeS 形式存在的 Fe 质量分数。给定温度 $T = 1523$ K,$t = 0$。连续吹炼达到平衡时,铜锍和金属铜中 Fe 含量非常低,x 近似等于 0。

平衡体系硫分压可用下式计算[37]:

$$p_{S_2}^{1/2} \times 10^3 = (1.49 + 1.21t + 0.37t^2) - (1.75 + 2.05t + 0.45t^2)x +$$
$$(-5.50 + 2.75t + 2.75t^2)x^2 \quad (1-8)$$

代入 x、t，计算得 $p_{S_2} = 2.22×10^{-1}$ Pa。

　　S_2 与 O_2 反应生成 SO_2 的反应如下：

$$1/2S_2(g) + O_2(g) = SO_2(g) \quad \lg K = 18933/T - 3.784 \quad (1-9)$$

　　将 p_{SO_2}、p_{S_2} 代入上式，计算得 $p_{O_2} = 3.33×10^{-2}$ Pa。

　　吹炼温度 1423 K $\leqslant T \leqslant$ 1623 K，饱和金属铜的铜锍中 Cu_2S 的活度[37]：

$$a_{Cu_2S} = 0.969 - 2.7x + 4.0x^2 \quad (1-10)$$

代入 x，计算得 $a_{Cu_2S} = 0.969$。

　　Cu 与 S_2 反应生成 Cu_2S 方程如下：

$$2Cu(l) + 1/2S_2(l) = Cu_2S(l) \quad \lg K = 7685.2/T - 2.197 \quad (1-11)$$

代入 a_{Cu_2S}、p_{S_2}，求得 $a_{Cu} = 0.96$。

　　Cu 被 O_2 氧化为 Cu_2O 的反应如下：

$$Cu(l) + 1/4O_2(g) = CuO_{0.5}(l) \quad \lg K = 3823/T - 1.576 \quad (1-12)$$

代入 a_{Cu}、p_{O_2}，求得 $a_{CuO_{0.5}} = 0.20$。

　　吹炼渣中以 $a_{CuO_{0.5}}$ 形式溶解的 Cu 含量，可用下式计算[37]：

$$[Cu]_{sl}^{ox} = 31a_{CuO_{0.5}} \quad (1-13)$$

则渣中理论溶解 Cu 质量分数为 6.20%。

　　FeO 被 O_2 进一步氧化生成 Fe_3O_4，反应如下：

$$3FeO(l) + 1/2O_2(g) = Fe_3O_4(s) \quad \lg K = 21027/T - 8.872 \quad (1-14)$$

代入 $a_{Fe_3O_4}$、p_{O_2}，计算得 $a_{FeO} = 0.27$。

　　炉渣中 Fe_3O_4 也可被 FeS 还原为 FeO，反应如下：

$$3Fe_3O_4(s) + FeS(l) = 10FeO(l) + SO_2(g) \quad \lg K = -37451/T + 21.73$$

$$(1-15)$$

代入 $a_{Fe_3O_4}$、a_{FeO}、p_{SO_2}，求得 $a_{FeS} = 3.56×10^{-4}$。

　　当平衡体系中 FeS 活度较小时，FeS 活度与 x 有如下近似关系[37]：

$$x = 0.5a_{FeS} \quad (1-16)$$

代入 a_{FeS}，求得平衡铜锍中以 FeS 形式存在的 Fe 质量分数 $[Fe]_{mt}^{S} = 0.018\%$。

　　将 x 代入式（1-4）和式（1-5），求得铜相中 $[Fe]_{Cu} = 0.0033\%$，$[S]_{Cu} = 1.33\%$。

　　Fe 与 S_2 反应生成 FeS 如下：

$$Fe(l) + 1/2S_2(g) = FeS(l) \quad \lg K = 5300/T - 1.202 \quad (1-17)$$

代入 a_{FeS}、p_{S_2}，求得 $a_{Fe} = 1.26×10^{-4}$。

表 1-2 磁铁矿饱和炉渣体系理论平衡时相组成

设定参数	计 算 值
$T = 1523$ K $p_{SO_2} = 0.22\times10^5$ Pa $a_{Fe_3O_4} = 1.00$	$p_{O_2} = 3.33\times10^{-2}$ Pa, $p_{S_2} = 2.22\times10^{-1}$ Pa $a_{Cu_2S} = 0.969$, $a_{FeS} = 3.56\times10^{-4}$ $a_{Cu} = 0.96$, $a_{Fe} = 1.26\times10^{-4}$ $a_{CuO_{0.5}} = 0.20$, $a_{FeO} = 0.27$ $[Fe]_{mt} = 0.018\%$ $[Fe]_{Cu} = 0.0033\%$, $[S]_{Cu} = 1.33\%$ $[Cu]_{sl} = 6.20\%$

（3）石英（SiO_2）饱和体系

当熔炼采用低铁硅比渣型时，炉渣 SiO_2 质量分数为 30%~40%，此时炉渣成分位于 SiO_2-$2FeO\cdot SiO_2$ 体系，实验中以 SiO_2 饱和近似处理。控制 $p_{SO_2} = 0.35\times10^5$ Pa，熔炼温度 $T = 1473$ K，铜锍品位 $[Cu]_{mt} = 70.00\%$，$a_{SiO_2} = 1.00$，计算铜锍-炉渣（SiO_2 饱和）-烟气三相平衡组成。

铜锍中溶解 Fe(FeS) 浓度与铜锍品位的关系如下[37]：

$$[Fe]_{mt}^S = 47.12 - 0.589[Cu]_{mt} \tag{1-18}$$

代入 $[Cu]_{mt} = 70.00\%$，计算 $[Fe]_{mt}^S = 5.89\%$。

铜锍中 FeS 活度与 Fe 浓度的关系[37]为

$$a_{FeS} = 2.36x - 6.44x^2 + 28.12x^3 \tag{1-19}$$

求得 $a_{FeS} = 0.12$。

当铜锍品位较高时，Cu_2S-FeS 二元系接近理想溶液，Cu_2S 活度系数约为 1。当铜锍品位>60% 时，$a_{Cu_2S} \approx x_{Cu_2S}$。铜锍中 Cu_2S 质量分数与品位的关系如下[37]：

$$[Cu_2S]_{mt} = 1.25[Cu]_{mt} \tag{1-20}$$

求得 $[Cu_2S]_{mt} = 87.50\%$，假设二元系质量 100 g，则 $a_{Cu_2S} = x_{Cu_2S} = 0.79$。

$$2FeO(l) + SiO_2(s) = 2FeO\cdot SiO_2(l) \quad \lg K = 3304/T - 1.18 \tag{1-21}$$

以铁橄榄石（$2FeO\cdot SiO_2$）为主要成分的 SiO_2 饱和炉渣中，$a_{2FeO\cdot SiO_2} = 1.00$[38]，$a_{SiO_2} = 1.00$，计算可得 $a_{FeO} = 0.29$。

随着造渣过程的进行，铜锍中 FeS 依次被氧化生成 FeO、Fe_3O_4，炉渣中 Fe_3O_4 的活度可用下式计算[37]：

$$\lg a_{Fe_3O_4} = 12500/T - 7.23 + 3.33\lg a_{FeO} + 0.333\lg p_{SO_2} - 0.333\lg a_{FeS} \tag{1-22}$$

将 a_{FeO}、a_{FeS}、p_{SO_2} 代入公式(1-22)，计算可得 $a_{Fe_3O_4} = 0.43$。

将 a_{FeO}、$a_{Fe_3O_4}$ 代入公式(1-14)，计算可得 $p_{O_2} = 4.56 \times 10^{-4}$ Pa。

将 p_{O_2} 代入公式(1-9)，计算可得 $p_{S_2} = 4.27 \times 10^2$ Pa。

将 a_{Cu_2S}、p_{S_2} 代入公式(1-11)，计算可得 $a_{Cu} = 0.11$。

将 a_{Cu}、p_{O_2} 代入公式(1-12)，计算可得 $a_{Cu_2O} = 0.0093$。

$CuO_{0.5}$ 溶解于炉渣中，则铜质量分数[37]：$[Cu]_{sl}^{ox} = 31a_{CuO_{0.5}} = 0.29\%$。

炉渣中溶解 S 含量可用下式近似计算[37]：

$$[S]_{sl} = (2.2 - 3.75 \times 10^{-2}[Cu]_{mt} + 1.25 \times 10^{-4}[Cu]_{mt}^2) \times (1.05 + 0.1t) \tag{1-23}$$

计算可得 $[S]_{sl} = 0.19\%$。

铜锍品位为70%时，其中 Cu_2S 的活度 $a_{CuS_{0.5}} = 0.88$。炉渣中以 $a_{CuS_{0.5}}$ 形式溶解损失的 Cu 含量[37]：

$$[Cu]_{sl}^S = 0.39[S]_{sl}a_{CuS_{0.5}} \tag{1-24}$$

计算得 $[Cu]_{sl}^S = 0.065\%$

熔炼渣中溶解 Cu 总量 $[Cu]_{sl}^d = [Cu]_{sl}^{ox} + [Cu]_{sl}^S = 0.36\%$。

表1-3 石英饱和体系理论平衡时相组成

设定参数	计 算 值
$T = 1473$ K $[Cu]_{mt} = 70.00\%$ $p_{SO_2} = 0.35 \times 10^5$ Pa $a_{SiO_2} = 1.00$	$p_{O_2} = 4.56 \times 10^{-4}$ Pa, $p_{S_2} = 4.27 \times 10^2$ Pa
	$a_{Cu_2S} = 0.79$, $a_{FeS} = 0.12$
	$a_{FeO} = 0.29$, $a_{Fe_3O_4} = 0.43$
	$a_{Cu} = 0.11$, $a_{CuO_{0.5}} = 0.0093$
	$[Fe]_{mt} = 5.89\%$
	$[Cu]_{sl}^d = 0.36\%$, $[S]_{sl} = 0.19\%$

(4)维氏体(wüstite)饱和体系

强化铜熔炼工艺炉渣中铁硅比较高，渣中 SiO_2 质量分数为20%~30%，其组成成分大致位于 FeO-$FeO \cdot SiO_2$ 体系，平衡实验中常以 FeO 饱和作为近似处理。控制 $p_{SO_2} = 0.35 \times 10^5$ Pa，熔炼温度 $T = 1473$ K，铜锍品位 $[Cu]_{mt} = 70.00\%$，$a_{FeO} = 1.00$，计算铜锍-炉渣(FeO 饱和)-烟气三相平衡组成。

铜锍中 FeS、Cu_2S 活度求解方式与饱和 SiO_2 炉渣类似，$a_{FeS} = 0.12$、$a_{Cu_2S} = 0.79$。

将 $a_{FeO}=1.00$、$a_{2FeO \cdot SiO_2}=1.00$ 代入公式(1-21)，计算得 $a_{SiO_2}=0.086$。

FeS 与 O_2 反应生成 FeO 的方程如下：

$$FeS(l) + 3/2O_2(g) \Longrightarrow FeO(l) + SO_2(g) \quad \lg K = 25631/T - 4.888$$

$$(1-25)$$

将 a_{FeS}、a_{FeO}、p_{SO_2} 代入公式(1-25)，求得 $p_{O_2}=9.17 \times 10^{-4}$ Pa。

将 p_{O_2} 代入公式(1-9)，计算可得 $p_{S_2}=1.06 \times 10^2$ Pa。

将 a_{Cu_2S}、p_{S_2} 代入公式(1-11)，计算可得 $a_{Cu}=0.15$。

将 a_{Cu}、p_{O_2} 代入公式(1-12)，计算可得 $a_{Cu_2O}=0.016$。

$CuO_{0.5}$ 溶解于炉渣中，渣含铜 $[Cu]_{sl}^{ox}=31a_{CuO_{0.5}}=0.50\%$。

铜锍品位为 70.00% 时，炉渣中以 Cu_2S 形式溶解损失的 Cu 质量分数 $[Cu]_{sl}^{S}=0.065\%$。

熔炼渣中溶解 Cu 总量 $[Cu]_{sl}^{d}=[Cu]_{sl}^{ox}+[Cu]_{sl}^{S}=0.57\%$。

表 1-4 维氏体饱和体系理论平衡时相组成

设定参数	计 算 值
$T=1473$ K $[Cu]_{mt}=70.00\%$ $p_{SO_2}=0.35 \times 10^5$ Pa $a_{FeO}=1.00$	$p_{O_2}=9.17 \times 10^{-4}$ Pa, $p_{S_2}=1.06 \times 10^2$ Pa $a_{Cu_2S}=0.79$, $a_{FeS}=0.12$ $a_{SiO_2}=0.086$ $a_{Cu}=0.15$, $a_{CuO_{0.5}}=0.016$ $[Fe]_{mt}=5.89\%$ $[Cu]_{sl}^{d}=0.57\%$, $[S]_{sl}=0.19\%$

1.2.2 Cu-Fe-O-S-Si 体系相平衡

(1)Cu-Fe-O-S-Si 基础体系

Cu-Fe-O-S-Si 是铜火法冶金体系主要组成成分，可用于模拟连续炼铜熔炼-吹炼-精炼体系相平衡组成。

Shishin[39]等结合了 Cu-O-S[40]、Cu-Fe-O[41]和 Cu-Fe-S[42]等三元系热力学数据，开发了可用于预测 Cu-Fe-O-S 四元体系相平衡的优化模型。该模型可用于计算金属相、硫化物熔体和氧化物熔体整个组成范围的热力学平衡，研究铜锍品位对平衡熔体相中 Cu、Fe、O、S 摩尔分数和平衡气相氧分压、硫分压的影响。

Sineva[43]等开展了 Cu-Fe-O-S-Si 五元系熔渣-铜锍-铜-鳞石英四相平衡实验，研究了平衡温度 1473 K、1523 K、1573 K 对体系铜锍、渣相和气相组成的影响，实验研究结果与 Factsage 7.2 热力学软件计算结果相互验证。结果表明，当铜锍品位一定时，升高温度使体系平衡氧分压（p_{O_2}）和二氧化硫分压（p_{SO_2}）增加；给定温度时，铜锍中 S 含量随着铜锍品位升高而降低，当铜锍品位一定时，铜锍中 S 含量随着温度升高而降低；炉渣中 S 含量随铜锍品位升高而降低，随温度变化不明显；当铜锍品位小于 73% 时，渣中溶解 Cu 含量随铜锍品位升高变化不明显，铜锍品位从 73% 升高至 80% 时，渣中溶解 Cu 含量迅速升高；升高温度，Cu 在渣中溶解损失增加。

Shishin[44] 进一步开展了 Cu-Fe-O-S-Si 系炉渣-铜锍和炉渣-铜锍-金属平衡实验，系统研究了铜锍品位、温度、炉渣中 Fe/SiO$_2$ 比、炉渣中 Cu 和 S 的溶解度、铜锍和金属中 O 和 S 含量、p_{SO_2}、p_{O_2} 和 p_{S_2} 之间的关系，建立了热力学数据库，开发了炉渣和铜锍/金属相的热力学模型，验证了平衡实验结果，拓展了实验数据应用范围，可用于指导和优化铜火法冶金过程生产实践。Hidayat[45] 等在 p_{SO_2} = 0.25×10^5 Pa 条件下，系统考察了温度对 Cu-Fe-O-S-Si 体系中气体/熔渣/铜锍/尖晶石多相平衡的影响，并将研究结果与饱和二氧化硅炉渣平衡体系进行对比。结果表明，体系平衡氧分压 p_{O_2}、炉渣中溶解 Fe、O、Cu 和 S 含量随着温度升高而增加。当铜锍品位和温度一定时，平衡炉渣由饱和二氧化硅转为饱和尖晶石时，上述指标均升高，证明了饱和尖晶石平衡体系氧分压更高，炉渣对 Cu 和 S 的溶解能力增强。

（2）Cu-Fe-S-O-Si-(Al, Ca, Mg)体系

Al$_2$O$_3$、CaO 和 MgO 等脉石成分在冶炼过程中主要进入炉渣，对炉渣性质产生重要影响，硅酸铁炉渣中一般溶解 Al$_2$O$_3$ 2% ~ 5%、CaO 1% ~ 4% 和 MgO 1%~2%。

Shishin[46] 采用多相平衡实验与热力学模拟相结合研究方法，利用热力学模型对已有实验数据进行初步评估，并设定新的关键实验对热力学模型参数进行优化，以获得更加精确的 Cu-Fe-O-S-Si-(Al, Ca, Mg)体系平衡相和元素分配数据。利用建立的优化热力学模型，计算了 Al-Cu-Fe-O-S-Si、Ca-Cu-Fe-O-S-Si 和 Cu-Fe-Mg-O-S-Si 系炉渣-铜锍平衡时的液相线，系统研究了 Al$_2$O$_3$、CaO 和 MgO 对 Cu-Fe-O-S-Si-(Al, Ca, Mg)体系铜锍、炉渣和气相平衡组成的影响。

针对强化铜冶炼工艺温度高、二氧化硫浓度高的特点，Chen[47] 等在 1573 K、p_{SO_2} = 0.5×10^5 Pa 条件下，开展了 Cu-Fe-S-O-SiO$_2$-Al$_2$O$_3$-MgO-CaO 体系铜锍和炉渣平衡实验，并与 p_{SO_2} = 10^4 Pa 条件下平衡数据进行对比，结果表明：提高 p_{SO_2}，需要更高的 p_{O_2} 才能维持铜锍品位不变；炉渣中铜损失随着铜锍品位升高而增加；炉渣中 Cu 含量和 S 含量随着 Al$_2$O$_3$ 和 CaO 添加而减少，但基本不受 p_{SO_2} 影响；SiO$_2$ 饱和炉渣中，Al$_2$O$_3$ 和 CaO 浓度升高，导致炉渣中 SiO$_2$ 溶解度增加。连续炼

铜强氧分压条件下，FCS(FeO-CaO-SiO$_2$)渣型相比 IRS(FeO-SiO$_2$)渣型具有更低的熔化温度和黏度，具有一定的应用潜力。

Sun[48]等针对吹炼造渣末期金属铜–白铜锍–炉渣–气体四相平衡体系，在 $p_{SO_2} = 0.4 \times 10^5$ Pa、$p_{O_2} = 0.1$ Pa 条件下，开展了 Fe-Ca-Cu-Si-S-O 体系平衡实验。研究了 FCS 渣型与常规吹炼 IRS 渣型性质，FCS 黏度较低，铜溶解和机械夹杂量小，但吹炼渣量大，不利于后续炉渣贫化。

(3)Cu-Fe-S-O-Si-(Cu$_2$O-CuO)体系

现代强化熔炼和铜锍连续吹炼工艺中，体系氧分压较高，Cu 有可能被氧化为 Cu$_2$O，因此需进一步研究 Cu-Fe-S-O-Si-(Cu$_2$O)体系平衡热力学。

Sun[49]等针对铜锍连续吹炼工艺特点，在 1523~1573 K 温度，高浓度二氧化硫($p_{SO_2} = 0.4 \times 10^5$ Pa)条件下，开展了硅酸盐炉渣-尖晶石-粗铜-白铜锍-气体多相平衡实验，通过分别精确控制氧分压 $p_{O_2} = 1$ Pa、$10^{-0.5}$ Pa、$10^{-0.75}$ Pa 和 10^{-1} Pa，研究了硅酸铁炉渣中平衡 Fe/SiO$_2$、Cu$_2$O 含量与吹炼温度的关系，明确了不同温度下实现连续吹炼所需的平衡 p_{O_2} 范围。

Hidayat[139]等基于修正准化学溶液模型，测定了 Cu-Fe-O-Si 体系液态氧化物熔渣和液态金属相平衡数据，构建了热力学数据库，计算了体系中所有相的吉布斯自由能，研究了在温度和氧分压对平衡物相组成的影响。Shishin[41]等针对 Cu-Fe-O 体系，研究了总压 $p = 10^5$ Pa 条件下，该体系包含的所有可用相图和热力学数据。建立了热力学模拟和优化模型参数，该模型可用于研究从铜合金到氧化物熔体整个成分范围内的相平衡，研究结果与 Cu-O-S 和 Fe-O-S 优化体系相结合，可计算铜锍和粗铜溶解氧含量，对铜熔炼和吹炼过程热力学模拟具有重要意义。

Shishin[40]等基于准化学溶解模型，构建了可以同时描述液态金属、硫化物和氧化物的热力学模型，研究了 Cu-O-S 体系热力学性质和相平衡，开展了多相平衡实验，计算结果与 Cu-S 和 Cu-O 二元系实验数据吻合良好，该模型可用于计算铜锍和金属中溶解氧含量，为铜锍连续吹炼热力学模拟提供了关键基础数据。

1.2.3 铜冶金过程元素多相分配

(1)造锍熔炼过程

Avarmaa[51]分别研究了 1523~1623 K，铜锍品位(55%、65%、75%)对贵金属(Au、Ag、Pd、Pt、Rh)在铜锍-二氧化硅饱和炉渣中的分配影响。结果表明，随着铜锍品位升高，炉渣中溶解贵金属含量均减少，当铜锍品位一定时，温度升高使渣中 Ag 含量降低，但对其他贵金属影响较小；铜锍和炉渣中金属质量浓度之比定义为该金属在铜锍和炉渣之间的分配系数，随着铜锍品位升高，所有贵金属在铜锍和炉渣之间的分配系数均呈上升趋势,当铜锍品位达 65% 时,Au、Ag、Pd、Pt、Rh 分配系数分别为 1500、150、3000、5000、7500。

现代强化铜冶炼工艺普遍采用富氧操作,烟气中 SO_2 浓度较高,为探究 SO_2 浓度对铜锍、炉渣相平衡体系中伴生元素分配的影响,Roghani[52] 等在 1573 K,p_{SO_2} 分别为 10^4 Pa、$5×10^4$ Pa 和 10^5 Pa 情况下,开展了铜锍和 SiO_2 饱和炉渣 (FeO_x-SiO_2-MgO) 相平衡实验。结果表明:铜锍品位一定时,渣中溶解 Cu 和 S 量不受 p_{SO_2} 浓度的影响。这是因为在给定熔炼温度和铜锍品位时,p_{O_2}/p_{S_2} 比值相对于 p_{SO_2} 是恒定的;由于采用高富氧浓度作业,气相体积减小,不利于 As、Sb、Bi 和 Pb 等杂质气相挥发,随着 p_{SO_2} 增加,铜锍中上述杂质元素从铜锍迁移至炉渣中脱除;给定铜锍品位下,贵金属 Au、Ag 在铜锍和炉渣中分配行为不受 SO_2 浓度的影响。

Shishin[53] 等,研究了 Cu-Fe-O-S-Si 体系中,铜锍和鳞石英饱和炉渣中 As 的多相分配行为,计算了 As 在炉渣和铜锍之间分配系数随 SO_2 浓度和铜锍品位的变化规律。结果表明:在高 SO_2 浓度下炉渣-铜锍-鳞石英平衡时,As 多相分配行为基本不受铜锍品位影响,在较低的 p_{SO_2} 条件下炉渣-铜锍-鳞石英-铜多相平衡时,随着铜锍品位升高,As 明显向炉渣中迁移。Shishin[54] 等在 1473 K 温度下,采用实验研究和热力学模拟相结合的方法,研究了 Cu-Fe-O-S-Si 体系中,伴生元素 Sb、Sn 在铜锍和炉渣之间的分配行为。结果表明,伴生元素 Sb、Sn 对主金属分配行为无明显影响,但其分配行为受熔炼铜锍品位、体系 SO_2 分压的影响,随着铜锍品位升高和 SO_2 平衡分压增加,Sb、Sn 逐渐被氧化入渣。

针对高温熔锍捕集贵金属机理,国内外学者开展了大量研究。Avarmaa[51, 55] 研究表明,铜锍性质决定了贵金属在铁橄榄石渣和铜锍中的分配比例,在 SO_2 分压为 10132.5 Pa 时,贵金属元素取代熔锍中的 Cu 或 Fe,以硫化物的形式富集于铜锍中。刘时杰[56]、黎鼎鑫[57] 以及文献[58] 均认为熔锍捕集贵金属,是由于贵金属与熔锍中的主要金属元素具有相似的晶格结构和晶胞参数。Cu、Ni、Fe 的原子半径为 0.126~0.128 nm、晶胞参数为 0.352~0.361 nm,而贵金属 Au、Ag 的原子半径为 0.144 nm、晶胞参数为 0.408~0.409 nm,贵金属 Au、Ag 与 Cu、Ni 可以在熔融状态下形成连续固溶体合金或金属间化合物。

陈景[59] 认为熔锍捕集贵金属是因具有类金属性质。朱祖泽[60] 计算了 Cu-Fe-S 熔锍导电率与温度的关系,FeS 在熔炼温度区间的导电率达 1490 S/cm~1560 S/cm,温度系数为负值。何焕华[61] 研究表明,高温熔体导电主要由于内部电子定向运动,并计算了 1200~1300 ℃ 温度区间,工业低镍锍的导电率为 $3.75×10^3$~$4.4×10^3$ S/cm,高镍锍的导电率为 $9×10^3$ S/cm,且两者的温度系数更负,即比 FeS 更类似金属。文献[62] 对 NiS 晶格结构研究发现,该化合物中存在一定数量的金属键，使其表现出合金或半金属的性质。由此推断，金属熔体对贵金属的捕集能力比熔锍强，Avarmaa[63]和李运刚[64]的研究结果证实了该推论。文献[51,65]研究结果表明，贵金属在铜锍中溶解量随着铜锍品位升高而增加。

（2）连续吹炼过程

Holland[66]等人研究了铜锍吹炼造铜阶段 Co、Ni、Ag、Au、Pd 和 Fe 在铜相和白铜锍之间的分配行为，揭示了吹炼温度(1523~1623 K)和 SO_2 分压(10^3~10^5 Pa)对元素多相分配比例的影响。Co 优先富集在白铜锍中，随着 p_{SO_2} 从 10^5 Pa 降低至 10^3 Pa，Co 在粗铜和白铜锍之间的分配系数从 0.36~0.46，升高至 0.9±0.1，温度对 Co 多相分配几乎无影响；Au、Pd、Ni、Ag 主要富集在粗铜中，但富集率依次降低，随着温度从 1523 K 升高至 1623 K，Ni 分配系数从 2.1 升高至 2.7，而 Ag 的分配系数逐渐降低。

Yu[67]等针对闪速铜锍吹炼工艺过程伴生元素 Se、Te 多相分配行为，开展了系统研究。结果表明：吹炼过程中 Se 分散于粗铜、铜锍和氧化渣中，而 Te 主要富集在氧化渣中；随着吹炼温度升高，铜相和铜锍相中 Se、Te 含量降低；粗铜和铜锍中 Se、Te 脱除率随着渣中 CaO 含量增加而升高；当实验物料中 Pb 含量升高时，粗铜相中 Se、Te 含量升高。

（3）火法精炼过程

Avarmaa[68]等，开展了铜合金与 FeO-SiO_2 渣、FeO-SiO_2-10%Al_2O_3 渣、FeO-SiO_2-10%Al_2O_3-5%CaO 渣平衡实验，研究了 1573 K、p_{O_2} = 10^{-2}~1 Pa 条件下，金、银、钯和铂在铜冶炼过程中的多相分配行为。结果表明：Au、Pd 和 Pt 在铜相和炉渣之间的分配系数大于 10^4，证明冶炼过程中它们几乎完全进入铜相，炉渣中溶解损失较少；而 Ag 在铜相和炉渣之间的分配系数仅为 30~60，证明 Ag 容易溶解在炉渣中，造成有价金属损失；向炉渣中添加 Al_2O_3，提高了铜相对 Ag 的捕集率，但易造成其他贵金属在渣中损失，而添加 CaO 将有助于铜冶炼过程中贵金属捕集。研究结果证明了铜对贵金属具有良好的捕集作用，铜冶炼过程协同处理城市矿产等二次资源，可实现有价金属高效回收。

Hellstén[69]等在 1473~1573 K 温度范围内，实验测定了铁饱和铜合金与铁硅酸盐炉渣之间的相平衡，研究了炉渣中 SiO_2 含量对伴生微量元素 Au、Ag、Ga、In、Ge、Sb 在多相间分配比例的影响。结果表明：在碱性和还原条件下，可有效降低渣中 Au、Ag、In、Ge、Sb 浓度。杂质元素 Pb 易与 SiO_2 形成化合物，需要消耗大量石灰熔剂破坏硅酸盐结构，才能将 Pb 从炉渣中释放。炉渣中 Ga 回收率较低，需要借助其单质/化合物易挥发的特性，将 Ga 挥发到烟气中。

Sineva[70]等分别开展了富铜相与硅酸铁炉渣、富铜相与铁酸钙炉渣高温平衡实验，测量了 1523 K 温度下，Pb、Bi、Ag 在两种平衡体系中多相分配行为，完善了铜火法冶金热力学基础数据库，计算了氧分压、渣含铜、温度、Fe/SiO$_2$ 和 Fe/CaO 比对两种渣型中 Pb、Bi 和 Ag 分配系数的影响。结果表明，硅酸盐炉渣具有更好的脱 Pb 能力，但 Ag 在该渣型中损失严重，两种渣型对 Bi 脱除效果类似。另外，铁酸钙炉渣具有更低的熔化温度，采用该渣型可保证生产在低温下仍顺利进行。

上述结果均为基于实验研究获得的数据，为保障体系在设定条件下达到平衡，通常要求实验样品小于 1 g、平衡时间大于 4 h。由于不能将平衡样品中铜锍-铜-炉渣等完全分离，无法获得各平衡相质量，从而无法精确计算元素在各相中的分配比例。一般采用 EPMA、LA-ICP-MS 等高精度仪器对多相成分进行分析检测，通过元素在各相中质量浓度之比计算分配系数。而且，考虑到吉布斯自由能相律的影响，某些相平衡条件较为苛刻，难以直接开展实验[40]，仅能获得有限个离散的试验点，无法为复杂多变的实际生产直接提供有效指导。但基于多相平衡实验研究结果，开发热力学数据库，可为热力学模拟和生产实践优化研究提供关键的热力学数据。

1.3　计算机模拟在冶金中的应用

随着计算机技术的发展，基于热力学数据库和冶金过程原理，构建多相平衡热力学模型，开发热力学模拟软件，已在铜冶金过程中广泛应用，成为研究高温冶金相平衡和元素分配行为的有效手段[42, 71, 72]。

1.3.1　多相平衡建模原理

依据建模原理，多相平衡热力学计算方法可分为平衡常数法和最小吉布斯自由能法，通过平衡计算获得一定压力和温度下各相平衡组成。从热力学角度，两种方法本质相同，但表现形式不同。

（1）平衡常数法

平衡常数法由 Sanderson 和 Chien[73] 在 1973 年首次提出，简称 S-C 算法。该方法根据体系内独立反应和质量守恒约束，建立非线性方程组，通过求解给定温度和压力条件下的方程组，获得平衡体系内各相中各组分的摩尔数。

对于一个多相多组分反应体系，其内包含的总相数、化学组分数、元素种类数和独立反应数分别用 N_p、N_c、N_e、N_b 表示，根据相律，独立反应数 $N_b = N_c - N_e$。独立反应数矩阵表达形式为：

$$V_{j, i} A_{i, k} = B_{j, k} \tag{1-26}$$

式中，i 为独立组分；j 为从属组分；k 为元素种类；$V_{j, i}$ 表示化学计量系数矩阵；$A_{i, k}$ 为独立组分分子式矩阵；$B_{j, k}$ 为从属组分分子式矩阵。

体系平衡组分区分为独立组分和从属组分，独立组分表示为 $V_{j,i}$ 中一组非线性相关分子式向量，利用独立组分可产生体系内其他组分，称为从属组分，反应平衡常数为：

$$K_j = \exp(-(\Delta G_{bj}^{\ominus} - \sum V_{j,i} \Delta G_{ai}^{\ominus})/RT) \tag{1-27}$$

式中，R 为理想气体常数；$\Delta G_{ai}^{\ominus}$ 为独立组分 i 标准生成吉布斯自由能；$\Delta G_{bj}^{\ominus}$ 为从属组分 j 标准生成吉布斯自由能。

体系达平衡时，独立组分和从属组分关系表示为：

$$Y_j = \frac{Z_{m,j}}{\gamma_j} \cdot K_j \cdot \prod_i \left(\frac{\gamma_i X_i}{Z_{m,i}}\right)^{V_{ji}} \tag{1-28}$$

式中，X_i、Y_j 分别为独立组分、从属组分摩尔数，γ_i、γ_j 为独立组分、从属组分活度系数，$Z_{m,i}$、$Z_{m,j}$ 为 m 相中独立组分、从属组分摩尔数。

体系反应前后质量守恒，k 元素总摩尔数 Q_k 为：

$$Q_k = \sum_i A_{i,k} X_i + \sum_j B_{j,k} Y_j \tag{1-29}$$

m 相内含有总摩尔数 Z_m 为：

$$Z_m = \sum_{m,i} X_i + \sum_{m,j} Y_j \tag{1-30}$$

反应体系包含 $N_p + N_c$ 个方程，体系内未知组分为 $X_i + Y_j + Z_m$，方程数与未知数相等，通过求解上述非线性方程组，可求得体系平衡时各相组成摩尔数。

平衡常数法基于多相反应体系质量守恒和化学平衡，直观反应体系状态，可用于研究反应体系整体平衡和局部平衡，较为灵活。但该方法需要预知反应体系内平衡组分数、相数，以及合理区分独立组分和从属组分，对化学知识要求较高，对反应未知的复杂反应体系和有约束的多相平衡计算问题适应能力较差[74]。

(2) 最小吉布斯自由能法

20 世纪 50 年代，White[75] 等人首次利用最小吉布斯自由能法建立了多相平衡模型。该方法基于等温等压条件下体系达平衡时，多相多组分反应总吉布斯自由能最小的思想，将多相平衡计算问题简化为最优问题求解。通过求解满足体系最小吉布斯自由能对应的解，既可获得体系平衡时各相中各组分摩尔量。

给定温度 T 和压力 p 条件下，多相多组分反应体系总吉布斯自由能可用下式计算：

$$G(n,T,p) = \sum_{j=1}^{M} \mu_j^{\theta} n_j + \sum_{j=1}^{N_p} \sum_{i=1}^{N_c} G_{ij} \tag{1-31}$$

$$G_{ij} = n_{ij}[\mu_{ij}^{\theta} + RT\ln(\bar{f}_{ij}/f_{ij}^{\theta})] \tag{1-32}$$

式中，M 为纯凝聚相数；N_p 是混合相数、N_c 混合相中组分数；G_{ij} 为 i 组分在 j 相中的吉布斯自由能；n_j 为 j 相中总摩尔数，n_{ij} 为 i 组分在 j 相中的摩尔数；R 为理想气体常数；μ_{ij}^{θ} 是参考状态下 i 组分在 j 相中的化学势，等于该状态下 i 组分的生成吉布斯自由能 $\mu_{ij}^{\theta}=\Delta G_f^{\ominus}$；$\bar{f}_{ij}$ 为 i 组分在 j 相中的分逸度，f_{ij}^{θ} 是参考状态下 i 组分在 j 相中的逸度，参考态 $p=10^5\,\text{Pa}$，理想气体 j 相中 i 组分逸度之比 $\bar{f}_{ij}/f_{ij}^{\theta}=x_{ij}p$，非理想溶液 j 相中 i 组分逸度之比 $\bar{f}_{ij}/f_{ij}^{\theta}=\gamma_{ij}x_{ij}$，其中 x_{ij}、γ_{ij} 分别为 i 组分在 j 相中的摩尔分数和活度系数。

反应体系内，任一组分 j 总摩尔量 n_j^{τ} 等于 N_p 相中包含该组分摩尔量之和：

$$\sum_{\tau=1}^{N_p} n_{j\tau} = n_j^{\tau} \tag{1-33}$$

平衡体系内存在离子时，必须满足电荷守恒约束：

$$\sum_j n_{ij}m_j = 0 \tag{1-34}$$

式中，n_{ij} 为组分 j 在液相 i 中的摩尔数，m_j 为组分 j 的电荷数。

此外，为保证研究问题具有实际意义，体系内任一相 i 中包含组分 j 摩尔量不为负值。某些特殊体系，组分 j 不能超过最大值 M：

$$\beta \leqslant n_{ij} \leqslant M \tag{1-35}$$

据热力学第二定律，给定温度和压力条件下，体系内化学反应向着减少体系内总吉布斯自由能的方向自发进行，当所有反应达到平衡状态，即每个反应和体系总吉布斯自由能均最小时，体系达到平衡[76]。将最小吉布斯自由能法求解多相多组分体系平衡问题，转化为求解以式（1-31）为目标函数，式（1-33）~（1-35）为约束条件的非线性规划问题。

最小吉布斯自由能法无须预知体系内存在的详细化学反应，既可研究反应已知体系，也可研究反应未知体系，应用范围广。建模所需化学组分标准生成吉布斯自由能、活度系数等热力参数可根据相平衡实验获得。模型简单，无须进行复杂变换，可用于求解带约束的优化问题，针对此类问题已具备成熟的数学基础理论。本书富氧底吹连续炼铜多相平衡模型，是基于最小吉布斯自由能原理构建。

1.3.2 多相平衡模型求解算法

基于最小吉布斯自由能原理建立的多相平衡模型，反应体系最小吉布斯自由能求解是一个非线性规划最优问题，针对此类问题可采用确定性优化算法和随机性优化算法求解。

（1）确定性优化算法

确定性优化算法是利用求解问题的解析性质，产生确定性的有限或无限点序列，通过迭代使其收敛于全局最优解[78]。常用确定性优化算法包括 Newton 迭代法、共轭梯度法、Marquardt 法、最速下降法等。

王晨[79]基于化学平衡常数法建立了闪速熔炼多相平衡模型，优化了 Newton

迭代法，用于求解熔炼体系平衡组成，解决了传统 Newton 迭代法对初值要求高、易陷入局部最优解的问题。李明周[80]基于平衡常数法建立了闪速熔炼和闪速连续吹炼多相平衡模型，采用 Newton-Raphson 迭代算法求解，通过两次求解，第一次计算结果作为第二次计算的初始值，解决了该算法对初值要求高的问题。李明周[81]针对铜闪速吹炼工艺，基于最小吉布斯自由能原理建立了多相平衡模型，根据 Rand 算法，将体系吉布斯自由能计算公式用泰勒公式二阶展开，结合质量守恒定律，通过引进拉格朗日因子将非线性约束问题化为无约束问题，通过迭代计算获得体系平衡时各相中各组分摩尔数。黄金堤[82]针对废杂铜精炼过程，基于最小吉布斯自由能原理建立了动态多相平衡热力学模型，采用 Rand 算法求解。

确定性优化算法适用于求解具有解析式的精确模型，具有收敛速度快、计算精度高的优点。但计算过程涉及偏导数，不能直接用于复杂约束下的多相平衡模型求解，且对初值要求较高，容易收敛至局部最优解。

（2）随机性优化算法

随着优化计算理论和人工智能领域的发展，科研工作者受自然现象、生物学行为的启发，基于仿生思想开发了一系列随机优化算法求解非线性规划问题，包括：模拟退火法（SA）、遗传算法（GA）、粒子群算法（PSO）等。该算法是利用概率机制，而非确定性点列来描述迭代过程。

廖立乐[83]针对铜富氧底吹熔炼工艺，建立了最小吉布斯自由能多相平衡模型，针对该模型特点，改进了标准粒子群算法拓扑结构，增加了粒子位置和速度扰动，使其适用于多相平衡模型求解。孙亮[74]基于最小吉布斯自由能原理建立了铸铁熔炼过程多相平衡模型，该模型具有约束复杂、参数连续和计算精度要求高的特点，选择遗传算法作为上述模型求解算法，通过对适应度进行线性变换，优化了遗传算法性能。成飙[84]针对多相互溶相平衡问题建立了最小吉布斯自由能模型，通过目标函数转化、引入组分相分率的概念，将物料平衡约束转换为规范性立方空间优化问题，减少了计算量，将 Nelder-Mead 单纯形操作引入粒子群算法，提出了混合粒子群算法，提高了算法计算速度和精度。

随机优化算法对目标函数解析性质要求不严，甚至不需要显示目标函数，易于引入启发式逻辑规则，有效解决复杂工程优化问题。本书采用粒子群优化算法，求解底吹连续炼铜多相平衡模型。

1.3.3　元素多相分配热力学模拟

Nagamori[85]研究表明：铜锍中 As、Sb 元素分别以 $AsCu_3$、$SbCu_2$ 形态存在，计算了在铜锍品位 70%~80%、熔炼温度 1473 K 条件下，$AsCu_3$、$SbCu_2$ 在无限稀溶液中活度系数分别为 32±10，20±2，根据最新热力学数据，建立了铜锍吹炼热力学模型，研究了 As、Sb 多相迁移演变规律。

Surapunt[86]针对三菱铜熔炼工艺建立了热力学模型，计算了 As、Sb、Bi 元素分配行为。结果表明，As 在烟气和炉渣中均有分配，采用气相挥发和氧化造渣可将 As 脱除，而 Bi 只能挥发脱除，Sb 更容易造渣脱除。铜锍品位和熔炼温度对 As、Bi 多相分配比例影响较大，但对 Sb 影响较小。

Chen[87, 88]等基于公开发表的热力学数据，建立了连续炼铜多相平衡模型，研究了吹炼过程渣中铜损失和炉渣性质的关系，探究了伴生元素 As 在金属铜、铜锍、炉渣和气相中的分配行为，对比了熔池熔炼和闪速熔炼、间断吹炼和连续吹炼过程砷多相分配差异。结果表明，造锍熔炼和间断吹炼造渣期可将砷挥发脱除，CaO-FeO 渣型具有更强的 $AsO_{0.5}$ 溶解能力，当吹炼过程存在铜相时，As 易与 Cu 形成化合物，使砷大量溶解在铜相中，增加脱除难度。

Swinbourne[89]等建立了闪速一步炼铜热力学模型，通过调整斑铜矿和黄铜矿搭配比例同时改变炉料中 Cu、Fe、S 含量，研究了精矿中 Fe 含量对熔渣、粗铜产量的影响，预测了渣中 Cu 含量与粗铜中 S 含量之间的关系。结果表明：随着炉料中黄铜矿添加比例增加(Fe 含量升高)，炉渣产量增加、粗铜产量降低、渣中铜损失增加；向炉渣中添加少量 CaO 可减少渣中铜损失、降低泡沫渣风险，但过多 CaO 会增加炉渣产量，使熔渣中 Cu 损失总量增加。Bai[90]等基于最小吉布斯自由能原理，建立了底吹炼铅工艺多相平衡模型，研究了熔炼温度、氧矿比和精矿中 Pb 含量变化(同时改变 S 含量)对熔炼产物质量、产物成分和 Pb 多相分配比例的影响，结果表明：随着精矿中 Pb 含量升高(S 含量降低)，Pb 在高铅渣和粗铅中分配比例增加，气相挥发减少；温度升高，Pb 向烟气中挥发比例增加；而提高氧矿比有利于 Pb 进入高铅渣和粗铅中。

Lisienko[91]等针对粗铜氧含量和杂质元素含量不同、火法精炼所需氧气量不同的问题，利用相关回归分析建立了数学模型，以熔体中氧含量为目标函数，研究了粗铜原始成分、熔体温度、杂质含量等因素对吹炼耗氧量的影响。

孟飞[92]等针对 PS 转炉吹炼工艺，建立了有效反应区模型，利用 Factsage 热力学软件研究了造渣期、造铜期产物质量和主要成分变化，模拟结果与实际生产结果基本吻合。Cardona[93]等利用 Factsage 热力学软件计算了 PS 转炉吹炼过程中铜锍和炉渣成分变化趋势，研究了吹炼渣中铁硅比对磁性氧化铁含量和熔化温度的影响。Pérez[72]等，利用 Factsage 热力学软件计算了非标准工艺条件下 PS 转炉吹炼过程，研究了造渣期、造铜期炉内铜锍、粗铜、炉渣、烟气成分变化以及温度变化，理论计算结果获得了生产样品分析化验印证。

Swinbourne[94]等建立了闪速铜锍连续吹炼热力学模型，利用 HSC Chemistry 热力学软件研究了连续吹炼过程 Pb、As、Bi、Cd 等杂质元素在粗铜、铁酸钙渣和烟气中多相分配规律。结果表明，提高氧气鼓入速率，粗铜中 Pb、As、Bi 被大量氧化造渣脱除，但不利于 Cd 气相挥发。

Li[95]等基于多相平衡原理,采用平衡常数法建立了铜锍闪速连续吹炼数学模型,开发了 Metcal 模拟软件,研究了氧矿比、吹炼温度、气体流量等工艺参数对吹炼产物质量、成分和杂质元素分配行为的影响,优化了闪速连续吹炼工艺参数,但该模型未考虑吹炼初期铜锍相和吹炼末期 Cu_2O 相析出对平衡体系的影响。汪金良[96]等基于化学平衡、质量守恒、热量守恒等原理,建立了底吹熔炼配料、底吹造锍熔炼、底吹铜锍吹炼等冶金单元数学模型,利用 Metcal 仿真平台计算了富氧底吹炼铜工艺全流程元素分配和热量平衡。李明周[97]基于同样的原理,利用 Metcal 仿真平台研究了铜闪速熔炼–转炉吹炼全流程物流信息和热平衡。该仿真平台也被用于研究铜富氧侧吹熔池熔炼炉内元素多相分配行为[98]。

本研究团队前期针对小型化富氧底吹铜熔炼过程开展了系统研究[99]。基于富氧底吹铜熔炼机理[100]和最小吉布斯自由能原理,建立了氧气底吹铜熔炼多相平衡模型[101],开发了 SKSSIM 模拟平台[102],研究了小型化底吹炉熔炼伴生元素脱除机理和多相分配行为[103],优化了铜熔炼过程工艺参数,实现了伴生元素定向分离富集,研究结果为小型化富氧底吹铜熔炼生产实践提供了理论指导。

1.4 研究意义及研究内容

1.4.1 研究意义

面对原生铜资源成分日益复杂、二次含铜物料大量产生的资源现状和国家绿色低碳循环发展需求,我国自主开发了大型化富氧底吹铜熔炼和底吹铜锍连续吹炼相结合的新型富氧底吹连续炼铜方法。目前,针对该工艺的基础理论研究薄弱,复杂资源中多元素在冶炼过程多相演变和分配行为规律不明,生产实践过程强化调控措施缺乏,导致生产实践过程伴生元素分散、产品杂质含量高、有价金属直收率低等问题,制约了该技术进一步发展。本研究以富氧底吹连续炼铜工艺为对象,基于生产实践数据开展热力学模拟,探究体系温度、氧分压、硫分压、渣含铜等工艺特性以及伴生元素多相分配行为,形成富氧底吹连续炼铜过程元素定向分离富集优化调控措施,完善富氧底吹连续炼铜基础理论体系,指导铜复杂资源清洁高效处理和有价金属综合回收。

1.4.2 研究内容

本书研究内容主要包括以下五个方面:

(1)优化连续炼铜多相平衡模型和开发高效求解算法。增加多相平衡模型计算元素种类、平衡相数等,开发并行化粒子群算法,应用于富氧底吹大型化多相平衡模型和连续吹炼多相平衡模型求解,提高计算效率和精度。

（2）研究大型化底吹熔炼工艺特性及伴生元素多相分配行为。明晰大型化底吹熔炼温度、氧分压、硫分压和渣中铜损失变化趋势，揭示伴生有价金属及杂质元素多相分配规律，优化原料合理成分和工艺参数。

（3）揭示富氧底吹铜锍连续吹炼过程机理。研究连续吹炼过程中铜锍-铜-炉渣-Cu_2O-气体多相演变规律，明晰连续吹炼氧化期和还原期体系氧分压、硫分压、物相组成变化规律。

（4）研究底吹连续吹炼工艺特性及元素多相分配行为。明确连续吹炼体系氧分压、硫分压、吹炼温度、渣含铜等工艺特性，揭示连续吹炼过程贵金属及杂质元素多相分配规律，优化吹炼铜锍合理成分和工艺参数。

（5）研究富氧底吹连续炼铜杂质脱除关键影响因素。对比常规铜熔炼工艺和铜锍吹炼工艺，揭示影响富氧底吹连续炼铜杂质脱除关键因素，为复杂资源清洁高效处理和伴生元素综合回收奠定基础。

1.4.3 研究思路

本书采用理论研究、热力学模拟与生产实践相结合的研究方法，理论研究和热力学模拟为生产实践优化提供指导，生产实践为理论研究和热力学模拟提供基础原料和结果验证，不断完善研究方案，最终形成伴生元素定向分离富集调控措施，为铜复杂资源富氧底吹连续炼铜清洁冶金技术开发提供理论指导。研究总体技术路线如图1-13。

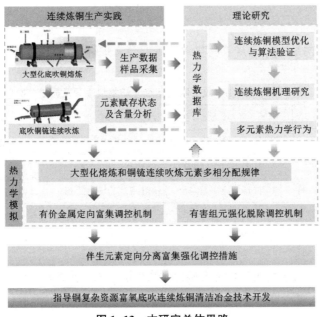

图1-13 本研究总体思路

第 2 章 研究方法

    铜火法冶金是一个高温、多相多场耦合的复杂反应体系，针对生产实践中遇到的难题，直接开展工业化优化研究，耗时长、成本高、风险大。在实验室开展高温相平衡实验，规模小、对实际生产指导效果有限。随着计算机技术的发展，在实验室高温平衡实验获得的关键热力学数据基础上，结合基于冶金原理多相平衡热力学模拟方法，形成研究高温冶金过程有效手段。本书以富氧底吹连续炼铜工艺为研究对象，采集了生产实践原料成分和工艺参数，基于底吹连续炼铜工艺特性和最小吉布斯自由能原理建立了多相平衡优化模型，提出了模型求解算法。

2.1 富氧底吹连续炼铜生产数据

    采集了大型化富氧底吹铜熔炼、底吹连续吹炼工业化生产原料成分和工艺参数，为多相平衡模型验证和校正提供数据支撑，为工艺优化提供基准数据。

2.1.1 大型化底吹铜熔炼

（1）原料成分

采集了国内某大型化富氧底吹铜熔炼混合入炉物料成分，列于表 2-1。

表 2-1 大型化富氧底吹铜熔炼入炉物料成分及质量分数　　　　　%

成分	Cu	Fe	S	Pb	Zn	As	Bi	Sb
质量分数	25.06	24.44	28.22	0.88	2.17	0.26	0.081	0.047
成分	SiO_2	MgO	CaO	Al_2O_3	Au*	Ag*	其他	
质量分数	12.31	1.19	3.35	1.22	1.65	140.18	0.76	

注：* 单位为 g/t。

（2）工艺参数

采集了国内某小型底吹炉和大型化底吹炉铜熔炼工艺参数，其参数如表 2-2 所示。其中，氧矿比为单位时间内体系鼓入总氧量（Nm^3/h）与湿物料总量（t/h）之比。

表 2-2　富氧底吹铜熔炼工艺参数

工艺操作参数	单位	小型底吹炉	大型底吹炉
混合干炉料加入速率	t/h	72.28	185
炉料含水量, $w_水$	%	9.40	6.47
氧气鼓入速率	Nm³/h	10885	29865
空气鼓入速率	Nm³/h	5651	9824
富氧浓度	%	73.00	80.45
氧矿比	Nm³/t	151.31	161.42
熔炼温度	K	1473±20	1523±20
铁硅质量比		1.6~1.8	1.8~2.0
炉体尺寸	m	$\phi4.4×16$	$\phi5.5×28.8$

2.1.2　铜锍连续吹炼

(1) 连续吹炼操作制度

实际生产中,使用两台底吹连续吹炼炉,交替承接熔炼工序连续放出的熔融铜锍。连续吹炼一个完整周期主要包括:接料造熔池、接料吹炼、断料吹炼(放渣)、造铜、浇铸和保温工序,整个吹炼过程中,空气(Air)、天然气(NG)、纯氧(O₂)和氮气(N₂)四种气体需在不同工序适时调整切换。底吹连续吹炼操作制度如图 2-1 所示。

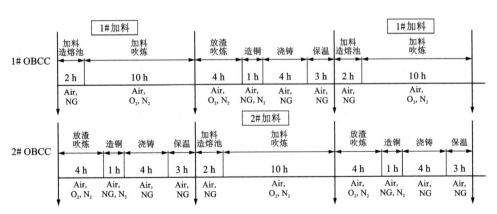

图 2-1　底吹连续吹炼操作制度[104]

（2）吹炼原料及产物

采集了国内两条富氧底吹连续吹炼生产线的原料和产物，成分列于表2-3。

表2-3 底吹连续吹炼原料、产物成分及质量分数 %

工艺		成分	Cu	Fe	S	O	SiO$_2$	其他
OBCC[1#-1]	氧化期	铜锍	70.29	4.98	20.14	/	0.99	3.60
		粗铜	98.44	0.019	0.070	0.50	0.010	0.96
		氧化渣	32.29	28.22	0.04	/	16.40	23.05
	还原期	阳极铜	98.50	0.022	0.017	0.32	0.0040	1.14
		还原渣	33.59	30.91	0.031	/	15.60	19.87
OBCC[1#-2]	氧化期	铜锍	75.50	1.36	20.58	0.61	1.01	1.48
		粗铜	98.50	0.020	0.026	0.55	0.010	0.90
		氧化渣	36.48	18.57	0.0040	22.75	24.36	10.83
	还原期	阳极铜	99.20	0.010	0.020	0.20	0.0021	0.57
		还原渣	27.37	24.16	0.01	25.88	32.49	7.42
OBCC[2#]		铜锍	71.12	3.53	18.16	2.53	0.75	3.91
		粗铜	96.99	0.10	0.33	/	0.10	2.48
		吹炼渣	27.00	18.86	0.11	/	23.57	30.46

其中本书研究对象大型化底吹铜锍连续吹炼工艺，记为OBCC[1#]，另外一条为小型底吹连续吹炼生产线，记为OBCC[2#]。前者处理原料主要为熔融热态铜锍，产品为阳极铜。后者吹炼原料除熔融热态铜锍外，还搭配处理大量冷铜锍、铜米、残极等二次含铜资源，产品为粗铜。本书研究基准工况为OBCC[1#-1]，是该工艺运行前期生产实践数据，OBCC[1#-2]为最新生产原料和产物成分。

（3）连续吹炼工艺参数

采集了处理表2-3所示原料对应的总加料量以及气体鼓入总量，根据吹炼耗时做时均化处理，获得连续吹炼关键工艺参数，列于表2-4。其中残渣率为氧化期残留渣质量与氧化渣总质量之比的百分数。

表 2-4 底吹连续吹炼工艺参数

工艺参数	单位	OBCC[1#-1]		OBCC[1#-2]		OBCC[2#]
		氧化期	还原期	氧化期	还原期	
热态铜锍加料速率	t/h	32.53	/	45.00	/	10
冷料加入速率	t/h	2.86	/	3.71	/	17.2
熔剂加入速率	t/h	0.68	/	0.41	/	0.7
纯氧鼓入速率	Nm³/h	2458	25	2000	/	2515
空气鼓入速率	Nm³/h	15280	1380	26000	1000	2913
氮气鼓入速率	Nm³/h	5537	/	2400	/	2806
天然气(CH_4 98% N_2 2%)鼓入速率	Nm³/h	/	310	/	285	/
富氧浓度	%	24.35	/	24.54	/	37.97
残渣率	%	25	/	8.51	/	/
吹炼温度	K	1523	1523	1523	1553	1512

2.2 多相平衡研究方法

铜火法冶金炉内多相共存,高温强化冶炼过程化学反应速度极快,可近似认为冶炼体系达到动态平衡[105]。因此可以用多相平衡模拟的方法,研究铜火法冶炼产物成分、体系氛围、元素多相分配规律。本书基于最小吉布斯自由能原理,分别针对底吹铜熔炼和底吹连续吹炼建立了多相平衡模型,通过对模型求解可以获得熔炼体系和吹炼体系多相中各组分摩尔量,进而计算出各组分质量、产物质量、氧分压、硫分压、元素分配等。在模型中耦合热量平衡计算,可以根据组分质量和产物质量计算熔炼和连续吹炼过程热量分配、平衡温度进行。

2.2.1 多相平衡模型

(1)模型假设

富氧底吹连续炼铜过程是一个复杂的高温多相、多场,包含多组分化学反应的体系,如果完全按照真实冶炼条件考虑体系内所有的化学组分和过程参数,所建立的模型将异常复杂,而无法求解。为使建立的多相平衡模型吻合实际生产特征,同时尽量降低模型复杂程度,需要作以下合理假设:

①连续生产稳定工况下,冶炼体系处于近似动态平衡状态;

②稳定工况体系达到平衡时，底吹铜熔炼炉内铜锍、炉渣、烟气三相平衡，底吹连续吹炼炉内铜相、炉渣、烟气三相平衡。当冶炼工况剧烈波动时，连续吹炼体系还需考虑白铜锍和 Cu_2O 相；

③冶炼过程近似为等温、等压($p=10^5$ Pa)体系，烟气为理想气体；

④冶炼体系中考虑 Cu、Fe、S、O、Si、N、C、H、Pb、Zn、As、Sb、Bi、Pb、Zn、Au、Ag、Ca、Mg、Al 元素，其他元素存在物相统一用 Others 表示，平衡体系组成如表 2-5 所列。

表 2-5　富氧底吹连续炼铜平衡体系组成

模型	平衡相	组　分
底吹熔炼模型	铜锍	Cu、Cu_2S、FeS、Pb、PbS、ZnS、As、Sb、Bi、Au、Ag、Others
	炉渣	FeO、Fe_3O_4、Cu_2O、Cu_2S、PbO、ZnO、As_2O_3、Sb_2O_3、Bi_2O_3、Au、Ag_2O、CaO、MgO、Al_2O_3、SiO_2、Others
	烟气	N_2、SO_2、SO_3、S_2、O_2、H_2O、PbO、PbS、Zn、ZnS、As_2、AsO、AsS、SbO、SbS、BiS、Others
底吹连续吹炼模型	铜相	Cu、Cu_2S、Cu_2O、Fe、FeS、Pb、Zn、As、Sb、Bi、Au、Ag、Others
	白铜锍	Cu_2S、FeS、Cu
	炉渣	FeO、FeS、Fe_3O_4、Cu_2O、PbO、ZnO、As_2O_3、Sb_2O_3、Bi_2O_3、Au、Ag_2O、CaO、MgO、Al_2O_3、SiO_2、Others
	Cu_2O	Cu_2O
	烟气	N_2、SO_2、SO_3、S_2、O_2、CO、CO_2、H_2O、H_2、CH_4、PbO、PbS、Zn、ZnS、As_2、AsO、AsS、SbO、BiO、BiS、Others

(2)热力学参数

根据式(1-31)，建立底吹铜熔炼和连续吹炼多相平衡模型，需已知各组分标准摩尔生成吉布斯自由能和活度系数。考虑到实际生产中冶炼温度在一定范围内波动，利用 Factsage® 7.1[106, 107] 热力学软件，选择 FactPS 数据库，计算各组分标准摩尔生成吉布斯自由能，拟合为温度 T 的线性方程($\Delta G_f^{\ominus}=A+BT$)，如表 2-6 所示。

表 2-6　体系中各组分标准生成吉布斯自由能　　　　　　　　　　J/mol

组分	状态	化 学 反 应	$\Delta G_f^{\ominus}=A+BT$
Cu_2S	l	$2Cu(l)+0.5S_2(g)=\!=\!=Cu_2S(l)$	$-156778+48T$
FeS	l	$Fe(l)+0.5S_2(g)=\!=\!=FeS(l)$	$-134923+43T$

续表2-6

组分	状态	化 学 反 应	$\Delta G_f^{\ominus} = A + BT$
PbS	l	$Pb(l) + 0.5S_2(g) \Longrightarrow PbS(l)$	$-151881 + 79T$
ZnS	l	$Zn(g) + 0.5S_2(g) \Longrightarrow ZnS(l)$	$-375788 + 198T$
Cu_2O	l	$2Cu(l) + 0.5O_2(g) \Longrightarrow Cu_2O(l)$	$-137139 + 54T$
FeO	l	$Fe(l) + 0.5O_2(g) \Longrightarrow FeO(l)$	$-259244 + 62T$
Fe_3O_4	l	$3Fe(l) + 2O_2(g) \Longrightarrow Fe_3O_4$	$-1097693 + 350T$
As_2O_3	l	$2As(g) + 1.5O_2(g) \Longrightarrow As_2O_3(l)$	$-1215325 + 457T$
Sb_2O_3	l	$2Sb(l) + 1.5O_2(g) \Longrightarrow Sb_2O_3(l)$	$-687438 + 237T$
Bi_2O_3	l	$2Bi(l) + 1.5O_2(g) \Longrightarrow Bi_2O_3(l)$	$-563470 + 257T$
PbO	l	$Pb(l) + 0.5O_2(g) \Longrightarrow PbO(l)$	$-196818 + 79T$
ZnO	l	$Zn(g) + 0.5O_2(g) \Longrightarrow ZnO(l)$	$-427945 + 189T$
SiO_2	l	$Si(s) + O_2(g) \Longrightarrow SiO_2(l)$	$-912677 + 181T$
H_2O	g	$H_2(g) + 0.5O_2(g) \Longrightarrow H_2O(g)$	$-246425 + 54T$
CO_2	g	$C(s) + O_2(g) \Longrightarrow CO_2(g)$	$-394243 - T$
SO_3	g	$0.5S_2(g) + 1.5O_2(g) \Longrightarrow SO_3(g)$	$-459543 + 165T$
SO_2	g	$0.5S_2(g) + O_2(g) \Longrightarrow SO_2(g)$	$-361500 + 72T$
As_2	g	$2As(g) \Longrightarrow As_2(g)$	$-415418 + 113T$
AsS	g	$As(g) + 0.5S_2(g) \Longrightarrow AsS(g)$	$-184465 + 45T$
AsO	g	$As(g) + 0.5O_2(g) \Longrightarrow AsO(g)$	$-257759 + 46T$
SbO	g	$Sb(l) + 0.5O_2(g) \Longrightarrow SbO(g)$	$-126601 - 60T$
SbS	g	$Sb(l) + 0.5S_2(g) \Longrightarrow SbS(g)$	$103194 - 60T$
BiS	g	$Bi(l) + 0.5S_2(g) \Longrightarrow BiS(g)$	$96.74 - 0.06T$
PbO	g	$Pb(l) + 0.5O_2(g) \Longrightarrow PbO(g)$	$60860 - 54T$
PbS	g	$Pb(l) + 0.5S_2(g) \Longrightarrow PbS(g)$	$73855 - 56T$
ZnS	g	$Zn(g) + 0.5S_2(g) \Longrightarrow ZnS(g)$	$13200 + 32T$

假设烟气为理想气体,烟气中各组分活度系数均为1.00。Cu_2O 相为纯物质,其活度系数为1.00。铜锍和炉渣中各组分活度系数来自文献[108]。建模所需的各组分活度系数如表2-7所列。其中,T 为冶炼温度,p_{O_2} 表示平衡氧分压,x_{Cu_2S} 表示铜锍中 Cu_2S 摩尔分数,x_{FeO}、$x_{Fe_3O_4}$、x_{Cu_2O}、x_{SiO_2} 分别表示炉渣中 FeO、Fe_3O_4、

Cu_2O、SiO_2 摩尔分数，G_{mt} 表示铜锍品位，R_{Fe/SiO_2} 表示渣中铁硅质量比。除特别标明以外，熔炼和连续吹炼体系炉渣中组分活度系数相同。

表 2-7　富氧底吹连续炼铜体系中各组分活度系数

组分	相态	活 度 系 数
Cu	铜相	1.00
Cu_2S	铜相	26.00
Cu_2O	铜相	20(无 Cu_2O 相) 10.95(无 Cu_2O 相)
Fe	铜相	$10^{(4430/T-1.41)}$
FeS	铜相	1.00
FeO	铜相	1.00
Pb	铜相	$10^{(2670/T-1.064)}$
Zn	铜相	$10^{(-1230/T)}$
As	铜相	$10^{(-4830/T)}$
Sb	铜相	$10^{(-4560/T+1.24)}$
Bi	铜相	$10^{(1900/T-0.885)}$
Au	铜相	$\exp(-2230/T-0.37)$
Ag	铜相	$\exp(1963/T-0.16)$
Cu_2O	Cu_2O 相	1.00
Cu_2S	铜锍	1.00
FeS	铜锍	$0.925/(x_{Cu_2S}+1)$
Cu	铜锍	14.00
FeO	铜锍	$\exp[5.1+6.2(\ln x_{Cu_2S})+6.41(\ln x_{Cu_2S})^2+2.8(\ln x_{Cu_2S})^3]$
Fe_3O_4	铜锍	$\exp[4.96+9.9(\ln x_{Cu_2S})+7.43(\ln x_{Cu_2S})^2+2.55(\ln x_{Cu_2S})^3]$
Pb	铜锍	23.00
PbS	铜锍	$\exp[-2.716+2441/T+(0.815-3610/T)(80-G_{mt})/100]$
ZnS	铜锍	$\exp[-2.054+6917/T-(1.522-1032/T)(80-G_{mt})/100]$
As	铜锍	$8.087-0.128G_{mt}+0.014G_{mt}\times\lg G_{mt}$

续表2-7

组分	相态	活 度 系 数
Sb	铜锍	$-0.1423+0.3457G_{mt}-0.18G_{mt}\times\lg G_{mt}$
Bi	铜锍	$10^{(1900/T-0.464)}$
FeO	炉渣	$1.42x_{FeO}-0.044$
SiO$_2$	炉渣	2.10
Fe$_3$O$_4$	炉渣	$0.69+56.8x_{Fe_3O_4}+5.45x_{SiO_2}$
Cu$_2$O	炉渣	$57.14x_{Cu_2O}$(无 Cu 相) $[0.808+1.511\times R_{Fe/SiO_2}]^{1523/T}$(有 Cu 相)
FeS	炉渣	70.00
Cu$_2$S	炉渣	$\exp(2.46+6.22x_{Cu_2S})$
PbO	炉渣	$\exp(-3926/T)$
ZnO	炉渣	$\exp(400/T)$
As$_2$O$_3$	炉渣	$3.838\exp(1523/T)\times p_{O_2}^{0.158}$
Sb$_2$O$_3$	炉渣	$\exp(1055.66/T)$
Bi$_2$O$_3$	炉渣	$\exp(-1055.66/T)$

(3)模型构建

以 Cu-Fe-S-O 体系为例简要介绍铜熔炼多相平衡模型构建过程。熔炼体系平衡时，铜锍、炉渣和烟气三相共存，其中铜锍中包含组分 Cu$_2$S、FeS，炉渣中包含组分 FeO、Cu$_2$O，烟气中包含组分 SO$_2$、S$_2$、O$_2$。

铜锍相总摩尔量 $n_{matte}=n_{Cu_2S}+n_{FeS}$，则铜锍中 $x_{Cu_2S}=n_{Cu_2S}/n_{matte}$，$x_{FeS}=n_{FeS}/n_{matte}$。

炉渣相总摩尔量 $n_{slag}=n_{FeO}+n_{Cu_2O}$，则炉渣中 $x_{FeO}=n_{FeO}/n_{slag}$，$x_{Cu_2O}=n_{Cu_2O}/n_{slag}$。

烟气相总摩尔量 $n_{gas}=n_{SO_2}+n_{S_2}+n_{O_2}$，则烟气中 $x_{SO_2}=n_{SO_2}/n_{gas}$，$x_{S_2}=n_{S_2}/n_{gas}$，$x_{O_2}=n_{O_2}/n_{gas}$，$p_{SO_2}=x_{SO_2}p^{\ominus}$，$p_{S_2}=x_{S_2}p^{\ominus}$，$p_{O_2}=x_{O_2}p^{\ominus}$。

根据公式(1-32)，铜锍中 Cu$_2$S、FeS 吉布斯自由能 G_{Cu_2S}、G_{FeS}，用下式计算：

$$G_{Cu_2S}=n_{Cu_2S}[\Delta G_{Cu_2S}^{\ominus}+RT\ln(\gamma_{Cu_2S}\cdot x_{Cu_2S})] \tag{2-1}$$

$$G_{FeS}=n_{FeS}[\Delta G_{FeS}^{\ominus}+RT\ln(\gamma_{FeS}\cdot x_{FeS})] \tag{2-2}$$

同理，炉渣中 FeO、Cu$_2$O 吉布斯自由能 G_{FeO}、G_{Cu_2O}，用下式计算：

$$G_{FeO}=n_{FeO}[\Delta G_{FeO}^{\ominus}+RT\ln(\gamma_{FeO}\cdot x_{FeO})] \tag{2-3}$$

$$G_{Cu_2O} = n_{Cu_2O} \left[\Delta G_{Cu_2O}^{\ominus} + RT\ln(\gamma_{Cu_2O} \cdot x_{Cu_2O}) \right] \tag{2-4}$$

烟气中 SO_2、S_2、O_2 吉布斯自由能 G_{SO_2}、G_{S_2}、G_{O_2}，用下式计算：

$$G_{SO_2} = n_{SO_2} \left[\Delta G_{SO_2}^{\ominus} + RT\ln(x_{SO_2}p) \right] \tag{2-5}$$

$$G_{S_2} = n_{S_2} \cdot RT\ln(x_{S_2}p) \tag{2-6}$$

$$G_{O_2} = n_{O_2} \cdot RT\ln(x_{O_2}p) \tag{2-7}$$

根据式(1-31)，给定温度 T 和压力 $p = 10^5$ Pa 条件下，上述熔炼体系 $N_p = 3$，$N_c = 7$，不存在凝聚相，则体系总吉布斯自由能为：

$$G = G_{Cu_2O} + G_{FeS} + G_{FeO} + G_{Cu_2O} + G_{SO_2} + G_{S_2} + G_{O_2} \tag{2-8}$$

根据式(1-33)，熔炼过程遵守质量守恒定律，即根据入炉物料成分、加料量和鼓氧量，计算 Cu、Fe、S、O 四种元素总摩尔量 n_{Cu}、n_{Fe}、n_S、n_O，满足以下方程：

$$\begin{cases} n_{Cu} = 2n_{Cu_2S} + 2n_{Cu_2O} \\ n_{Fe} = n_{FeS} + n_{FeO} \\ n_S = n_{Cu_2S} + n_{FeS} + n_{SO_2} + 2n_{S_2} \\ n_O = n_{FeO} + n_{Cu_2O} + 2n_{SO_2} + 2n_{O_2} \end{cases} \tag{2-9}$$

根据公式(1-35)，为使计算结果有意义，n_{Cu}、n_{Fe}、n_S、n_O 不能为负值，即：

$$n_{Cu_2S}, n_{Cu_2O}, n_{FeS}, n_{FeO}, n_{SO_2}, n_{S_2}, n_{O_2} \text{ 都大于 0} \tag{2-10}$$

基于最小吉布斯自由能原理建立多相平衡模型，实际上是一个关于温度 T、压力 p、平衡组分摩尔量 n_{ij} 的非线性方程：

$$G = f(n_{Cu_2S}, n_{FeS}, n_{FeO}, n_{Cu_2O}, n_{SO_2}, n_{S_2}, n_{O_2}, T, p) \tag{2-11}$$

根据实际生产情况给定熔炼温度 T，设定压力 $p = 10^5$ Pa，任取一组满足式(2-9)、式(2-10)条件的组分摩尔量(n_{Cu_2S}, n_{FeS}, n_{FeO}, n_{Cu_2O}, n_{SO_2}, n_{S_2}, n_{O_2})，可根据公式(2-8)计算对应体系总吉布斯自由能 G。依据采用算法原理不同，按照一定规则改变上述组分摩尔量，使体系总吉布斯自由能 G 逐渐减少。直至相邻两次计算 G 之差小于设定值 ε，或者满足算法设定的结束规则，认为体系总吉布斯自由能达到最小值，即体系达到平衡状态。此时，n_{Cu_2S}, n_{FeS}, n_{FeO}, n_{Cu_2O}, n_{SO_2}, n_{S_2}, n_{O_2} 即为体系平衡时，铜锍、炉渣和烟气中各组分摩尔量。完整的富氧底吹铜熔炼和底吹连续吹炼多相平衡模型还需考虑 Pb、Zn、As 等元素在多相间分配，只需根据表 2-6 和表 2-7 所示的热力学数据，按式(1-32)计算组元吉布斯自由能，最终加和到式(2-8)既可。

(4)模型修正

根据上述热力学参数建立的底吹熔炼和连续吹炼多相平衡热力学模型，理论上可以描述任意铜熔炼/铜锍吹炼工艺。但实际生产中，由于各工艺采用设备、工艺参数不同，导致热力学模型与具体生产工艺之间存在偏差。因此需要根据冶炼工艺特性，对多相平衡模型进行修正。针对底吹熔炼和铜锍连续吹炼建立的多相平衡模型，需要进行机械悬浮修正、伴生元素多相分配修正等。

①机械悬浮修正

在包含多相、多组分以及化学反应的火法冶金过程中，某一相除了对其他相有一定溶解度，还会由于机械搅拌、澄清分离不彻底而存在机械悬浮现象。M Nagamori 和 P J Mackey[37] 对造锍熔炼过程机械悬浮现象进行的数学描述如下：

$$[M]_{mt}^{ap} = 0.01 \times \{[M]_{mt} \times (100 - S_{sl}^{mt}) + [M]_{sl} \times S_{sl}^{mt}\} \quad (2-12)$$

$$[M]_{sl}^{ap} = 0.01 \times \{[M]_{sl} \times (100 - S_{mt}^{sl}) + [M]_{mt} \times S_{mt}^{sl}\} \quad (2-13)$$

铜锍连续吹炼过程，熔池内存在三相（铜相、铜锍、炉渣），其机械悬浮现象描述为：

$$[M]_{Cu}^{ap} = 0.01 \times \{[M]_{Cu} \times (100 - S_{mt}^{Cu} - S_{sl}^{Cu}) + [M]_{mt} \times S_{mt}^{Cu} + [M]_{sl} \times S_{sl}^{Cu}\}$$
$$(2-14)$$

$$[M]_{mt}^{ap} = 0.01 \times \{[M]_{mt} \times (100 - S_{Cu}^{mt} - S_{sl}^{mt}) + [M]_{Cu} \times S_{Cu}^{mt} + [M]_{sl} \times S_{sl}^{mt}\}$$
$$(2-15)$$

$$[M]_{sl}^{ap} = 0.01 \times \{[M]_{sl} \times (100 - S_{Cu}^{sl} - S_{mt}^{sl}) + [M]_{Cu} \times S_{Cu}^{sl} + [M]_{mt} \times S_{mt}^{sl}\}$$
$$(2-16)$$

式中：$[M]_i$ 为组分 M 在 i 相中的理论百分含量；$[M]_i^{ap}$ 为机械悬浮修正后组分 M 在 i 相中的表观百分含量；S_i^j 为 i 相（悬浮相）在 j 相（主相）中的悬浮修正系数；i、j 为铜相（Cu）、铜锍（mt）相和炉渣（sl）相。针对富氧底吹铜熔炼、连续吹炼多相平衡模型进行的机械悬浮修正，作用于铜相、铜锍和炉渣中每一组分。

不同冶炼厂采用的工艺操作参数和设备不同，冶炼生成的熔体组成和性质不同，因此实际生产中多相机械悬浮程度不同。在铜熔炼过程中，认为铜锍中的 SiO_2 都是由炉渣机械悬浮带入，而炉渣中的 S 都是由铜锍机械悬浮带入，根据铜锍和炉渣分析化验结果计算 S_{sl}^{mt}、S_{mt}^{sl}。底吹连续吹炼炉内存在铜锍、铜相、Cu_2O、炉渣和烟气多相演变，但吹炼终点熔池内只有铜相和炉渣，因此针对底吹连续炼铜模型的机械悬浮修正，只考虑铜相和炉渣相互悬浮。连续吹炼过程中，铜相中 SiO_2 都是由炉渣机械悬浮带入，相平衡计算理论渣含铜均为溶解损失，实际渣含铜与理论渣含铜差值为铜相机械悬浮带入值，根据分析化验结果计算 S_{sl}^{Cu}、S_{Cu}^{sl}。富氧底吹连续炼铜过程机械悬浮夹杂率如表 2-8 所列。

表 2-8   富氧底吹连续炼铜过程中机械悬浮修正系数

工艺	w_{Cu}/%	S_{sl}^{mt}/%	S_{mt}^{sl}/%	S_{Cu}^{sl}/%	S_{sl}^{Cu}/%
造锍熔炼	铜锍品位 50	2.39	2.69	/	/
	铜锍品位 60	2.65	3.35	/	/
	铜锍品位 70	3.12	3.81	/	/
	铜锍品位 75	3.46	3.93	/	/
铜锍连续吹炼	铜相含 Cu 96	/	/	4.66	0.055
	铜相含 Cu 97	/	/	7.03	0.055
	铜相含 Cu 98	/	/	11.03	0.055
	铜相含 Cu 99	/	/	16.65	0.055

② S_2 行为模型

富氧底吹铜熔炼过程，富氧空气直接鼓入熔池，烟气氧分压、温度相对较低[100]。入炉铜精矿分解反应产生 Cu_2S、FeS、S_2 等物质，其中部分 S_2 未与 O_2 充分反应，即随烟气进入烟道，与漏风中 O_2 反应生成 SO_2，该部分 S_2 未参与熔炼过程多相反应，应在多相平衡计算时从入炉物料中直接扣除。研究了 S_2 挥发比例对熔炼工艺参数的影响，如表 2-9 所示。随着 S_2 挥发比例增加，熔炼铜锍品位升高和温度升高，S_2 挥发为 20% 时，模拟结果与实际生产结果较为吻合。考虑到入炉精矿中部分 S 以硫酸盐形式存在，建立的多相平衡热力学模型中 S_2 挥发比例设置为 18%。

表 2-9 S_2 挥发比例对熔炼工艺参数的影响

工艺指标		铜锍品位/%	渣含铜 w/%	温度/K
实际生产数据		70.29	3.37	1435
S_2 挥发百分比/%	0	56.71	2.15	1513
	5	59.65	2.36	1522
	15	66.65	2.93	1538
	20	70.69	3.50	1545
	25	74.79	4.32	1551

③伴生杂质元素多相分配修正

当铜冶炼体系达平衡时，理论上杂质元素在所有冶炼工艺中多相分配行为相

同，基于上述活度系数和标准生成吉布斯自由能建立的多相平衡模型，针对所有
铜冶炼工艺的模拟结果也应相同。但实际生产中，体系中杂质元素反应只是达到
近似平衡状态，且各种铜冶炼工艺接近平衡状态的程度不一样，导致杂质元素多
相分配行为存在差异。根据实际生产样品分析化验结果，对模型中伴生元素多相
分配行为进行修正，修正系数如表 2-10 和表 2-11 所示。

表 2-10 富氧底吹熔炼过程伴生杂质元素多相分配修正系数

平衡相	平衡组分	修正系数 L_j^i	平衡相	平衡组分	修正系数 L_j^i
铜锍	Pb	1.32	炉渣	PbO	0.91
	PbS	1.32		ZnO	0.96
	ZnS	1.05		As_2O_3	1.07
	As	2.09		Sb_2O_3	1.09
	Sb	1.2		Bi_2O_3	1.43
	Bi	0.6			

表 2-11 底吹连续吹炼过程伴生杂质元素多相分配修正系数

平衡相	平衡组分	修正系数 L_j^i	平衡相	平衡组分	修正系数 L_j^i
铜相	As	0.95	炉渣	As_2O_3	0.94
	Sb	0.95		Sb_2O_3	1.17
	Bi	0.95		Bi_2O_3	1.19
	Pb	1.62		PbO	0.93
	Zn	1.00		ZnO	0.93

L_j^i 表示组分 i 在 j 相中的修正系数。L_j^i 越接近 1，表明组分 i 在 j 相中分配比
例越接近平衡状态。当 $L_j^i>1$ 时，表明体系完全平衡时，组分 i 在 j 相中分配比例小
于实际生产结果。当 $L_j^i<1$ 时，表明体系完全平衡时，组分 i 在 j 相中分配比例大
于实际生产结果。

2.2.2 模型求解算法

富氧底吹铜熔炼和底吹连续吹炼多相平衡模型计算，是典型的非线性规划问
题，本书选择算法原理简单、对初值无要求的粒子群优化算法进行求解。

受鸟群飞行觅食行为的启发，Kennedy 和 Eberhart 博士首次提出了粒子群优

化算法[109]（Particle Swarm Optimization，简称 PSO），并应用于优化问题求解。粒子群算法首先初始化产生随机粒子，根据优化问题目标函数计算每个粒子的适应度，记录目前已发现最好位置（particle best，记为 pbest）和种群中所有粒子目前发现最好位置（globel best，记为 gbest），然后粒子根据式（2-17）、式（2-18）进行下一次速度和位置更新，直至找到全局最优位置，即目标函数达到最大值/最小值时粒子的位置坐标。

$$v_i(t+1) = v_i(t) + c_1 r_1 [\text{pbest}_i(t) - \boldsymbol{x}_i(t)] + c_2 r_2 [\text{gbest}(t) - \boldsymbol{x}_i(t)]$$
$$(2-17)$$

$$\boldsymbol{x}_i(t+1) = \boldsymbol{x}_i(t) + \boldsymbol{v}_i(t+1) \qquad (2-18)$$

式中，$x_i(t)$、$v_i(t)$ 分别为第 i 个粒子在第 t 次迭代时的位置和速度；$\text{pbest}_i(t)$ 表示第 i 个粒子在第 t 次迭代时的历史最优位置；$\text{gbest}(t)$ 表示粒子群在第 t 次迭代时的历史最优位置；c_1、c_2 为加速常数，其中 c_1 控制粒子向个体历史最优位置移动，c_2 控制粒子向种群历史最优位置移动；r_1、r_2 分别是两个不同的随机数。

图 2-2 为标准粒子群算法流程图。

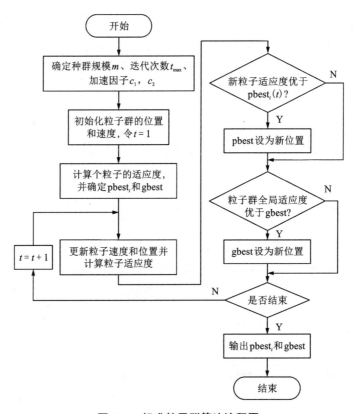

图 2-2 标准粒子群算法流程图

　　针对建立的多相平衡模型求解问题, 算法评价函数为体系总吉布斯自由能计算公式(1-31), 适应度值为总吉布斯自由能, 种群粒子位置 x 为满足约束条件的平衡组分摩尔量。研究团队[83]前期开发了一种改进粒子群算法, 针对富氧底吹多相平衡模型特点, 改进了算法拓扑结构, 添加了局部算法, 提高了算法收敛性能, 其用于求解小型化富氧底吹铜熔炼多相平衡模型, 证明了该算法可靠性。

　　由于粒子群优化算法是通过多次循环迭代不断逼近最优值, 随着求解模型复杂程度增加, 需要扩大粒子群规模和增加迭代次数, 以保证计算精度。单线程粒子群算法主要在一个线程上迭代计算, 耗时较长, 计算机 CPU 多核计算能力未充分利用。考虑到未来多相平衡模型将应用于在线控制, 提高计算速度和精度, 对生产实践优化控制具有重要意义。

第3章 并行粒子群算法开发与应用

多金属伴生铜复杂资源处理和铜锍连续吹炼的发展趋势，使连续炼铜体系元素种类和平衡相数量越来越多，针对连续炼铜建立的多相平衡模型更加复杂，需考虑更多元素在更多相中的分配行为，对算法求解精度和计算速度提出了更高要求。本章基于粒子分工与协作特性，开发并行化粒子群算法，对算法计算性能进行测试，并应用于大型化底吹造锍熔炼和铜锍连续吹炼多相平衡模型求解，证明该算法在保证计算精度的基础上，可大幅度提高计算速度。

3.1 多线程并行粒子群算法

3.1.1 并行粒子群算法开发

本书基于前期研究工作，利用粒子分工与协作特性，开发了多线程并行粒子群算法（Multi-thread Particle Swarm Optimization Algorithm，MTPSO）。将粒子总群分割成 M 个子群，每个子群运行在一个单独的线程上，根据式(2-17)、式(2-18)进行速度和位置更新，子线程间采用异步通信方式。从每个子群中随机选择 R 个粒子，组成一个共享区。如果某个子群的解优于全局最优解，则粒子总群的 gbest 立即根据 pbest 更新，其他子群也立即按照这个全局最优解 gbest 更新位置和速度。多线程并行粒子群算法流程图如图3-1所示。

为了提高粒子群算法的寻优能力，改进了位置和速度扰动策略。在算法迭代过程中，从共享区中取 R 个不是子群 A 中的粒子，随机替换该子群中粒子的位置和速度。在算法迭代过程中进行位置和速度扰动，提高粒子多样性，避免算法收敛至局部最优解。当粒子总群数为16，子群数 M 为4，随机抽取粒子数 R 为1时，干扰策略如图3-2所示。

该算法由于采用了特殊的速度、位置初始化和迭代方式，避免了使用罚函数对迭代过程进行约束。理论上，迭代过程中始终满足 $Ax=b$、$Av=0$。但是迭代过程中计算误差累积，导致计算的速度和位置并不满足约束，计算结果发散。通过在速度和位置更新后及时判断误差 $\varepsilon(\text{error})=Ax^*-b$，及时舍弃不满足约束的速度和位置，避免计算误差在算法迭代过程中累积，提高了算法收敛成功率。

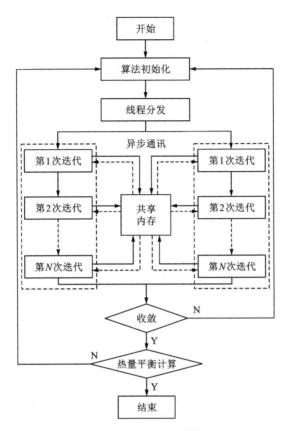

图 3-1　多线程并行粒子群算法流程图

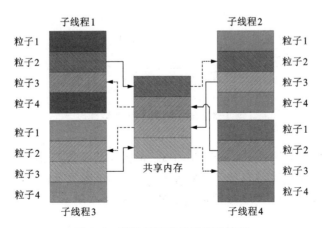

图 3-2　算法速度和位置扰动策略

3.1.2 并行粒子群算法测试

为了证明并行粒子群算法(MTPSO)性能，选取了三个常用测试函数对算法进行测试，并将计算结果与文献中其他算法进行对比。其中，测试函数 F1 主要测试算法对非线性规划问题求解能力，F2 主要测试算法对多局部最优解问题求解能力，F3 与富氧底吹连续炼铜多相平衡模型为同一类型函数。

（1）测试函数 F1

测试函数 F1 为典型非线性规划问题[110, 111]，方程见式（3-1），最优解 $f(x^*) = -6961.81388$，在 $x^* = (14.095, 0.84296)$ 处取得。将不符合约束的 $f(x_1, x_2)$ 设置为 0，测试函数 F1 图形如图 3-3 所示。

$$\min \quad f(x) = (x_1 - 10)^3 + (x_2 - 20)^3$$

$$\text{s. t.} \begin{cases} g_1(x) = -(x_1 - 5)^2 - (x_2 - 5)^2 + 100 \leq 0 \\ g_2(x) = (x_1 - 6)^2 + (x_2 - 5)^2 - 82.81 \leq 0 \\ 13 \leq x_1 \leq 100 \\ 0 \leq x_2 \leq 100 \end{cases} \quad (3-1)$$

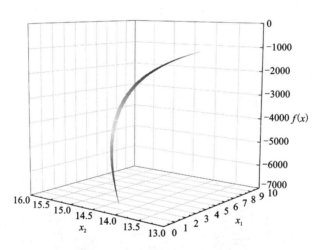

图 3-3 满足约束的 F1 函数图形

设置 MTPSO 算法粒子群规模 $N = 100$，最大迭代次数 $I = 30000$，子群数 $M = 4$，每个子线程抽取粒子数 $R = 10$，学习因子 $c_1 = c_2 = 2$，独立运行十次，计算最优解、平均最优解和最差解，与文献计算结果对比如表 3-1 所示。

表 3-1　不同算法对测试函数 F1 的计算结果

比较项	算　法				
	MTPSO	Micro-PSO[112]	FSA[113]	SAFF[114]	CMPSO[111]
最小值	-6961.81388	-6961.83710	-6961.81	-6961.8	-6961.81
平均值	-6961.81388	-6961.83550	-6961.81	-6961.8	-6961.81
最大值	-6961.81388	-6961.83700	-6961.81	-6961.8	-6961.81

（2）测试函数 F2

测试函数 F2 为 Keane's Bump 优化问题[115]，方程定义如下：

$$\max\quad f(x) = \left| \frac{\sum_{i=1}^{n} \cos^4 x_i - 2\prod_{i=1}^{n} \cos^2 x_i}{\sqrt{\sum_{i=1}^{n} i x_i^2}} \right| \tag{3-2-a}$$

$$\text{s. t.}\begin{cases} g_1(x) = \prod_{i=1}^{20} x_i - 0.75 \geqslant 0 \\ g_2(x) = \sum_{i=1}^{n} x_i - 0.75n \leqslant 0 \\ 0 \leqslant x_i \leqslant 10 \\ 1 \leqslant i \leqslant n \end{cases} \tag{3-2-b}$$

该函数具有的"三超"特性（超非线性、超多峰、超高维）[116]，已成为国际上通用的衡量优化算法的测试函数[117]。绘制二维 Bump 问题图形，其中不符合约束的点赋值为 0，见图 3-4。由图可以看出，Bump 函数是一个多峰的非线性函数，随着维数的增加该函数极难求解。

以维数 $n=20$ 的 Bump 函数作为 MTPSO 测试函数，设置粒子群规模 $N=600$，最大迭代次数 $I=3000$，子群数 $M=4$，每个子线程抽取粒子数 $R=10$，学习因子 $c_1=c_2=2$，独立运行十次，选取最优解，计算平均最优解和均方差。计算结果与其他算法对比见表 3-2。

MTPSO 算法在 $X=($ 6.31598436293627, 3.15698635698185, 3.11067401417042, 3.0609495513561, 3.018872272926104, 2.96881930240236, 2.91713464842739, 0.568959196520342, 0.551289462304087, 0.536908679238981, 0.535062476077098, 0.520337894748379, 0.512988130318512, 0.504697724311816, 0.495845019376295, 0.488902783306461, 0.482735910411061, 0.479397752072648, 0.475636456461182, 0.466481401837854)，求得最大值为 0.939975584。该最优值在约束边界上取得，约束 $g_1(x)=1.82\times10^{-8}$。

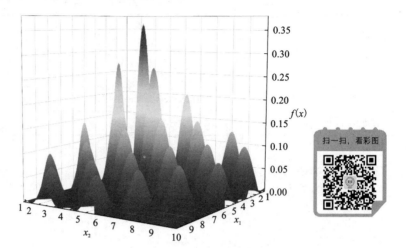

图 3-4 满足约束的二维 F2 函数图形

表 3-2 不同算法对测试函数 F2 的计算结果

比较项	算 法			
	MTPSO	PSODE[116]	ES[118]	HDPSO[119]
最小值	0.939975	0.803619	0.80361	0.803619
平均值	0.933625	0.803604	0.781973	0.803619
均方差	0.005237	0.0002	0.02	/

(3)测试函数 F3

测试函数 F3 与富氧底吹连续炼铜多相平衡模型为同一类规划问题，方程见式(3-3)，已知函数 F3 在 $x^* = (0.0407, 0.1477, 0.7832, 0.0013, 0.4853, 0.0007, 0.0274, 0.018, 0.0373, 0.0968)$ 处取得最小值 $f(x^*) = -47.7610$。

$$\min \quad f(\boldsymbol{x}) = \sum_{i=1}^{10} x_i \left(c_i + \ln \frac{x_i}{\sum_{j=1}^{10} x_j} \right)$$

$$\text{s.t.} \quad \begin{array}{l} h_1(\boldsymbol{x}) = x_1 + 2x_2 + 2x_3 + x_6 + x_{10} - 2 = 0 \\ h_2(\boldsymbol{x}) = x_4 + 2x_5 + x_6 + x_7 - 1 = 0 \\ h_3(\boldsymbol{x}) = x_3 + x_7 + x_8 + 2x_9 + x_{10} - 1 = 0 \\ 0 < x_i < 1 \quad (i = 1, \cdots, 10) \end{array} \quad (3-3)$$

其中，$c_1 = -6.089$, $c_2 = -17.164$, $c_3 = -34.054$, $c_4 = -5.914$, $c_5 = -24.721$, $c_6 =$

-14.896，$c_7=-24.100$，$c_8=-10.708$，$c_9=-26.662$，$c_{10}=-22.179$。

设置 MTPSO 粒子群规模 $N=200$，最大迭代次数 $I=100$，子群数 $M=4$，每个子线程抽取粒子数 $R=5$，学习因子 $c_1=c_2=2$，独立运行十次，选取最优解，计算平均最优解和均方差，与其他算法计算结果对比如表 3-3 所列。

表 3-3　不同算法对测试函数 F3 的计算结果

比较项	算　法			
	MTPSO	HLPSO[83]	COPSO[120]	ISRES[118]
最小值	−47.7610	−47.7611	−47.7611	−47.7611
平均值	−47.7610	−47.7611	−47.7414	−47.7593
最大值	−47.7610	−47.7611	−47.6709	−47.7356

MTPSO 算法 30 次计算结果最小值和平均值均为 $f(x)=-47.7610$，平均最优解为 $x=$（0.0407，0.1477，0.7832，0.0014，0.4853，0.0006，0.0274，0.0179，0.0373，0.0969），与函数精确解基本一致，证明了 MTPSO 算法具有良好的稳定性和收敛性能，可用于求解造锍熔炼多相平衡模型和铜锍连续吹炼多相平衡模型。

3.2　算法在底吹熔炼过程中的应用

应用多种粒子群算法对富氧底吹铜熔炼多相平衡优化模型进行求解，证明了 MTPSO 算法计算效率。在实际生产原料成分和工艺参数条件下，开展了富氧底吹铜熔炼热力学模拟，并将模拟结果与工业生产结果进行对比，证明了算法计算精度。

3.2.1　熔炼多相平衡模型计算

设置粒子群规模大小 $N=200$，迭代数 $I=1000$，子群数 $M=4$，每个子线程抽取粒子数 $R=10$。分别用标准粒子群算法 SDPSO、单线程粒子群算法 STPSO[101] 和并行粒子群算法 MTPSO 对造锍熔炼多相平衡模型进行了 30 次求解。对三种算法计算后的总吉布斯自由能、计算时间和收敛性进行了分析。总吉布斯自由能的大小代表算法计算精度，计算时间反映计算速度，收敛率是指收敛到全局最优解的次数与计算次数的比值，计算结果列于表 3-4。

表 3-4 不同算法对造锍熔炼多相平衡模型计算结果和耗时情况

算法	总吉布斯自由能/MJ			计算耗时/s		成功率/%
	最大值	最小值	平均值	总耗时	平均值	
SDPSO	−426349.30	−436661.02	−430876.62	510.60	17.02	0.00
STPSO	−436192.58	−436192.88	−436192.61	666.90	22.23	96.67
MTPSO	−436260.38	−436260.38	−436260.38	222.37	7.41	93.33

　　针对造锍熔炼多相平衡模型，不采用任何优化改进策略的 SDPSO 无法收敛，通过优化粒子群拓扑结构、添加速度和位置扰动等策略开发的 STPSO 可成功获得计算结果，收敛成功率为 96.67%，但计算耗时较长，约为 22.23 s/次。当子群数 M 为 4 时，MTPSO 算法每个子群粒子规模仅为 50，导致算法稳定性略有降低，计算成功率为 93.33%，但单次计算时间缩短至 7.41 s，大幅提高了计算效率。

　　30 次迭代计算平均总吉布斯自由能如图 3-5 所示。SDPSO 的收敛速度最慢，且最终收敛于局部最优值。MTPSO 在保持比 STPSO 更快的收敛速度的同时可以找到更好的全局最优解，这说明 MTPSO 在工程上具有计算时间和高精确度的优势。

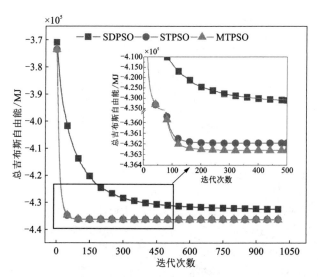

图 3-5 不同算法对造锍熔炼模型计算收敛速度和精度对比

3.2.2 模拟结果验证

1) 与实际生产结果对比

在表 2-1 和表 2-2 所示的原料成分和工艺参数条件下, 利用优化后多相平衡模型, 对富氧底吹造锍熔炼进行模拟计算, 结果如表 3-5 至表 3-7 所示。

表 3-5 大型化底吹熔炼模拟计算结果与生产数据对比 (质量分数) %

成分	Cu	Fe	S	Pb	Zn	As	Sb	Bi	SiO_2
模拟铜锍	70.30	4.74	20.16	1.35	0.90	0.09	0.04	0.05	0.78
工业铜锍	70.29	4.98	20.14	1.40	0.59	0.09	0.03	0.038	0.99
模拟炉渣	3.36	43.22	0.79	0.54	2.79	0.11	0.03	0.02	22.75
工业炉渣	3.37	43.38	0.81	0.55	2.78	0.11	0.03	0.02	22.85

表 3-6 大型化底吹熔炼过程元素分配模拟计算结果与生产数据对比 (质量分数) %

相	As		Sb		Bi		Pb		Zn	
	模拟	工业	模拟	工业	模拟	工业	模拟	工业	模拟	工业
铜锍	10.89	10.35	26.94	26.77	19.93	20.58	50.76	53.03	13.69	13.98
炉渣	21.79	23.49	35.80	35.95	11.96	12.84	33.04	31.31	67.75	68.03
气相	67.32	66.15	37.26	37.28	68.11	66.59	16.20	15.66	18.56	17.99

表 3-7 大型化底吹熔炼过程热量平衡

	项目	热量/($kJ \cdot h^{-1}$)	占比/%		项目	热量/($kJ \cdot h^{-1}$)	占比/%
热收入	硫化物放热	403555312.33	95.74	热支出	铜锍显热	56882835.94	13.49
	造渣热	17961152.92	4.26		炉渣显热	148080275.36	35.13
					烟气显热	133752871.79	31.73
					水蒸发吸热	67566336.15	16.03
					炉体散热	15234146.01	3.61
	总计	421516465.25	100.00		总计	421516465.25	100.00

由表 3-5 可知, 与小型底吹炉相比, 同时生产品位约 70% 的铜锍, 大型化底吹熔炼渣含铜 3.37%, 较小型底吹渣含铜 3.13% 高[101], 这是因为大型化熔炼采

用更高的富氧浓度和氧矿比，熔炼氧分压升高（$p_{O_2} = 10^{-2.42}$ Pa），导致 Cu 在渣中损失增加。由表 3-6 可知，As、Bi 主要进入气相，Pb、Au、Ag 主要进入铜锍相，Zn 主要进入炉渣相，Sb 在炉渣和铜锍中分配比例基本一致。

理论计算平衡温度约为 1542 K，无须燃料既可实现自热熔炼，热量充足。热量收入为硫化矿氧化放热，占总热量收入的 95.74%。铜熔炼高温炉渣和烟气显热分别占总热量支出的 35.13%、31.73%。此外，富氧底吹处理物料 $w_{H_2O} > 6\%$，水分蒸发吸热约占热量总支出的 16%。因此，提高富氧浓度、降低含水量，有利于减少热量损失，提高热利用效率。

2）与理论研究结果对比

（1）熔炼温度和铜锍品位

维持富氧浓度 80.45%，调整氧气和空气鼓入速率改变熔炼铜锍品位（59.79%~73.94%），研究实际铜锍品位变化与理论熔炼温度和理论铜锍品位的关系。

如图 3-6 所示，调整气体鼓入速率提高生产铜锍品位的同时，理论计算熔炼温度从 1315 K 升高至 1593 K。为避免温度对模拟结果干扰，除以温度为研究变量外，其他因素模拟过程均维持熔炼温度 1542 K 不变。

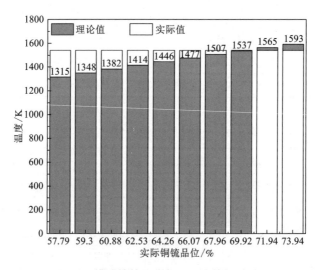

图 3-6 模拟熔炼温度与理论计算温度对比

如图 3-7 所示，理论铜锍品位高于实际模拟结果，这是因为实际生产中铜锍和炉渣分离澄清不彻底，导致两相之间夹带[121]。这一现象随着铜锍品位升高，愈发明显，即理论铜锍品位与实际值偏差更大。建模过程中，已通过机械悬浮系数对理论结果进行修正[101]，保证模拟结果与实际生产结果一致性。

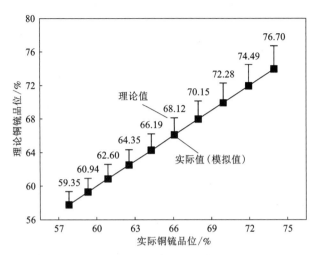

图 3-7 模拟计算铜锍品位与理论铜锍品位对比

（2）平衡氧分压与硫分压

体系氧分压 p_{O_2} 和硫分压 p_{S_2} 分别表示冶炼体系氧化、硫化能力，对杂质元素氧化和挥发有重大影响。应用建立的富氧底吹铜熔炼多相平衡热力学模型，分别在小型化底吹炉熔炼条件（$T = 1501$ K、$p_{SO_2} = 0.23 \times 10^5 \sim 0.35 \times 10^5$ Pa），大型化底吹炉熔炼条件（$T = 1542$ K、$p_{SO_2} = 0.38 \times 10^5 \sim 0.43 \times 10^5$ Pa）下，计算了冶炼平衡体系 p_{S_2} 和 p_{O_2} 与铜锍品位的关系，并将计算结果与文献[52, 54]理论研究结果进行对比，如图 3-8 所示。

给定熔炼温度和 p_{SO_2} 浓度，随着铜锍品位升高，体系平衡氧分压升高，硫分压降低，生产高品位铜锍时，变化尤为明显。冶炼相同品位铜锍，氧分压和硫分压随着熔炼温度和体系 p_{SO_2} 浓度升高而升高，且氧分压变化较明显，而硫分压变化较小，模型结果与文献发表数据吻合良好。大型化底吹熔炼采用更高的富氧浓度和熔炼温度，因此生产相同品位的铜锍，体系平衡 p_{S_2} 和 p_{O_2} 均较小型底吹炉熔炼高。

3）渣中铜损失

元素 Cu 是铜冶炼过程中应优先考虑的主金属，熔炼过程中 Cu 主要进入铜锍，少量损失在炉渣中。大型底吹熔炼渣中铜损失与铜锍品位关系模拟计算数据与文献发表数据对比如图 3-9 所示。

图 3-9（a）表明，渣中铜含量随着铜锍品位升高而增加，铜在渣中损失形式

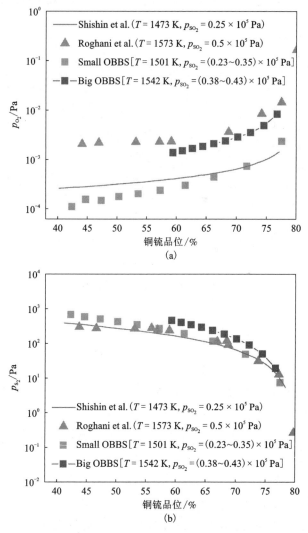

图 3-8 模拟计算(a)氧分压、(b)硫分压与文献发表数据对比

包括溶解和机械夹杂,其中后者占绝大部分。Takeda[122]分别测定了w_{SiO_2} 25%和SiO₂饱和炉渣中Cu含量。Chen[123]等和Avarmaa[55]等研究了铜在FeO_x-SiO_2炉渣中损失情况。大型化底吹铜熔炼过程渣含铜明显高于文献报道的其他铜冶炼工艺,接近PS转炉吹炼渣含铜[124]。这是因为富氧底吹铜熔炼工艺是从底部鼓入气体剧烈搅拌熔池,使铜锍与炉渣澄清分离不彻底,铜锍在渣中大量夹杂损失。熔渣中铜溶解形式包括Cu_2S和Cu_2O,如图3-9(b)所示。熔炼体系平衡氧分压随着铜锍品位升高而升高,使渣中Cu_2O增加、Cu_2S含量降低。由于实验温度和平衡炉渣组成不同,文献[122]报道数据与本研究计算结果略有不同,但趋势基本相同。

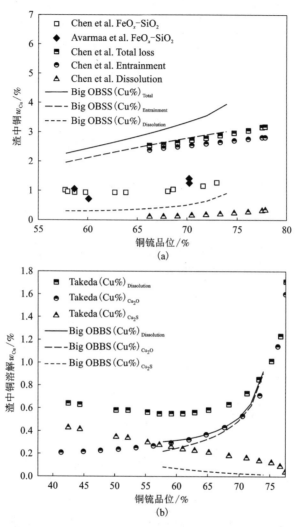

图 3-9　模拟计算炉渣中(a)Cu 损失形式和(b)溶解损失量与文献对比

研究中同时计算了小型富氧底吹炉熔炼过程渣中铜损失情况,如图 3-10 所示。由于大型化底吹炉采用更高的富氧浓度和氧矿比,生产相同品位的铜锍时,炉渣中机械夹杂铜锍损失更严重。同时,大型化底吹炉熔炼温度、SO_2 浓度更高,使铜在炉渣中溶解损失更多[44]。

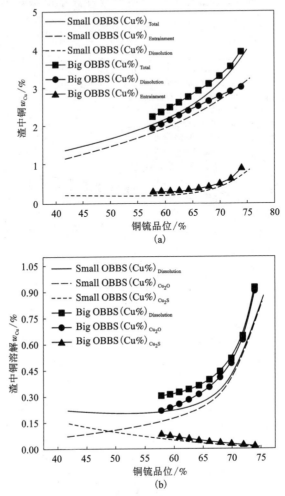

图 3-10 模拟计算炉渣中(a)Cu 损失形式和(b)溶解损失量与小型底吹炉相比

3.3 算法在连续吹炼过程中的应用

3.3.1 连续吹炼多相平衡模型计算

由于富氧底吹连续吹炼多相平衡模型包含铜锍、金属铜、炉渣、烟气四相，因此粒子群规模 N 较熔炼模型计算时增加。设置粒子群规模 $N=400$，迭代数 $I=1000$，子群数 $M=4$，每个子线程抽取粒子数 $R=10$。分别用 SDPSO、STPSO 和 MTPSO 对底吹连续吹炼多相平衡模型进行了 30 次求解。计算结果列于表 3-8 中。

表 3-8　不同算法对连续吹炼多相平衡模型计算结果和耗时情况

算法	体系总吉布斯自由能/MJ			计算耗时/s		成功率 /%
	最大值	最小值	平均值	总耗时	平均值	
SDPSO	−60667.55	−70145.89	−64998.31	782.21	26.07	0.00
STPSO	−67676.03	−67676.25	−67676.22	870.33	29.01	70.00
MTPSO	−67676.22	−67676.26	−67676.23	344.60	11.49	93.33

　　与造锍熔炼相比，铜锍连续吹炼采用四相操作，多相平衡模型更复杂，计算量更大，SDPSO 计算不收敛，无法获得准确计算结果。粒子群规模扩大到 400，STPSO 计算成功率仍降低到 70%，且相比造锍熔炼多相平衡模型计算消耗时间更长。而 MTPSO 在面对如此复杂问题时，单次计算耗时 11.49 s，且保持收敛成功率为 93.33%。由计算总吉布斯自由能可知，针对同一问题，MTPSO 的全局最优解比 STPSO 好，证明了前者精度更高。

　　30 次迭代计算平均总吉布斯自由能如图 3-11 所示。SDPSO 的收敛速度最快，但最终收敛于局部最优值，导致计算失败。MTPSO 较 STPSO 收敛速度更快、全局最优解较小，证明 MTPSO 用于富氧底吹铜锍连续吹炼多相平衡模型求解时，计算速度更快，计算精度更高。

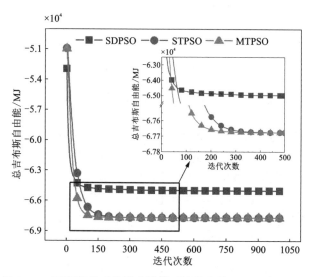

图 3-11　不同算法对连续吹炼模型计算收敛速度和精度对比

3.3.2 模拟计算结果验证

在表2-3和表2-4所示的原料成分和工艺参数条件下,利用优化后多相平衡模型,对富氧底吹铜锍连续吹炼进行模拟计算,结果见表3-9至表3-11。

表3-9表明,OBCC[1#]氧化期为提高S和杂质脱除率,控制吹炼过氧化,使粗铜中O质量分数高达0.50%,且有价金属铜大量损失在吹炼渣中($w_{Cu} > 30\%$)。与传统PS转炉吹炼($w_{Cu} < 8\%$)相比,渣含铜较高,主要是因为OBCC[1#]处理高品位铜锍(w_{Cu} 70.29%、w_{Fe} 4.98%)、采用高铁硅比渣型(铁硅质量比1.70~1.80)、渣量小、体系$p_{O_2} = 10^{0.50}$ Pa,导致大量Cu损失于炉渣中。OBCC[2#]生产高硫粗铜(w_S 0.33%、w_O 0.09%),体系$p_{O_2} = 10^{-1.28}$ Pa,渣含铜约27%[125]。可知,铜锍连续吹炼渣中铜损失严重,且随着粗铜中S含量降低,渣含铜升高。另外,OBCC[1#]入炉铜锍中Pb含量较高,连续吹炼脱杂效率低,粗铜含w_{Pb} 0.54%。

模拟计算结果粗铜中Cu、Fe、S、O、SiO₂与实际生产结果绝对误差分别为-0.04%、-0.001%、0.005%、-0.002%。炉渣中Cu、Fe、SiO₂与实际生产结果相对误差分别为0.50%、1.88%和6.75%。计算结果与工业生产数据吻合良好。

表3-9　OBCC[1#]氧化期模拟计算结果与生产数据对比(质量分数)　　　　%

成分	Cu	Fe	S	O	Pb	Zn	As	Sb	Bi	SiO₂
模拟粗铜	98.40	0.018	0.075	0.52	0.53	0.089	0.13	0.037	0.049	0.01
工业粗铜	98.44	0.019	0.070	0.50	0.54	0.086	0.13	0.035	0.045	0.012
模拟炉渣	32.13	27.69	0.01	20.36	5.32	2.39	0.037	0.025	0.024	15.33
工业炉渣	32.29	28.22	0.04		5.96	2.19	0.03	0.02	0.02	16.44

表3-10表明,OBCC[1#]还原阶段主要将粗铜中O脱除,对杂质元素脱除效果较差。实际生产中,氧化阶段产生的氧化渣未能排放干净,残渣中杂质被还原剂还原进入阳极铜,导致阳极铜中杂质含量升高。还原阶段,阳极铜在还原渣中机械夹杂损失,使还原渣中Cu含量较氧化渣高。阳极铜和炉渣中Cu含量计算值与工业生产数据相对误差分别为0.03%、2.62%,粗铜和炉渣中其他元素含量模拟计算值和工业生产数据基本一致。

表 3-10　OBCC$^{1\#}$还原期模拟计算结果与生产数据对比（质量分数）　　　%

成分	Cu	Fe	S	O	Pb	Zn	As	Sb	Bi	SiO$_2$
模拟阳极铜	98.53	0.0089	0.023	0.34	0.73	0.12	0.13	0.039	0.051	0.0044
工业阳极铜	98.50	0.022	0.017	0.32	0.69	0.095	0.13	0.037	0.043	0.0040
模拟炉渣	32.71	31.91	0.0045	21.88	3.09	2.24	0.025	0.013	0.011	17.68
工业炉渣	33.59	30.91	0.031	/	3.71	2.02	0.0046	0.02	0.013	15.60

OBCC$^{1\#}$热量平衡如表 3-11 所列，连续吹炼温度 1523 K，吹炼过程热量收入主要来自铜锍氧化放热和熔融铜锍显热，占总热量收入的 66.38%、31.53%。主要热量支出为烟气显热，占总热量支出的 57.82%。由此可知，连续吹炼处理热态铜锍，可充分利用铜锍显热，降低能耗。由表 2-4 可知，OBCC$^{1\#}$富氧浓度相对较低，因此烟气显热占比较高，增加吹炼富氧浓度，可提高冷料处理量。

表 3-11　富氧底吹连续吹炼热量平衡

	项目	热量/(MJ·h^{-1})	占比/%		项目	热量/(MJ·h^{-1})	占比/%
热收入	热铜锍显热	28259.79	31.53	热支出	阳极铜显热	14802.22	16.51
	铜锍氧化热	54373.97	60.65		炉渣显热	8326.04	9.29
	造渣热	746.60	0.83		烟气显热	51838.01	57.82
	天然气燃烧	6268.54	6.99		冷料吸热	3484.92	3.89
					脱氧吸热	402.08	0.45
					炉体散热	6232.41	6.95
					热量损失	4563.20	5.09
	总计	89648.89	100.00		总计	89648.89	100.00

3.4　本章小结

本章针对大型化富氧底吹造锍熔炼和铜锍连续吹炼多相平衡模型特点，开发了并行粒子群算法，测试了算法计算精度，将算法应用于多相平衡模型求解，模拟计算结果与文献发表数据和实际生产数据吻合良好。

（1）基于粒子分工与协作特性，开发了多线程并行粒子群算法，改进了算法位置和速度扰动策略，使用常见测试函数对算法进行检验，并与其他算法计算结果进行对比，证明了该算法准确性较高。

（2）以大型化底吹造锍熔炼和铜锍连续吹炼稳定生产原料成分和工艺参数为基准，在此条件下，应用并行粒子群算法求解连续炼铜多相平衡模型，与单线程粒子群算法相比，两种模型单次计算时间分别缩短至 7.41 s、11.49 s，计算结果与文献发表数据和实际生产数据吻合良好，证明了多相平衡模型和算法可靠性。

（3）大型化底吹铜熔炼与小型底吹熔炼相比，采用更高的富氧浓度、氧矿比，熔炼体系平衡氧分压和温度更高（$p_{O_2} = 10^{-2.42}$ Pa、$T = 1542$ K），强化了熔炼过程，同时也会导致有价金属在渣中损失增加。底吹连续吹炼分为氧化期和还原期，氧化期生产高氧粗铜（w_O 0.50%），体系氧分压高（$p_{O_2} = 10^{0.50}$ Pa），渣含铜高（w_{Cu}）达 32.29%；还原期主要任务是脱 O，生产阳极铜，对杂质脱除能力较弱。

第 4 章　大型化底吹熔炼过程元素定向分离富集

由前文研究结果可知,大型化富氧底吹铜熔炼工艺参数与小型底吹炉不同,熔炼温度、氧分压更高,且炉体扩大后,炉内多相分布与相间传质传热行为不同,导致伴生元素在冶炼过程中反应行为存在差异,进一步影响元素多相分配。

本章以表 2-1 和表 2-2 中原料成分和工艺参数为基准条件,研究了大型化底吹造锍熔炼原料成分和工艺参数波动,对贵金属元素、造渣元素、气相挥发元素多相分配行为的影响,形成了伴生元素定向分离富集调控机制,可指导混合炉料原料成分(Cu、Fe、S 等)和工艺参数(铜锍品位、富氧浓度、氧矿比、熔炼温度等)的优化,研究结果为铜复杂资源强化熔炼奠定了理论基础。本章元素百分含量是指质量百分数(%),富氧浓度是指体积百分数(%)。

4.1　贵金属元素铜锍定向富集

富氧底吹铜熔炼工艺原料适应能力强,国内许多底吹炼铜企业将复杂金精矿与铜精矿搭配熔炼,用熔融铜锍捕集贵金属,使铜锍中贵金属含量大幅升高。为了提高底吹熔炼过程中贵金属铜锍捕集率,需要关注贵金属损失形式和多相分配行为。

4.1.1　炉渣中贵金属损失形式

如图 4-1 所示,精矿中贵金属通常被硅酸盐和硫化矿包裹,在造锍熔炼过程中,贵金属迁移演化主要分为暴露、释放、捕集、富集、损失五个过程。

①在精矿下落分解过程中,贵金属包裹物中 S、As、C 等物质被氧化挥发,Au、Ag 等贵金属暴露出来;②精矿落入熔渣中,脉石造渣,贵金属被释放进入熔渣中;③随着造锍反应进行,贵金属被铜锍液滴捕集;④铜锍液滴聚集长大,沉降形成熔锍,使得贵金属富集;⑤由于熔池搅拌剧烈,富集贵金属的铜锍与炉渣澄清分离不彻底,造成贵金属在渣中机械夹杂损失,另外,少量贵金属溶解在熔渣中,造成溶解损失。铜火法熔炼过程 Au、Pt、Pd 等主要以单原子形态溶于渣中[60],而 Ag 在铜锍品位较低时,以 Ag_2S 的形式溶于渣中,随着铜锍品位升高、S 活度降低,渣中 Ag 逐步被氧化为 Ag_2O[126]。

文献[51]研究表明,铜锍品位从 50% 升高至 70% 时,Au 在铜锍和炉渣中分

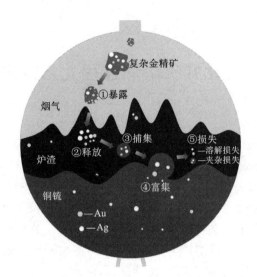

图 4-1　造锍熔炼过程中贵金属迁移演化规律

配系数 $L_{Au}^{mt/sl}$ 变化范围在 $400\sim3000$，Ag 分配系数 $L_{Ag}^{mt/sl}$ 变化范围在 $100\sim200$，$L_{Me}^{mt/sl}$ 定义见式(4-1)。

$$L_{Me}^{mt/sl} = \frac{\left[t_{Me}\right]_{matte}}{\left(t_{Me}\right)_{slag}} \tag{4-1}$$

式中，$Me = Au$、Ag，$\left[t_{Me}\right]_{matte}$、$\left(t_{Me}\right)_{slag}$ 分别表示铜锍、炉渣中贵金属质量分数。

表 4-1 列出了富氧底吹铜熔炼原料和产物中贵金属含量。实际生产品位为 70.31% 铜锍时，利用文献中 $L_{Me}^{mt/sl}$ 计算理论渣中 Au、Ag 含量最高分别约为 5.82×10^{-3} g/t、6.82 g/t，与表 4-1 实际生产结果相差较大，这是因为实验测定结果为平衡状态下炉渣中溶解的 Au、Ag。实际生产中，由于富集贵金属铜锍与炉渣存在机械夹杂现象[127, 128]，导致大量贵金属随铜锍损失在渣中，使实际生产炉渣中贵金属含量较理论值高。因此，通过降低铜锍机械夹杂损失，可以有效提高贵金属回收率[129]。

表 4-1　富氧底吹铜熔炼原料及产物贵金属含量

平衡相	$w_{Cu}/\%$	$w_{Au}/(g\cdot t^{-1})$	$w_{Ag}/(g\cdot t^{-1})$
混合物料	24.35	4.69	292.34
铜锍	70.31~75.84	13.24~17.46	814.92~1363.72
炉渣	3.09~3.42	0.37~0.84	32.93~43.84

由于 Au 和 Ag 的挥发性较小，因此假设贵金属只在铜锍和炉渣中分配，不进入烟气相。引用文献[51]报道的 Au、Ag 多相分配系数，对多相平衡模型进行优化。首先利用分配系数，根据铜锍中贵金属含量计算炉渣中 Au、Ag 理论溶解量，然后结合模型机械夹杂修正，计算 Au、Ag 在炉渣中机械悬浮损失量，既可获得贵金属在炉渣中总含量。在表 4-1 所示原料成分下，利用优化模型开展了 Au、Ag 多相平衡分配模拟研究，模拟铜锍中 Au、Ag 含量分别为 13.29 g/t、825.84 g/t，炉渣中分别为 0.53 g/t、33.29 g/t。模拟结果与实际生产数据吻合良好，证明该模型可以研究富氧底吹铜熔炼过程贵金属多相分配行为。

4.1.2　原料成分对贵金属富集的影响

研究了原料成分 Cu、Fe、S 波动对贵金属多相分配行为的影响。冶炼原料中元素以化合物形式存在，实际生产中调整入炉原料中某种元素含量，通常是改变富含该元素矿物的添加量，因此在调整该元素含量时，势必会造成其他元素含量变化。本书在研究原料成分对伴生元素分配行为的影响时，提高目标元素含量，同时相应调整其他元素含量，以维持原料成分加和始终为 100%。

（1）炉料中 Cu 含量变化的影响

将入炉物料中 Cu 元素含量调整为 15.06% ~ 27.26%，Au、Ag 含量分别从 1.87 g/t、158.89 g/t 相应降低至 1.60 g/t、136.07 g/t，Fe、S 等其他元素含量同样按比例作相应调整，控制总加料量和其他工艺参数不变，Au、Ag 在铜锍和炉渣中的含量变化趋势如图 4-2 所示。

由图 4-2 可知，随着炉料中 Cu 含量升高，进入熔炼炉中的贵金属 Au、Ag 总量呈下降趋势，变化范围分别为 296.30 ~ 345.98 g、25172.67 ~ 29393.84 g。铜锍中 Au、Ag 含量分别从 5.95 g/t、505.40 g/t 降低至 4.81 g/t、408.58 g/t，主要是因为入炉物料中 Cu 进入铜锍，使铜锍产量升高至 61.61 t，且熔炼体系中贵金属总量降低。渣中 Au、Ag 含量先分别逐渐升高至 0.20 g/t、17.83 g/t，又缓慢降低到 0.19 g/t、17.38 g/t。这是由于提高入炉物料铜品位，熔炼铜锍品位升高至 74.90%、体系氧分压升高至 1.19×10^{-2} Pa，导致铜锍机械夹杂损失增加；铜锍中 Fe 被持续氧化入渣，使炉渣产量逐渐升高至 99.82 t。贵金属机械夹杂损失增加，使渣中贵金属含量升高，而炉渣产量升高，使渣中贵金属含量降低，两个因素共同影响，使渣中贵金属含量先升高后降低。

Au、Ag 在渣中损失形式变化趋势如图 4-3 所示。随着炉料中 Cu 含量升高，Au、Ag 在渣中溶解损失分别从 1.02×10^{-2} g/t、2.84 g/t 降低至 1.38×10^{-3} g/t、1.26 g/t，这是由于铜品位升高使贵金属分配系数增加，且铜锍中贵金属含量降低，根据公式(4-1)，渣中溶解贵金属减少。炉渣中 Au、Ag 机械夹杂损失分别从 0.15 g/t、12.29 g/t，逐渐升高至最大值 0.19 g/t、16.37 g/t，然后又逐渐降

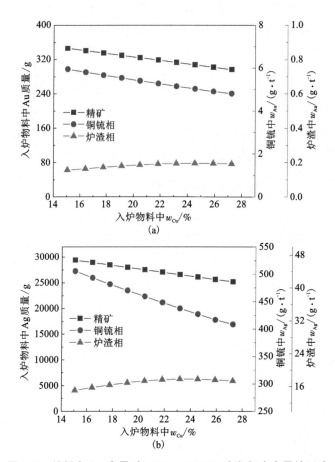

图 4-2　炉料中 Cu 含量对(a) Au、(b) Ag 在各相中含量的影响

低。贵金属在渣中损失随着入炉物料 Cu 含量升高而增加,但当入炉物料 $w_{Cu} >$ 24.55%时,由于铜锍中贵金属浓度较低,随铜锍损失在炉渣中的贵金属总量增加速率小于炉渣产量增加速率,使渣中贵金属含量反而降低。

　　Au、Ag 在铜锍和炉渣两相中分配比例随炉料 Cu 含量变化趋势如图 4-4 所示。随着入炉物料铜品位升高,铜锍中 Au、Ag 分配比例分别逐渐降低至 93.53%、93.11%,炉渣中分配比例分别逐渐升高至 6.47%、6.89%。对比图 4-3,当炉料中 Cu 含量较高时,虽然渣中贵金属含量降低,但渣中贵金属分配比例持续升高,这是由于贵金属在渣中损失总量持续增加。

　　(2)炉料中 Fe 含量变化的影响

　　调整入炉物料 Fe 含量变化范围为 14.44%~34.44%,控制总加料量和其他工艺参数不变,探究炉料中 Fe 含量对贵金属在各相中含量的影响,结果如图 4-5

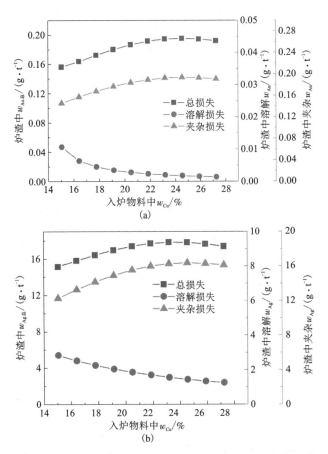

图 4-3　炉料中 Cu 含量对 (a) Au、(b) Ag 损失形式的影响

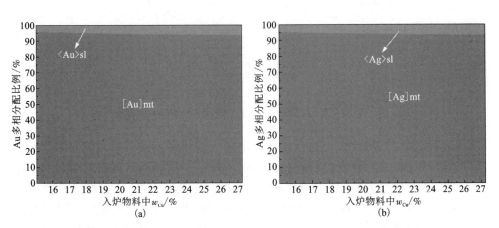

图 4-4　炉料中 Cu 含量对 (a) Au、(b) Ag 多相分配比例的影响

所示。炉料中 Au、Ag 质量浓度分别从 1.87 g/t、158.73 g/t，降低至 1.43 g/t、121.63 g/t，Cu、S 等其他元素含量按比例相应减少。随着炉料中 Fe 含量升高，入炉 Au、Ag 质量分别从 345.65 g、29365.45 g，逐渐减少至 264.85 g、22501.15 g。入炉 Cu 量随着炉料 Fe 含量升高显著降低，使熔炼铜锍品位降低至 65.84%、产量降低至 55.94 t，但铜锍中贵金属含量仍随着入炉 Au、Ag 总量降低而减少。入炉物料中 Fe 主要参与造渣，使渣量增大至 115.52 t，导致渣中贵金属含量逐渐降低。

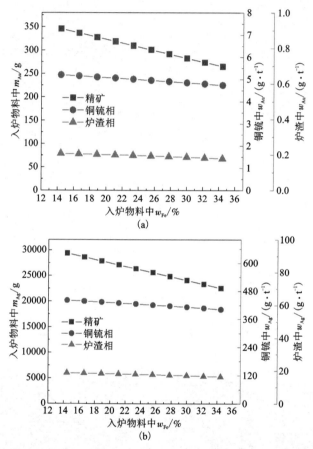

图 4-5 炉料中 Fe 含量对 Au(a)、Ag(b) 在各相中含量的影响

炉料中 Fe 含量对贵金属损失形式的影响如图 4-6 所示。熔炼铜锍品位随着 Fe 含量升高而降低，使贵金属分配系数 $L_{Me}^{mt/sl}$ 降低，且铜锍中贵金属含量降低，根据公式(4-1)，导致渣中贵金属溶解损失分别从 $1.53×10^{-3}$ g/t、1.38 g/t 缓慢升高至 $1.83×10^{-3}$ g/t、1.44 g/t。炉渣产量升高，使铜锍在炉渣中夹杂损失量增加，贵金属在渣中机械夹杂损失总量增加，但炉渣产量升高趋势更大，使机械夹杂损失含量降低。

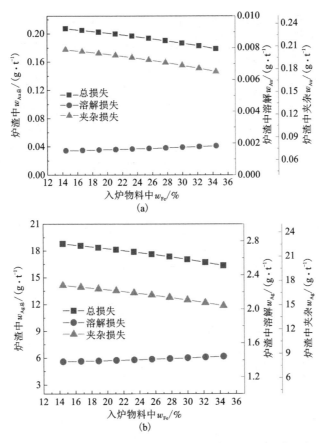

图 4-6　炉料中 Fe 含量对 Au(a)、Ag(b)损失形式的影响

　　炉料中 Fe 含量对贵金属铜锍、炉渣多相分配比例的影响如图 4-7 所示。由于炉渣产量升高，使贵金属在炉渣中损失总量增加，炉渣中 Au、Ag 分配比例分别从 4.82%、5.15%，逐渐升高至 7.78%、8.39%，铜锍中 Au、Ag 分配比例分别从 95.18%、94.85%，逐渐降低至 92.22%、91.61%。

　　(3)炉料中 S 含量变化的影响

　　炉料中 S 元素含量从 26.52% 升高至 40.22%，对应的 Au、Ag 含量从 1.69 g/t、143.50 g/t 降低至 1.37 g/t、116.75 g/t，Cu、Fe 等其他元素含量同样按比例作相应调整，控制总加料量和其他工艺参数不变，研究 Au、Ag 在铜锍和炉渣中含量及损失形式变化趋势，如图 4-8 所示。

　　如图 4-8，随着炉料中 S 含量升高，进入熔炼体系内的 Au、Ag 总量降低，变化范围分别为 254.22~312.48 g、21597.84~26547.49 g，使铜锍和炉渣中贵金属

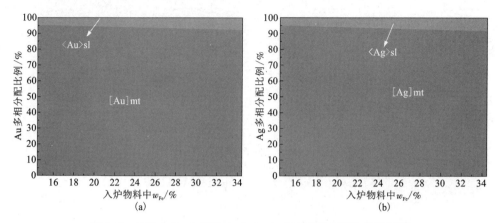

图 4-7 炉料中 Fe 含量对 Au(a)、Ag(b)多相分配比例的影响

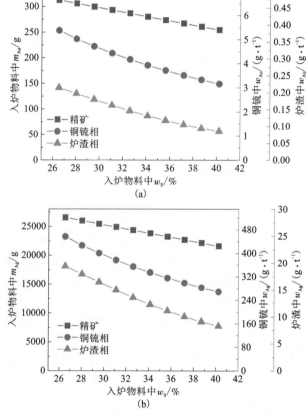

图 4-8 炉料中 S 含量对 Au(a)、Ag(b)在各相中含量的影响

含量均降低，铜锍中 Au、Ag 含量变化范围分别为 3.16 ~ 5.38 g/t、268.57 ~ 456.99 g/t；炉渣中 Au、Ag 含量变化范围分别为 0.09~0.21 g/t、8.29~19.42 g/t。

如图 4-9 所示，炉料中 S 含量对贵金属损失形式的影响如图所示。随着炉料中 S 含量升高，进入体系的 Cu、Fe 减少，熔炼铜锍品位降低至 46.95%、炉渣产量减少至 55.84 t、体系氧分压降低至 $1.11×10^{-5}$ Pa，有利于铜锍和炉渣澄清分离，因此炉渣中 Au 机械夹杂损失从 0.21 g/t 降低至 0.08 g/t，Ag 机械夹杂损失从 18.00 g/t 降低至 6.84 g/t。铜锍品位降低使贵金属分配系数减小，铜锍中贵金属含量随着入炉 Au、Ag 总量减少而降低，前者降低趋势更大，由公式（4-1）可知，渣中 Au 溶解损失从 $1.57×10^{-3}$ g/t 缓慢升高至 $4.55×10^{-3}$ g/t，Ag 从 1.42 g/t 缓慢升高至 1.45 g/t。

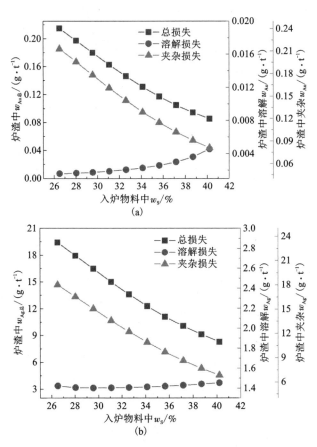

图 4-9　炉料中 S 含量对 Au(a)、Ag(b) 损失形式的影响

Au、Ag 在铜锍和炉渣两相中分配比例如图 4-10 所示。随着炉料 S 含量升高，Au、Ag 在铜锍相中分配比例分别从 92.79%、92.32% 逐渐增加至 98.13%、97.86%，渣中贵金属分配比例逐渐降低。主要原因为入炉物料中 S 含量升高，降低了炉渣产量和体系氧分压，使铜锍在炉渣中机械夹杂损失减少。

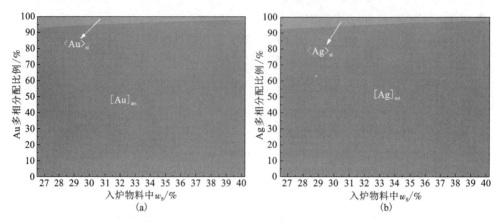

图 4-10 炉料中 S 含量对(a)Au、(b)Ag 多相分配比例的影响

4.1.3 工艺参数对贵金属富集的影响

分别调整铜锍品位、富氧浓度、氧矿比、熔炼温度等工艺参数，研究贵金属多相分配行为变化趋势。

(1)铜锍品位变化的影响

将纯氧鼓入速率调整为 23980.00~31351.00 Nm^3/h、空气鼓入速率调整为 7888.15~10312.82 Nm^3/h，维持富氧浓度 80.45%，控制入炉物料成分和其他工艺参数不变，熔炼铜锍品位变化范围为 57.79%~73.94% 研究铜锍品位变化对 Au、Ag 在铜锍和炉渣两相中含量的影响，如图 4-11 所示。随铜锍品位升高，入炉物料成分和加料量不变，因此入炉 Au、Ag 总量分别保持在 305.25 g、25933.30 g，铜锍和炉渣中 Au、Ag 含量逐渐升高，Au 含量变化范围分别为 3.98~5.33 g/t、0.13~0.21 g/t，Ag 含量变化范围分别为 337.92~453.00 g/t、12.56~19.24 g/t。这是因为铜锍品位升高，铜锍中 Fe 被造渣、S 被氧化生成 SO_2，铜锍产量逐渐降低至 57.25 t，使其中贵金属被"浓缩"，Au、Ag 含量升高。同时，提高铜锍品位，氧分压升高至 8.48×10^{-3} Pa，渣中 Fe_3O_4 浓度升高，炉渣性质恶化，贵金属在炉渣中损失增加。

铜锍品位对贵金属损失形式的影响如图 4-12 所示。随着铜锍品位升高，铜锍和炉渣澄清分离困难，富集贵金属的铜锍在炉渣中损失增加，使 Au、Ag 机械

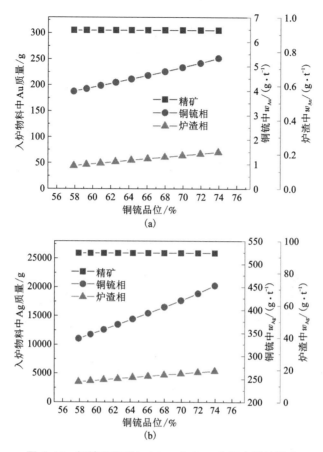

图 4-11　铜锍品位对(a)Au、(b)Ag 多相含量的影响

夹杂损失分别从 0.13 g/t、11.14 g/t 升高至 0.21 g/t、17.82 g/t。Au 在渣中的溶解损失含量呈下降趋势，变化范围为 $1.57\times10^{-3}\sim2.23\times10^{-3}$ g/t，这是因为铜锍中贵金属含量增加，分配系数 $L_{\mathrm{Me}}^{\mathrm{mt/sl}}$ 随着铜锍品位升高而增加，但 $L_{\mathrm{Au}}^{\mathrm{mt/sl}}$ 受铜锍品位影响较大，升高速度较快，根据公式(4-1)计算 Au 在渣中溶解损失减少。当铜锍品位较低时，铜锍中贵金属含量低，$L_{\mathrm{Ag}}^{\mathrm{mt/sl}}$ 增加升高，使渣中溶解 Ag 含量逐渐减少，当铜锍品位>69.92%时，铜锍中贵金属含量快速增加，使渣中溶解 Ag 含量升高。

　　随着铜锍品位升高，Au、Ag 在铜锍和炉渣两相中分配变化趋势如图 4-13 所示。Au、Ag 在铜锍相中分配比例与铜锍品位呈负相关，分别从 96.29%、95.91% 降至 92.91%和 92.44%，而渣中贵金属分配比例与铜锍品位呈正相关，分别从 3.71%、4.09%升高至 7.09%、7.56%，主要是因为提高铜锍品位导致铜锍在炉渣中机械夹杂损失增加，铜锍中富集的贵金属在渣中损失增加，使 Au、Ag 在渣中分配比例增加。

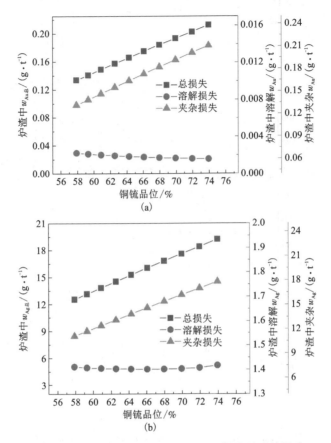

图 4-12　铜锍品位对 Au(a)、Ag(b) 损失形式的影响

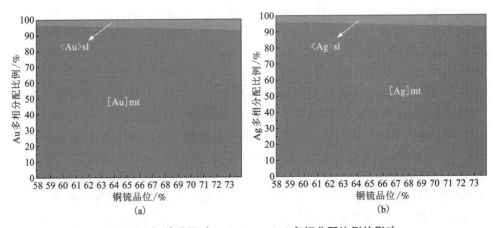

图 4-13　铜锍品位对 Au(a)、Ag(b) 多相分配比例的影响

（2）富氧浓度变化的影响

维持空气鼓入速率 9824.00 Nm^3/h，控制纯氧鼓入速率 12638.98 ~ 31567.79 Nm^3/h，调整富氧浓度变化范围 65.45% ~ 81.25%，保持入炉原料成分、加料速率不变，研究富氧浓度对贵金属在各相中含量的影响，如图 4-14 所示。

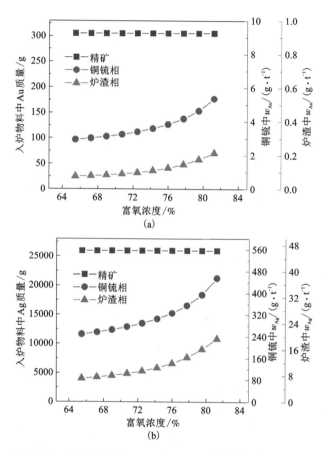

图 4-14　富氧浓度对 Au(a)、Ag(b) 在各相中含量的影响

由图 4-14 可知，入炉贵金属总量不随富氧浓度变化。铜锍中 Au、Ag 含量随富氧浓度升高分别从 2.93 g/t、248.59 g/t，逐渐升高至 5.36 g/t、455.39 g/t，炉渣中贵金属含量逐渐升高至 0.21 g/t、19.35 g/t。这主要是因为随着富氧浓度升高，铜锍产量快速降低至 56.95 t、铜锍品位升高至 74.18%，使铜锍中贵金属被"浓缩"。铜锍中 Fe 被氧化入渣，使炉渣产量升高至 102.24 t。体系氧分压升高至 8.48×10^{-3} Pa，富集贵金属的铜锍在炉渣中损失增加，使炉渣中贵金属含量升高。

富氧浓度对贵金属损失形式的影响如图 4-15 所示。随着富氧浓度升高，炉渣中溶解贵金属 Au 浓度缓慢降低，变化范围为 $1.57 \times 10^{-3} \sim 8.02 \times 10^{-3}$ g/t，溶解 Ag 含量先逐渐降低至 1.40 g/t，后缓慢升高至 1.42 g/t；夹杂 Au、Ag 含量迅速升高，变化范围分别为 $0.07 \sim 0.21$ g/t、$5.73 \sim 17.93$ g/t，其原因与受铜锍品位的影响一致。

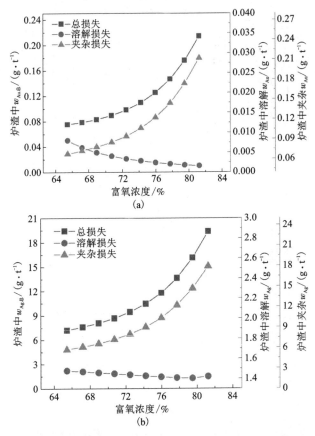

图 4-15 富氧浓度对 Au(a)、Ag(b) 损失形式的影响

富氧浓度对 Au、Ag 多相分配比例的影响如图 4-16 所示。随着富氧浓度升高，贵金属在炉渣中损失增加，使炉渣中 Au、Ag 分配比例逐渐升高，变化范围分别为 $1.51\% \sim 7.16\%$、$1.70\% \sim 7.63\%$；铜锍中贵金属 Au、Ag 分配比例分别从 98.49%、98.30% 降低至 92.84%、92.37%。

(3) 氧矿比变化的影响

控制其他参数不变，调整混合炉料加入速率 177.31 t/h 至 218.90 t/h，对应氧矿比变化范围 $136.42 \sim 168.42$ Nm³/t，Au、Ag 在各相中含量变化如图 4-17 所示。

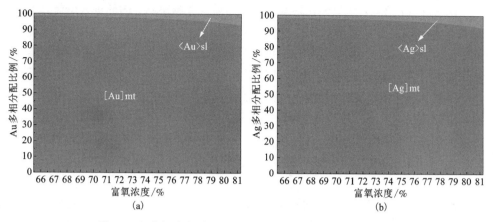

图 4-16 富氧浓度对 Au(a)、Ag(b) 多相分配比例的影响

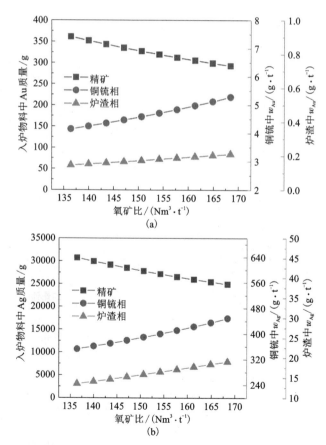

图 4-17 氧矿比对 Au(a)、Ag(b) 在各相中含量的影响

由图4-17可知，随氧矿比增加，实际加料量逐渐降低，因此进入熔炼体系中的 Au、Ag 总量分别从 361.19 g、30685.40 g 降低至 292.56 g、24855.32 g。增加氧矿比使铜锍品位升高至 73.48%、铜锍产量降低至 55.39 t，因此铜锍中贵金属含量逐渐升高。氧矿比升高，体系氧分压升高至 $7.46×10^{-3}$ Pa，炉渣与铜锍澄清分离困难，富集贵金属的铜锍在炉渣中大量损失，使渣中贵金属含量升高。入炉物料量减少，使炉渣产量降低至 97.12 t，进一步"浓缩"了炉渣中贵金属含量。因此铜锍和渣中贵金属含量均升高，铜锍和炉渣中 Au 含量变化范围分别为 4.15~5.28 g/t、0.15~0.21 g/t，Ag 含量变化范围分别为 352.63~448.75 g/t、13.51~19.05 g/t。

氧矿比对贵金属损失形式的影响，如图4-18所示。Au、Ag 变化趋势和原因与受铜锍品位影响一致，Au 溶解和机械夹杂损失变化范围分别为 $1.58×10^{-3}$ ~ $2.06×10^{-3}$ g/t、0.14~0.21 g/t。Ag 变化范围分别为 1.40~1.41 g/t、12.10~17.63 g/t。

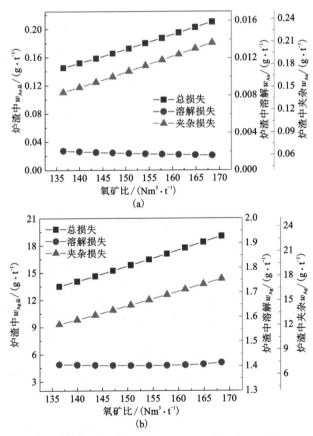

图4-18　氧矿比对 Au(a)、Ag(b) 损失形式的影响

Au、Ag 在铜锍和炉渣两相中的分配随氧矿比变化趋势如图 4-19 所示。随着氧矿比升高，铜锍中贵金属在炉渣中损失增加，使铜锍中 Au、Ag 分配比例从 95.86%、95.46% 逐渐降低至 93.02%、92.56%，渣中贵金属分配比例从 4.14%、4.54% 升高至 6.98%、7.44%。

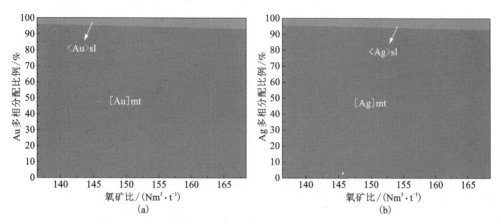

图 4-19　氧矿比对 Au(a)、Ag(b) 在各相中分配比例的影响

(4) 熔炼温度变化的影响

维持原料成分、加料速率等参数不变，在模型中直接改变熔炼温度 1423~1623 K，研究熔炼温度对贵金属在各相中分配规律的影响，其结果如图 4-20 所示。

如图 4-20 可知，由于入炉物料成分和加料速率不变，入炉原料中 Au、Ag 总质量不受熔炼温度影响，分别维持 305.25 g、25933.30 g。由表 2-6 所示的热力学参数可知，随着温度升高，炉渣中 Fe_3O_4 浓度明显降低，有利于铜锍与炉渣澄清分离。铜锍中炉渣机械夹杂量降低，铜锍产量从 62.23 t 逐渐降低至 60.39 t，铜锍中 Au、Ag 含量分别升高至 5.05 g/t、429.48 g/t。炉渣中铜锍机械夹杂损失减少，炉渣中 Au、Ag 含量分别降低至 0.18 g/t、16.33 g/t。

熔炼温度对贵金属损失形式的影响如图 4-21 所示。随着熔炼温度升高，铜锍中贵金属浓度逐渐升高，但高熔炼温度有利于铜锍和炉渣分离，炉渣中 Au、Ag 机械夹杂含量分别降低至 0.18 g/t、14.93 g/t。根据公式(4-1)，贵金属在炉渣中溶解损失，随铜锍中贵金属含量升高而升高，随分配系数 $L_{Me}^{mt/sl}$ 升高而降低。熔炼温度升高，铜锍中 FeS 氧化造渣，铜锍品位和贵金属浓度逐渐升高，$L_{Me}^{mt/sl}$ 随铜锍品位升高而增加，由于 $L_{Me}^{mt/sl}$ 上升较快，因此炉渣中 Au、Ag 溶解浓度分别降低至 $1.61×10^{-3}$ g/t、1.40 g/t。

贵金属在各相中分配比例随熔炼温度变化的趋势如图 4-22 所示，随着温度升高，贵金属在炉渣中损失减少，使其在炉渣中分配比例分别从 8.99%、9.22%，缓慢降低至 5.68%、6.13%；铜锍中 Au、Ag 分配比例逐渐升高至 94.32%、93.87%。

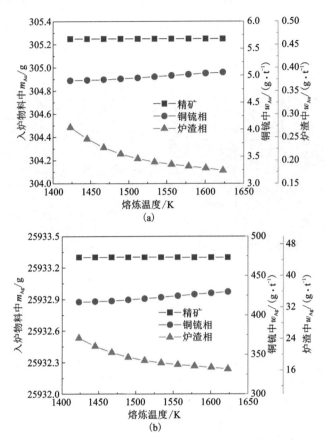

图 4-20 熔炼温度对(a)Au、(b)Ag 在各相中含量的影响

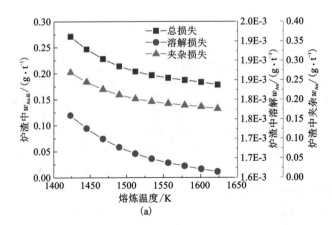

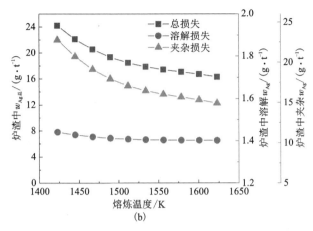

图 4-21　熔炼温度对 Au(a)、Ag(b) 损失形式的影响

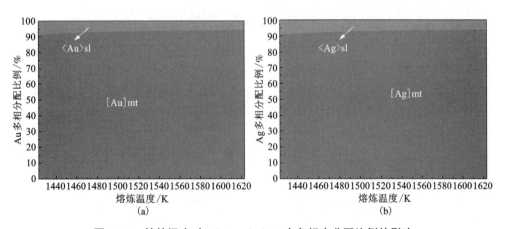

图 4-22　熔炼温度对 (a) Au、(b) Ag 在各相中分配比例的影响

考虑到富氧熔炼高温、强氧分压条件下，有少量 Ag 挥发进入气相[130]，因此，实际生产中 Ag 在铜锍、炉渣两相分配比例，应稍小于模拟结果。

4.2　杂质元素氧化造渣定向脱除

随着入炉原料成分日益复杂，富氧底吹铜熔炼体系中 Pb、Zn 杂质含量逐渐升高。熔炼过程中 Pb、Zn 进入铜锍，不仅增加了铜锍连续吹炼杂质脱除压力，且不利于后续电解精炼。熔炼过程通过原料成分和工艺参数优化，将 Pb、Zn 在渣中定向脱除，降低了铜锍中杂质含量，避免了杂质元素在冶炼过程中分散，同时为从炉渣中高效回收 Pb、Zn 提供了优质原料[131, 132]。

4.2.1 杂质元素造渣反应热力学

造锍熔炼过程中,Pb、Zn 在各相中存在的形式如表 4-2 所示。

表 4-2 富氧底吹熔炼产物中含 Pb、Zn 的化合物

元素	铜锍		炉渣		烟气
	溶解形式	夹杂形式	溶解形式	夹杂形式	
Pb	[Pb]mt、[PbS]mt	[PbO]mt	<PbO>sl	<Pb>sl、<PbS>sl	(PbS)g、(PbO)g
Zn	[ZnS]mt	[ZnO]mt	<ZnO>sl	<ZnS>sl	(Zn)g、(ZnS)g

Pb、Zn 主要以 [Pb]mt、[PbS]mt、[ZnS]mt 形式溶解在铜锍中,以 <PbO>sl、<ZnO>sl 形式溶解在炉渣中,还有少量 (PbS)g、(PbO)g、(Zn)g、(ZnS)g 挥发进入烟气。在包含多相、多组分以及化学反应的复杂火法冶金过程中,多相间由于机械搅拌、澄清分离不彻底而存在机械悬浮现象,Pb、Zn 在铜锍和炉渣中除溶解外,还存在机械夹杂。如铜锍中 [PbO]mt、[ZnO]mt 和炉渣中 <Pb>sl、<PbS>sl、<ZnS>sl,即是由于铜锍和炉渣相互夹杂带入。上述 Pb、Zn 单质/化合物为高温冶金过程热态铜锍、炉渣、烟气中假设存在形式[133, 134],其在冷却过程中会进一步发生化学反应,因此与冷态冶炼产物中 Pb、Zn 的化学物相存在差异。由于铜锍和炉渣中机械夹杂化合物质量相对较少,本节只讨论铜锍和炉渣中溶解 Pb、Zn 化合物的形式变化趋势。

4.2.2 原料成分对杂质脱除的影响

研究了炉料中 Cu、Fe、S 等原料成分变化对伴生杂质元素 Pb、Zn 赋存状态、在各相中含量和分配比例的影响。

(1)炉料中 Cu 含量变化的影响

炉料中 Cu 含量从 15.06% 升高至 27.26%,为保证总炉料量不变,相应减少其他元素含量,保持基准操作工艺参数不变,研究 Cu 含量变化对伴生杂质金属 Pb、Zn 在各相中分配行为的影响。

图 4-23 为炉料中 Cu 含量变化对铜锍、炉渣、烟气中 Pb、Zn 化合物质量的影响。随着 Cu 含量增加,进入体系中的 Pb、Zn 总量分别由 1.85 t、4.65 t 降低至 1.58 t、4.00 t;铜锍中 [PbS]mt、[ZnS]mt 和烟气中 (PbS)g、(Zn)g 质量逐渐降低,变化范围分别为 0.29~1.49 t、0.15~2.94 t、0.11~0.42 t、0.50~0.92 t;渣中 <PbO>sl、<ZnO>sl 质量分别从 0.09 t、1.93 t 增加至 1.16 t、3.99 t;铜锍、

炉渣和烟气中其他化合物含量较低，其中[PbO]mt、[ZnO]mt、(PbO)g 质量缓慢升高，(ZnS)g 质量逐渐降低，[Pb]mt、<PbS>sl、<ZnS>sl、<Pb>sl 质量先增加后减少。这是因为炉料中 Cu 含量增加，Cu 主要进入铜锍，使铜锍品位升高至 74.90%，入炉 Fe、S 等耗氧元素质量随着炉料中 Cu 含量升高而降低，鼓氧量不变的情况下，平衡氧分压升高至 1.19×10^{-2} Pa，以[PbS]mt、(PbS)g 等硫化物形式存在的 Pb，被氧化为<PbO>sl、(PbO)g 等氧化物分别进入炉渣和烟气相，以金属单质和硫化态形式存在的 Zn、ZnS 被大量氧化为<ZnO>sl 进入渣中。

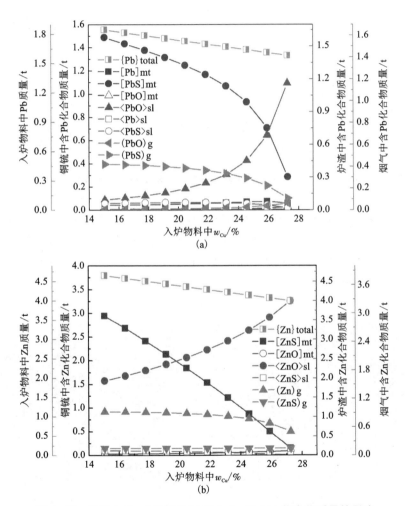

图 4-23　炉料中 Cu 含量变化对 Pb(a)、Zn(b)化合物质量的影响

图 4-24 为炉料中 Cu 含量变化对 Pb、Zn 在三相中元素含量的影响。随着 Cu 含量升高，铜锍中 Pb、Zn 含量从 2.29%、3.44% 逐渐降低至 0.54%、0.29%，炉

渣中 Pb、Zn 含量逐渐升高,变化范围分别为 0.15% ~ 1.10%、1.74% ~ 3.22%,烟气中 Pb、Zn 含量呈缓慢降低趋势,变化范围分别为 0.16% ~ 0.37%、0.66% ~ 1.00%。这是因为 Cu 含量升高,导致炉内氧化气氛增强,Pb、Zn 被大量氧化进入炉渣相中。

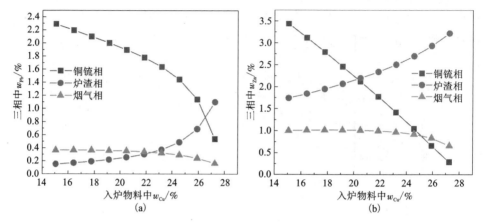

图 4-24 炉料中 Cu 含量变化对三相中 Pb(a)、Zn(b)元素含量的影响

图 4-25 为炉料中 Cu 含量变化对 Pb、Zn 三相分配比例的影响。随着炉料中 Cu 含量增加,铜锍和烟气中 Pb 分配比例分别从 72.20%、20.15% 降低至 20.96%、9.57%,Zn 分配比例分别从 43.02%、21.92% 降低至 4.46%、15.12%,Pb、Zn 逐渐向渣中脱除,最高至 69.47%、80.42%。

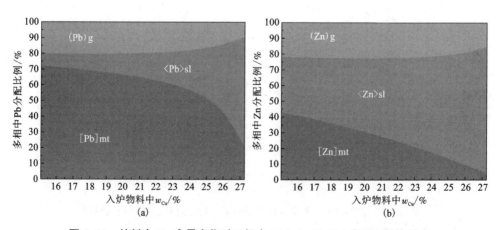

图 4-25 炉料中 Cu 含量变化对三相中 Pb(a)、Zn(b)分配比例的影响

（2）炉料中 Fe 含量变化的影响

维持总加料量和其他基准工艺参数不变，调整炉料中 Fe 质量分数 14.44%～34.44%，其他成分相应变化，研究 Fe 含量变化对伴生杂质金属 Pb、Zn 在各相中分配行为的影响。图 4-26 为炉料中 Fe 含量变化对含 Pb、Zn 化合物在各相中质量的影响。

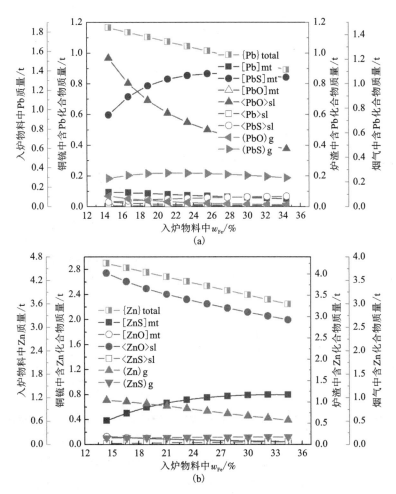

图 4-26　炉料中 Fe 含量变化对三相中 Pb(a)、Zn(b)化合物质量的影响

如图 4-26 所示，随着炉料中 Fe 含量升高，进入体系中的 Pb、Zn 总量分别由 1.84 t、4.64 t 降低至 1.41 t、3.59 t；铜锍中[PbS]mt、[ZnS]mt 质量分别从 0.60 t、0.38 t 升高至 0.84 t、0.80 t；烟气中(PbS)g 质量先升高至 0.27 t 后逐渐降低到 0.23 t、(Zn)g 质量从 0.94 t 持续降低至 0.52 t；炉渣和烟气中<PbO>sl、(PbO)g、

<ZnO>sl 等氧化物生成减少,<PbO>sl、<ZnO>sl 质量变化范围为 0.38~0.97 t、2.93~4.02 t,(PbO)g 质量变化范围为 0.01~0.09 t;铜锍、炉渣和烟气中其他化合物质量较低,其中[Pb]mt、[PbO]mt、[ZnO]mt、<Pb>sl、(PbO)g 质量缓慢降低,<PbS>sl、<ZnS>sl 质量逐渐升高,(ZnS)g 质量缓慢升高又逐渐降低。这是因为 Fe 含量升高使入炉 Cu 含量降低,导致铜锍品位降低至 65.84%,平衡氧分压降低至 2.45×10^{-2} Pa,Pb、Zn 的氧化物含量降低,硫化物增加。由于炉料中 Pb、Zn 总量随着 Fe 含量升高相应降低,导致烟气中(PbS)g 先升高后降低。

图 4-27 为炉料中 Fe 含量变化对 Pb、Zn 在各相中含量的影响。随着炉料中 Fe 含量升高,Pb、Zn 在铜锍相中含量逐渐从 0.96%、0.54% 升高至 1.40%、1.02%,在炉渣相中含量显著降低,变化范围在 0.36%~1.15%、2.07%~4.03%,烟气中 Pb、Zn 含量基本保持不变,这是因为炉料中 Fe 含量升高时,Cu、S 含量相应降低,导致铜锍品位降低至 65.84%、铜锍量降低至 55.94 t,大量 Fe 进入炉渣,使渣量快速升高至 115.52 t,因此铜锍中杂质被"浓缩",炉渣中杂质被"稀释"。

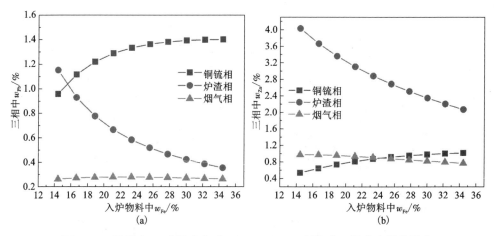

图 4-27 炉料中 Fe 含量变化对(a)Pb、(b)Zn 元素在三相中含量的影响

图 4-28 为炉料中 Fe 含量变化对 Pb、Zn 在三相中分配比例的影响。随着炉料中 Fe 含量的升高,铜锍中 Pb 分配比例从 34.58% 升高至 55.58%,炉渣中分配比例从 50.32% 降低至 29.09%;Fe 含量变化对 Zn 三相分配比例的影响不明显,随着炉料中 Fe 含量增加,铜锍中 Zn 的气相挥发减少,约 70% Zn 分配于炉渣中。

(3)炉料中 S 含量变化的影响

维持总加料量和其他基准工艺参数不变,调整炉料中 S 含量在 26.52%~40.22%,其他成分相应变化,研究 S 含量变化对伴生金属 Pb、Zn 在各相中分配行为的影响。

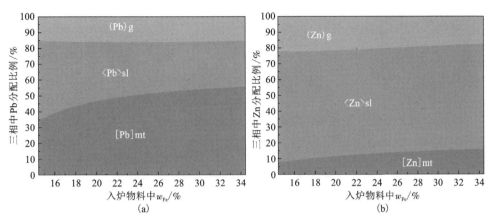

图 4-28　炉料中 Fe 含量变化对三相中(a)Pb、(b)Zn 分配比例的影响

图 4-29 为炉料中 S 含量变化对铜锍、炉渣、烟气中 Pb、Zn 化合物质量的影响。随着 S 含量升高,进入体系中的 Pb、Zn 总量分别由 1.67 t、4.21 t 降低至 1.36 t、3.43 t;铜锍中 Pb、Zn 硫化物质量增加,变化范围分别为 0.38~1.23 t、0.21~3.07 t;炉渣中 Pb、Zn 氧化物质量从 1.13 t、4.16 t 减少至 0.02 t、0.66 t。这是因为入炉物料中 S 含量升高,熔炼体系中硫分压升高至 1.52×10³ Pa、氧分压降低至 1.11×10⁻³ Pa,因此 Pb、Zn 硫化物质量增加、氧化物质量降低。炉料中 Pb、Zn 总量随着 S 含量升高而降低,且 Zn 还原顺序为 ZnO→Zn→ZnS,所以烟气中(PbS)g、(Zn)g 质量先从 0.14 t、0.54 t 升高至 0.32 t、0.84 t,又缓慢降低至 0.255 t、0.70 t;铜锍、炉渣和烟气中其他化合物质量较低,其中[PbO]mt、[ZnO]mt、(PbO)g 质量缓慢降低,(ZnS)g 质量逐增加,[Pb]mt、<PbS>sl、<Pb>sl、<ZnS>sl 质量先缓慢升高又逐渐降低。

图 4-30 为炉料中 S 含量变化对 Pb、Zn 在三相中含量的影响。随着炉料中 S 含量升高,铜锍中 Pb 含量先从 0.72% 升高至 1.57%,又缓慢降低到 1.36%,Zn 含量从 0.36% 持续升高至 2.58%,炉渣中 Pb、Zn 含量分别从 1.03%、3.20% 降低至 0.07%、1.02%,烟气中 Pb、Zn 含量先从 0.19%、0.71% 升高到 0.30%、0.94% 又缓慢降低至 0.19%、0.68%。这是因为 S 含量升高时,熔炼体系硫化气氛增强,使铜锍和烟气中以硫化物形式存在的 Pb、Zn 升高,S 含量进一步升高时,铜锍和烟气产量分别升高至 80.42 t、116.86 t,"稀释"了铜锍和烟气中的 Pb、Zn 含量。

图 4-31 为炉料中 S 含量变化对 Pb、Zn 在三相中分配比例的影响。随着炉料中 S 含量升高,Pb、Zn 逐渐向铜锍中富集至 80.95%、60.42%,炉渣中分配比例从 64.82%、79.68% 减少至 2.88%、16.50%,烟气中 Pb、Zn 分配比例缓慢升高。

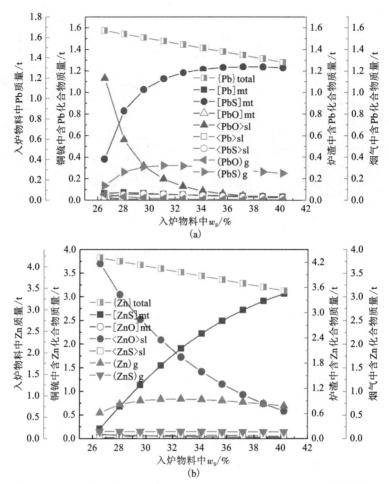

图 4-29 炉料中 S 含量变化对三相中 (a) Pb、(b) Zn 化合物质量的影响

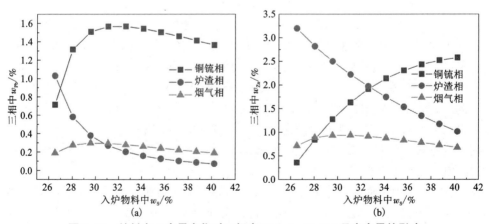

图 4-30 炉料中 S 含量变化对三相中 Pb (a)、Zn (b) 元素含量的影响

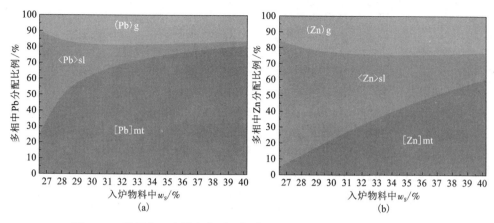

图 4-31　炉料中 S 含量变化对三相中 (a) Pb、(b) Zn 分配比例的影响

4.2.3　工艺参数对杂质脱除的影响

研究了伴生杂质元素 Pb、Zn 在各相中的分配行为，随铜锍品位、富氧浓度、氧矿比和熔炼温度等工艺参数的变化其分配趋势。

（1）铜锍品位变化的影响

在基准入炉物料成分条件下，维持氧浓 80.45%，调整氧气和空气鼓入速率，探究铜锍品位变化（57.79%~73.94%），对伴生元素 Pb、Zn 在各相中分配行为的影响。

图 4-32 为铜锍品位变化对铜锍、炉渣、烟气中 Pb、Zn 化合物质量的影响。随着铜锍品位的升高，进入体系中的 Pb、Zn 总量分别为 1.63 t、4.11 t 维持不变；熔炼体系中氧分压升高至 8.48×10^{-3} Pa，铜锍和烟气中 [PbS]mt、(PbS)g、[ZnS]mt、(Zn)g 被大量氧化为 <PbO>sl、(PbO)g、<ZnO>sl 进入烟气和炉渣中，铜锍 [PbS]mt、[ZnS]mt 质量变化在 0.44~1.38 t、0.25~2.47 t，烟气中 (PbS)g、(Zn)g 质量变化范围分别为 0.17~0.26 t、0.60~0.70 t，炉渣中 <PbO>sl、<ZnO>sl 质量变化范围为 0.11~1.00 t、1.93~3.94 t，烟气中 (PbO)g 质量变化范围为 0.01~0.06 t；铜锍、炉渣和烟气中其他化合物质量较低，其中 [Pb]mt、<Pb>sl、<PbS>sl 质量先升高后降低，[PbO]mt、[ZnO]mt、(PbO)g 质量缓慢升高，<ZnS>sl、(ZnS)g 质量逐渐降低。随着铜锍品位升高，实际鼓入空气和纯氧增加，N_2 和 SO_2 进入烟气，使其产量逐渐增加，烟气中 (PbS)g 质量先小幅升高，当体系氧分压较高时又迅速降低。而 Zn 变化顺序为 ZnS→Zn→ZnO，在较低氧分压下，ZnS 被先氧化为 Zn，随着氧分压升高，Zn 被进一步氧化为 ZnO，因此气相中 Zn 含量又先升高再缓慢降低。

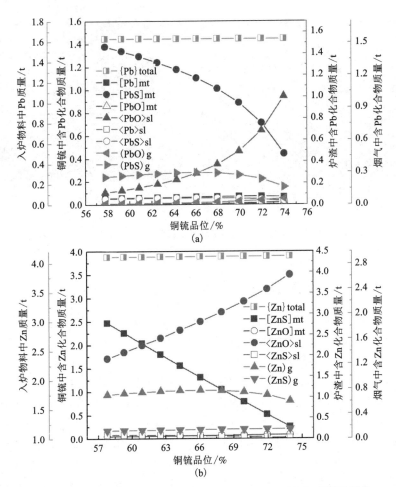

图4-32 铜锍品位变化对三相中(a)Pb、(b)Zn化合物质量的影响

图4-33为铜锍品位变化,对Pb、Zn在三相中含量的影响。随着铜锍品位增加,铜锍中Pb、Zn元素含量分别从1.63%、2.21%逐渐降低至0.82%、0.41%,炉渣中Pb、Zn元素含量从0.18%、1.91%升高0.95%、3.11%,而烟气中Pb、Zn元素含量小幅度下降,变化范围分别为0.20%~0.28%、0.73%~0.97%。这是因为改变生产条件导致熔炼氧分压升高,使铜锍和烟气中的Pb、Zn大量氧化入渣。

图4-34为铜锍品位变化,对Pb、Zn在三相中分配比例的影响。随着铜锍品位提高,Pb、Zn逐渐向炉渣中分配,铜锍相中Pb、Zn分配比例分别从76.82%、41.46%降低至28.81%、5.72%,烟气中Pb、Zn分配比例变化较小,约为15%、20%。

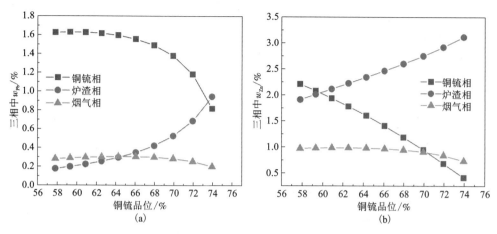

图 4-33　铜锍品位变化对三相中 (a) Pb、(b) Zn 元素含量的影响

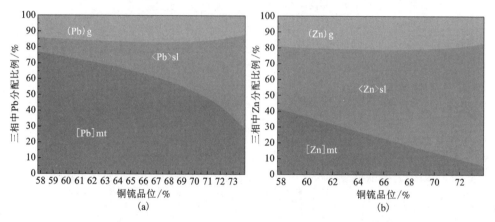

图 4-34　铜锍品位变化对三相中 (a) Pb、(b) Zn 分配比例的影响

(2) 富氧浓度变化的影响

在基准入炉物料成分条件下，固定空气鼓入速率、调节氧气鼓入速率，富氧浓度从 65.45% 升高至 81.25%，探究了富氧浓度变化对伴生元素 Pb、Zn 在三相中分配行为的影响。

图 4-35 为富氧浓度变化，对铜锍、炉渣、烟气中 Pb、Zn 化合物质量的影响。随着富氧浓度增加，进入体系中的 Pb、Zn 总量分别为 1.63 t、4.11 t 维持不变；铜锍中 Pb、Zn 硫化物质量分别从 1.65 t、4.48 t 降低至 0.40 t、0.22 t；烟气中 Pb 硫化物和 Zn 单质质量先增加至 0.30 t、0.78 t，又迅速降低减少；渣中氧化物质量逐渐增加至 1.06 t、3.99 t；铜锍、炉渣和烟气中其他化合物含量较低，其中

[Pb]mt、[PbO]mt、[ZnO]mt、<Pb>sl、(PbO)g 质量缓慢升高，<PbS>sl、<ZnS>sl、(ZnS)g 质量先升高再降低。其原因与铜锍品位变化类似，主要是体系氧分压随着富氧浓度升高增加至 9.09×10^{-3} Pa，使 Pb、Zn 被氧化入渣。

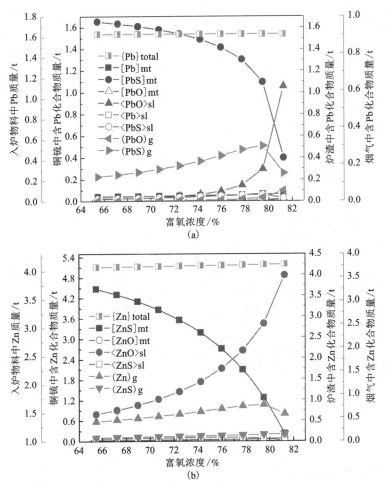

图 4-35 富氧浓度变化对三相中 Pb(a)、Zn(b) 化合物质量的影响

图 4-36 为富氧浓度变化，对三相中元素 Pb、Zn 含量的影响。随着富氧浓度的升高，铜锍中的 Pb 先缓慢升高到 1.63%，又迅速下降至 0.76%，铜锍中 Zn 含量从 2.90% 持续下降至 0.38%，炉渣中 Pb、Zn 含量分别从 0.06%、0.92% 升高至 0.99%、3.14%，烟气中 Pb、Zn 含量先分别从 0.19%、0.75% 升高至 0.30%、0.98%，后又降低到 0.19%、0.71%。这是因为随富氧浓度的升高，铜锍中 Fe、S 被氧化脱除，使铜锍产量大幅减少至 56.96 t，增加了 Pb 在铜锍中的浓度；进一

步提高富氧浓度，随着 Pb、Zn 被大量氧化入渣，铜锍中的 Pb 含量又开始下降；烟气中 Pb 存在形式为 PbO、PbS，前者随着富氧浓度的升高而增加，后者则逐渐降低，因此烟气中 Pb 含量先缓慢升高又逐渐降低。烟气中 Zn 含量随着 $(Zn)g$ 先增加后减少，呈现先缓慢升高又逐渐降低的趋势。

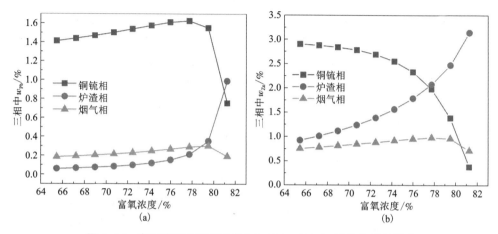

图 4-36　富氧浓度变化对三相中 (a) Pb、(b) Zn 元素含量的影响

图 4-37 为富氧浓度变化，对三相中 Pb、Zn 分配比例的影响。随着富氧浓度增加，Pb、Zn 逐渐分配在炉渣中，变化范围分别为 2.27% ~ 62.10%、13.87% ~ 78.05%，铜锍中分配比例从 90.55%、74.43% 降低至 26.46%、5.24%，而烟气中 Pb、Zn 分配比例先缓慢升高至 16.94%、21.34%，又迅速下降到 11.44%、16.72%。

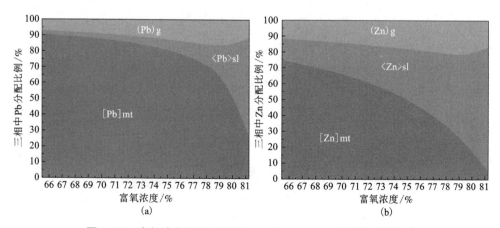

图 4-37　富氧浓度变化对三相中 Pb(a)、Zn(b) 分配比例的影响

（3）氧矿比变化的影响

在基准入炉物料成分条件下，调节炉料加入速率，氧矿比从 136.42 Nm³/t 升高至 168.42 Nm³/t，探究了氧矿比变化对伴生元素 Pb、Zn 在三相中分配行为的影响。

图 4-38 为氧矿比变化，对铜锍、炉渣、烟气中 Pb、Zn 化合物质量的影响。在总鼓氧量不变的条件下，随着氧矿比升高，入炉物料总量减少，进入体系中 Pb、Zn 总量分别从 1.93 t、4.84 t 降低至 1.56 t、3.95 t；体系氧分压升高至 7.46×10^{-3} Pa，因此铜锍和烟气中 [PbS]mt、(PbS)g、[ZnS]mt、(Zn)g 被大量氧化为 <PbO>sl、(PbO)g、<ZnO>sl 进入烟气和炉渣中，铜锍中 [PbS]mt、[ZnS]mt 质量分别从 1.55 t、2.53 t 降低至 0.50 t、0.30 t，烟气中 (PbS)g、(Zn)g 质量分别从

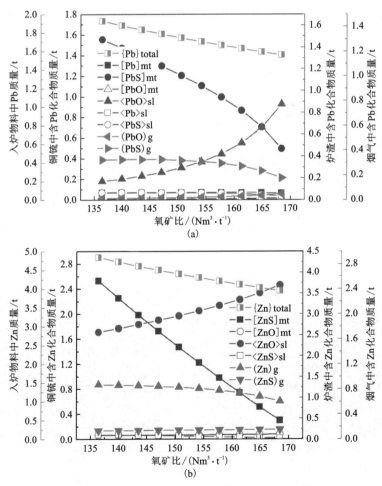

图 4-38　氧矿比变化对三相中(a)Pb、(b)Zn 化合物质量的影响

0.32 t、0.87 t 降低至 0.18 t、0.61 t，炉渣中<PbO>sl、<ZnO>sl 质量变化范围为 0.17～0.88 t、2.56～3.69 t，烟气中(PbO)g 质量变化范围为 0.01～0.05 t；铜锍、炉渣和烟气中其他化合物含量较低，其中[Pb]mt、<Pb>sl、PbS>sl 质量先升高又降低，[PbO]mt、[ZnO]mt、(PbO)g 质量缓慢升高，<ZnS>sl、(ZnS)g 质量逐渐降低。

图 4-39 为氧矿比变化对 Pb、Zn 元素在三相中含量的影响。随着氧矿比的增加，铜锍中 Pb、Zn 元素含量分别从 1.63%、2.01% 逐渐降低至 0.92%、0.47%，炉渣中 Pb、Zn 元素含量分别从 0.21%、2.07% 升高到 0.87%、3.08%，而烟气中 Pb、Zn 含量小幅度下降，变化范围分别为 0.22%～0.29%、0.77%～0.97%。这是因为氧矿比升高导致熔炼氧分压增加，使铜锍和烟气中的 Pb、Zn 大量氧化入渣。

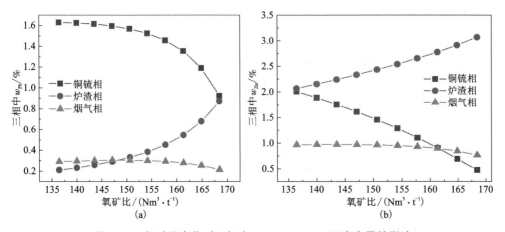

图 4-39　氧矿比变化对三相中(a) Pb、(b) Zn 元素含量的影响

图 4-40 为氧矿比变化，对 Pb、Zn 在三相中分配比例的影响。随着氧矿比提高，Pb、Zn 逐渐向炉渣中迁移，变化范围为 11.29%～54.38%、44.03%～75.39%，铜锍和烟气相中 Pb 分配比例分别从 73.61%、15.10% 降低至 32.82%、12.81%，Zn 分配比例分别从 36.10%、19.86% 降低至 6.65%、17.96%。

(3)熔炼温度变化的影响

在模型中直接改变熔炼温度，从 1423 K～1623 K，维持其他基准条件不变，研究造渣元素 Pb、Zn 在三相中分配随熔炼温度变化的趋势，如图 4-41 所示。随熔炼温度升高，炉料成分和加料量不变，入炉 Pb、Zn 总质量分别维持在 1.63 t、4.11 t，不随熔炼温度变化；铜锍中[PbS]mt、[ZnS]mt 持续降低，变化范围为 0.72～1.14 t、0.45～1.39 t，气相中(PbS)g、(PbO)g、(Zn)g 逐渐增加，炉渣中铅锌氧化物质量先升高至最大值 0.53 t、3.50 t，后逐渐降低。这是因为铅锌氧化

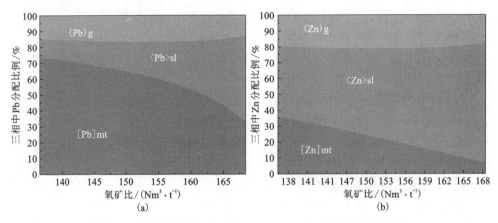

图 4-40　氧矿比变化对三相中 (a) Pb、(b) Zn 分配比例的影响

物、硫化物标准生成吉布斯自由能随着温度升高而增加，即温度升高不利化合物
生成，但铜锍中 PbS、ZnS 吉布斯自由能变化速度更快。温度较低时，PbS、Zn 饱
和蒸汽压较小，气相挥发少，因此铜锍中的铅锌化合物逐渐向炉渣中迁移，使炉
渣中 PbO、ZnO 含量逐渐增加。当温度较高时，铜锍和炉渣中铅锌化合物生成进
一步被抑制，但 PbS、Zn 大量挥发，使铜锍和炉渣中化合物质量均降低，气相中
铅锌化合物质量增加。同时，温度升高使铜锍产量缓慢降低至 60.39 t、炉渣产量
降低至 97.29 t、烟气产量逐渐增加至 95.44 t，对铅锌化合物三相迁移也有重要
影响。

熔炼温度对 Pb、Zn 在三相中含量的影响，如图 4-42 所示。随着温度升高，
铜锍中含 Pb 化合物和含 Zn 化合物生成速度减小，使铜锍中 Pb、Zn 含量分别从
1.70%、1.65% 降低至 1.17%、0.57%。炉渣中 Pb、Zn 含量先缓慢升高至
0.55%、2.92%，后随着炉渣中铅、锌化合物生成减少，逐渐降低至 0.43%、
1.64%。温度升高，使大量 Pb、Zn 挥发进入烟气，其中 Pb、Zn 含量分别升高至
0.43%、1.64%。

图 4-43 展示了熔炼温度对 Pb、Zn 在三相中分配比例的变化。当温度较低
时，Pb 主要分配在铜锍相，Zn 主要分配于炉渣相，占比分别为 65.01%、68.30%。
随着温度的升高，铜锍中 Pb、Zn 逐渐向炉渣和气相中迁移，使炉渣和气相中分配
比例增加。当温度较高时，Pb、Zn 在气相中分配比例分别增加至 25.43%、
38.04%，在炉渣中分配因受到高温抑制，分别降低至 31.32%、53.62%。

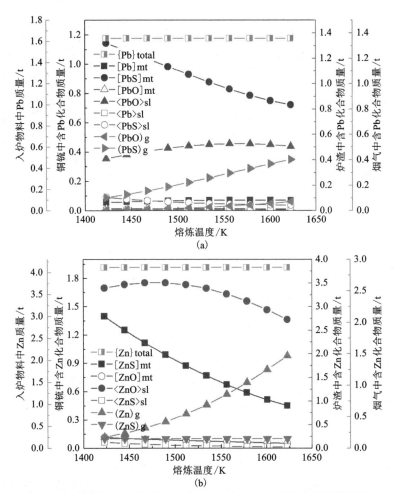

图 4-41　熔炼温度变化对三相中 Pb(a)、Zn(b) 化合物质量的影响

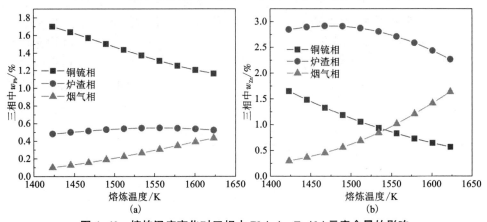

图 4-42　熔炼温度变化对三相中 Pb(a)、Zn(b) 元素含量的影响

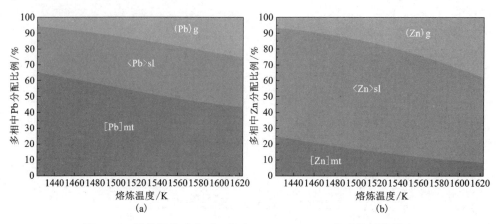

图 4-43　熔炼温度变化对三相中 Pb(a)、Zn(b)分配比例的影响

4.3　杂质元素气相挥发定向脱除

As、Bi 是铜精矿和金精矿典型的伴生杂质元素。尤其是 As 元素，随着金精矿搭配使用被大量带入到铜熔炼体系，不仅影响冶炼产品质量，而且冶炼过程中逸散，危害作业环境和工人健康。通过富氧底吹铜熔炼过程强化调控，将杂质元素 As、Bi 定向挥发到烟气中，最终以冷却烟尘为原料回收 As、Bi，不仅避免了伴生元素冶炼过程分散，而且提高了冶炼产品品质，同时可以实现杂质元素综合回收。

4.3.1　伴生元素热力学行为

铜锍中溶解的 As、Bi 主要以[As]mt、[Bi]mt 单原子形式存在，炉渣溶解形式为高价氧化物<As₂O₃>sl、<Bi₂O₃>sl，由于 As 和 Bi 的硫化物\低价氧化物\双分子化合物挥发性较强，以(AsS)g、(BiS)g、(AsO)g、(As₂)g 进入烟气中。由于铜锍和炉渣之间机械夹杂，使铜锍中 As、Bi 单质进入炉渣，记为<As>sl、<Bi>sl，炉渣中 As、Bi 氧化物进入铜锍，记为[As₂O₃]mt、[Bi₂O₃]mt。上述化合物均为高温冶炼过程中的存在形态，与冷态物料分析化验结果存在差异。As、Bi 在多相中具体存在形式如表 4-3 所示。由于铜锍和炉渣中机械夹杂化合物质量相对较少，本节只讨论铜锍和炉渣中溶解化合物的质量变化趋势。

表 4-3　富氧底吹熔炼产物中的含 As、Bi 化合物

元素	铜锍		炉渣		烟　气
	溶解形式	夹杂形式	溶解形式	夹杂形式	
As	[As]mt	[As₂O₃]mt	<As₂O₃>sl	<As>sl	(AsS)g、(AsO)g、(As₂)g
Bi	[Bi]mt	[Bi₂O₃]mt	<Bi₂O₃>sl	<Bi>sl	(BiS)g

4.3.2　原料成分变化对杂质脱除的影响

研究了富氧底吹铜熔炼原料成分(Cu、Fe、S 等)变化对伴生元素存在形式、三相中含量和分配比例的影响。

(1)炉料中 Cu 含量变化的影响

调整炉料中 Cu 含量为 15.06% ~ 27.26%，维持总加料量和其他工艺参数不变，研究 Cu 含量变化对 As、Bi 在三相中分配行为的影响如图 4-44 所示。

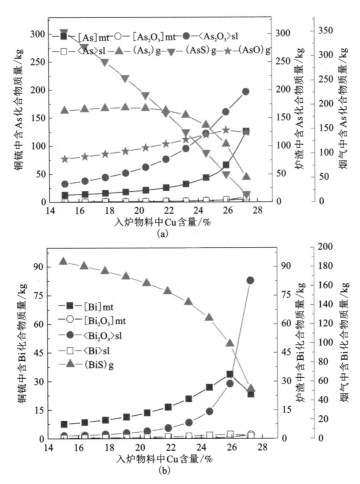

图 4-44　炉料中 Cu 含量变化对三相中(a) As、(b) Bi 化合物质量的影响

随着 Cu 含量的升高，气相中硫化物(AsS) g、(BiS) g 分别从 350.41 kg、185.27 kg 迅速降低至 16.65 kg、51.66 kg，氧化物(AsO) g 逐渐增加至 147.59 kg

后降低,单质(As_2)g 先增加 194.34 kg 后减少至 50.65 kg。铜锍和炉渣中砷、铋化合物质量呈升高趋势,其中铜锍中[As]mt 逐渐升高至 33.67 kg、[Bi]mt 先升高至 33.67 kg 后降低至 23.12 kg,炉渣中<As_2O_3>sl、<Bi_2O_3>sl 升高至 196.55 kg、82.75 kg。这主要是因为提高炉料中 Cu 含量,体系中 Fe、S 等耗氧元素减少,剩余氧气增加,即平衡氧分压升高至 1.19×10^{-2} Pa,硫分压降低至 10.10 Pa,体系氧化能力增强,使气相中杂质元素化合物逐渐被氧化进入铜锍或炉渣中,气相中低价氧化物(AsO)g 先随着氧分压升高而升高,当氧分压较高时,(AsO)g 因被继续氧化入渣,而逐渐减少。铜锍品位随着炉料中 Cu 含量升高增加至 74.90%,铜锍中 As 活度系数随着铜锍品位升高而降低,使[As]mt 质量快速升高。Bi 较 As更容易被氧化,因此铜锍中[Bi]mt 在氧分压较高时,因被氧化入渣而减少。另外,炉料中 Cu 含量升高,入炉 Fe、S 质量减少,S 与 Cu 生成 Cu_2S 进入铜锍、Fe被氧化入渣,使铜锍和炉渣产量分别升高至 61.61 t、99.82 t,烟气产量降低至 91.70 t,导致铜锍和炉渣对杂质元素溶解量增加。

熔炼产物中 As、Bi 含量变化趋势如图 4-45 所示。随着炉料中 Cu 含量升高,烟气中 As、Bi 化合物生成减少,因此 As、Bi 质量分数分别从 0.50%、0.16%降低至 0.20%、0.05%。炉渣中 As、Bi 含量随着化合物质量增加,逐渐升高至 0.16%、0.08%。当炉料中 w_{Cu}<25.90%时,铜锍中 As、Bi 含量随着 Cu 含量升高而升高。进一步提高炉料中 Cu 含量,熔炼铜锍品位较高,铜锍中 As 活度系数较小,As 单质大量生成,使铜锍中 As 浓度升高趋势大于炉渣中 As 浓度变化。炉料中 Cu 含量较高时,氧分压较大,粗铜中 Bi 含量因 Bi 被氧化入渣而逐渐降低。

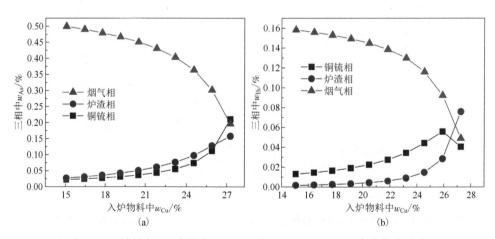

图 4-45 炉料中 Cu 含量变化对三相中 As(a)、Bi(b)元素含量的影响

炉料中 Cu 含量变化对 As、Bi 在三相中的分配比例影响如图 4-46 所示。当

炉料中 Cu 含量较低时，约 93%、95% 的 As 和 Bi 通过烟气挥发脱除。随着 Cu 含量升高，气相中 As、Bi 逐渐被氧化进入铜锍和炉渣，As 在铜锍和炉渣中分配比例逐渐增加至 27.76%、33.68%，Bi 在铜锍中分配比例先升高至 23.12% 后逐渐降低，在炉渣中分配比例快速升高至 52.09%。

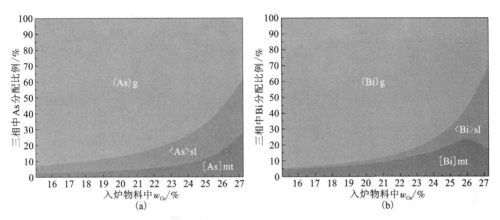

图 4-46　炉料中 Cu 含量变化对三相中 (a) As、(b) Bi 分配比例的影响

（2）炉料中 Fe 含量变化的影响

维持总加料量和其他工艺参数不变，调整炉料中 Fe 含量从 14.44% ~ 34.44%，对伴生元素 As、Bi 化合物质量的影响如图 4-47 所示。随着 Fe 含量升高，体系平衡氧分压降低至 $2.45×10^{-3}$ Pa，硫分压升高至 $1.80×10^{2}$ Pa，且入炉 As、Bi 总量降低。铜锍中 [As]mt、[Bi]mt 质量分别降低至 28.69 kg、18.65 kg。炉渣中 <As$_2$O$_3$>sl、<Bi$_2$O$_3$>sl 质量降低，变化范围分别为 110.95 ~ 179.41 kg、10.24 ~ 54.06 kg。烟气中 (AsO)g 先被还原为 (As$_2$)g，再被硫化为 (AsS)g，使 (As$_2$)g 质量先升高至 146.54 kg 后降低至 137.55 kg，(AsS)g 质量持续增加至 111.75 kg。入炉 Bi 总质量降低，使 (BiS)g 质量先升高至 118.85 kg 后缓慢降低至 115.97 kg。

图 4-48 为炉料中 Fe 含量变化对熔炼产物中 As、Bi 含量的影响。随着 Fe 含量升高，入炉 S 含量降低，Fe 进入炉渣使炉渣产量升高至 115.52 t，进入烟气中 SO$_2$ 减少，使烟气产量降低至 81.68 t。当 w_{Fe} 小于 16.66% 时，体系平衡硫分压较低，少量 Bi$_2$O$_3$ 先被还原为 Bi 进入铜锍，抵消了铜锍中 Bi 因硫化挥发的量。进一步提高炉料中 Fe 含量，粗铜和炉渣中含砷、铋化合物被大量硫化挥发，使其中 As 含量分别降低至 0.05% 和 0.07%，Bi 含量分别降低至 0.03%、0.01%，其中炉渣产量增加，进一步降低了其中杂质元素浓度。烟气中含 As、Bi 化合质量升高，As、Bi 含量分别从 0.27%、0.07% 升高至 0.37%、0.12%，且烟气产量随着炉料中 Fe 含量升高而减少至 81.68 t，进一步促进了其中杂质浓度升高。

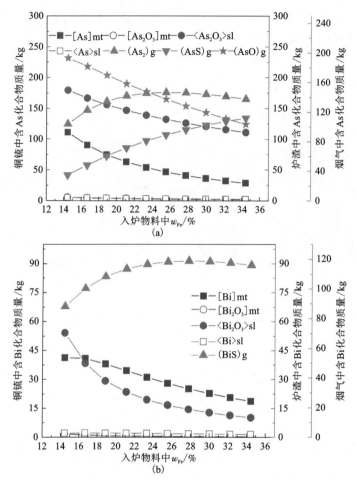

图 4-47　炉料中 Fe 含量变化对三相中 As(a)、Bi(b)化合物质量的影响

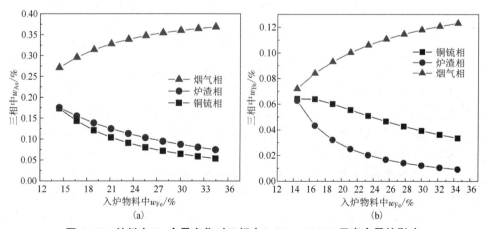

图 4-48　炉料中 Fe 含量变化对三相中(a)As、(b)Bi 元素含量的影响

炉料中 Fe 含量变化对 As、Bi 在三相中分配比例的影响如图 4-49 所示。随着炉料中 Fe 含量升高，铜锍和炉渣中 As、Bi 逐渐向烟气中迁移，As 在铜锍和炉渣中分配比分别从 21.20%、25.96% 降至 7.18%、20.68%，Bi 分配比例分别从 25.17%、29.78% 降低至 14.45%、8.20%。其中铜锍中 As 分配比例下降明显，而炉渣中 Bi 分配比例下降趋势较大。这主要原因是铜锍品位随着炉料中 Fe 含量升高降低至 67.87%，使其中 As 活度系数升高，不利于粗铜中 As 的生成，铜锍中 As 分配比例迅速降低；氧分压随着炉料 Fe 含量升高而降低，使炉渣中 As_2O_3 活度系数降低，有利于渣中 As_2O_3 生成，因此炉渣中 As 分配比例变化趋势较小。随着 Fe 含量升高，Bi 单质和 Bi_2O_3 在铜锍和炉渣中活度系数不变，但体系中氧分压降低、硫分压升高，使炉渣中 Bi_2O_3 先还原为 Bi 进入铜锍，使铜锍中 Bi 获得补充，再被硫化为 BiS 进入气相，因此炉渣中 Bi 分配比例变化明显，而铜锍中 Bi 分配比例变化较小。

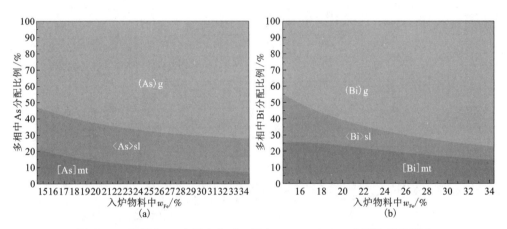

图 4-49　炉料中 Fe 含量变化对三相中(a)As、(b)Bi 分配比例的影响

(3)炉料中 S 含量变化的影响

维持总加料量和其他工艺参数不变，研究炉料中 S 含量变化对三相中 As、Bi 化合物质量的影响，如图 4-50 所示。随着 S 含量从 26.52% 升高至 40.22%，熔炼体系氧分压降低至 1.11×10^{-3} Pa，硫分压升高到 1.52×10^{3} Pa，且入炉 As、Bi 总量降低。使铜锍和炉渣中[As]mt、<As_2O_3>sl 被硫化挥发进入烟气，质量分别从 101.16 kg、221.59 kg 降低至 15.22 kg、8.32 kg。气相中(AsO)g 质量逐渐降低至 67.98 kg，(AsO)g 快速升高至 313.40 kg，含砷化合物还原硫化顺序为 $As_2O_3\rightarrow$ $AsO\rightarrow As\rightarrow As_2\rightarrow AsS$，当 S 含量小于 29.56% 时，($As_2$)g 质量随着 S 含量升高而增加，进一步提高 S 含量，As_2 因被硫化挥发而减少。炉渣中 Bi_2O_3 质量随着 S 含量升高被大量硫化挥发，质量迅速降低至 0.35 kg，[Bi]mt 质量在 w_S 为 9.56% 时出现拐点, 当 S 含量较低时, 体系氧分压较高, 降低 S 含量会使铜锍中 Bi 因被氧化而减少, 当 S 含量较高时, 硫分压升高, 使铜锍中 Bi 因被氧化而降低。炉料中 S 含量升高, 使体系中 Bi 几乎全部挥发进入气相, 但进入体系中的 Bi 总量减少, 使 BiS 质量先快速升高至 145.83 kg, 然后逐渐降低。

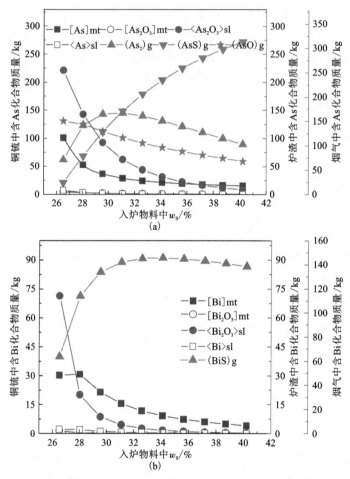

图 4-50 炉料中 S 含量变化对三相中 (a) As、(b) Bi 化合物质量的影响

炉料中 S 含量变化对三相中 As、Bi 含量的影响, 如图 4-51 所示。随着 S 含量升高, 铜锍和炉渣中 As 含量逐渐降低至 0.05%、0.07%, Bi 含量分别降低至 0.03%、0.01%。铜锍产量随着 S 含量升高而增加至 80.42 t, 使 As、Bi 浓度降低趋势增大。As、Bi 化合物大量挥发进入烟气, 其中 As、Bi 浓度先快速升高至 0.38%、0.12%, 进入体系中的 As、Bi 总量降低和烟气产量升高至 116.86 t 时,

As、Bi 浓度在炉料 S 含量较高时，呈降低趋势。

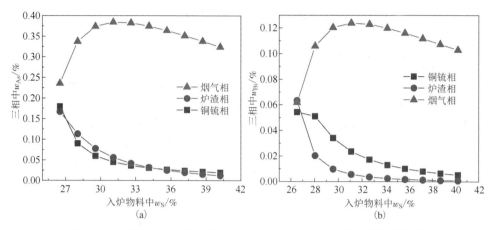

图 4-51　炉料中 S 含量变化对三相中 (a) As、(b) Bi 元素含量的影响

图 4-52 展示了炉料中 S 含量变化对 As、Bi 在三相中分配比例的影响。随着 S 含量升高，铜锍和炉渣中 As、Bi 向烟气中富集，使气相中 As、Bi 分配比例分别升高至 94.50%、96.36%。炉渣中 As、Bi 分配比例分别从 35.61%、43.24%，降低至 1.64%、0.31%。铜锍中 As 分配比例持续降低，而 Bi 先升高后降低，这是因为炉料中 S 含量小于 28.04% 时，氧分压较高、硫分压较低，随着 S 含量升高，炉渣中 Bi_2O_3 被还原为 Bi 进入铜锍中，使其分配比例缓慢升高。

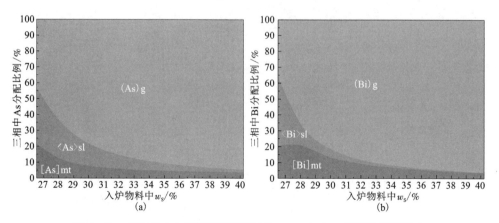

图 4-52　炉料中 S 含量变化对三相中 (a) As、(b) Bi 分配比例的影响

4.3.3 工艺参数对杂质脱除的影响

研究了大型化底吹熔炼铜锍品位、富氧浓度、氧矿比、熔炼温度等工艺参数，对伴生杂质元素 As、Bi 在各相中分配行为的影响。

（1）铜锍品位变化的影响

维持富氧浓度不变的条件下，调整纯氧和空气鼓入速率，研究了铜锍品位变化 57.79%~73.94%对伴生 As、Bi 在三相中分配行为的影响，如图 4-53 所示。随着铜锍品位升高，铜锍和炉渣中 As 化合物质量逐渐升高，变化范围分别为 26.24~88.45 kg、52.27~197.09 kg。铜锍中 Bi 化合物先升高至 32.34 kg 后逐渐降低，炉渣中 Bi 化合物质量从 2.91 kg 升高至 56.34 kg。烟气中（AsO）g 质量升

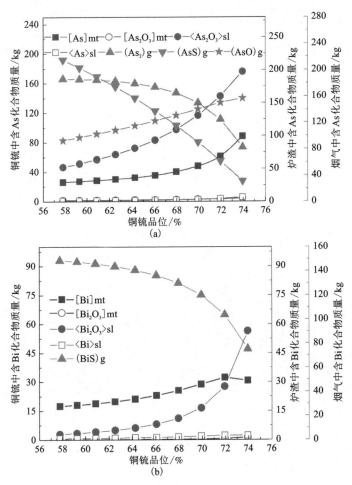

图 4-53 铜锍品位变化对三相中 As（a）、Bi（b）化合物质量的影响

高至 157.00 kg，（As₂）g、（AsS）g、（BiS）g 质量分别降低至 82.41 kg、31. 31 kg、75.31 kg。主要是因为体系平衡氧分压随着铜锍品位升高快速升高至 $8.48×10^{-3}$ Pa，使烟气中 As、Bi 的单质、硫化物和低价氧化物转化为［As］mt、［Bi］mt、<As₂O₃>sl、<Bi₂O₃>sl。伴生元素 Bi 较 As 更容易被氧化，当铜锍品位较高时，体系氧分压较强，使铜锍中［Bi］mt 因被进一步氧化入渣而减少。铜锍中 As 活度系数随着品位升高而降低，炉渣中 As₂O₃ 活度系数随着氧分压升高而增加，因此［As］mt 的生成被促进，而<As₂O₃>sl 的生成被抑制，当铜锍品位较高时，铜锍中 As 质量增长趋势较炉渣中<As₂O₃>sl 明显。而铜锍品位和氧分压对熔炼产物中含 Bi 化合物活度系数无影响，铋氧化为高价氧化物的过程不会被抑制，随着铜锍品位升高，<Bi₂O₃>sl 质量快速升高。

如图 4-54 所示，入炉原料成分和加料量不变的情况下，随着铜锍品位升高，铜锍中 Fe、S 被大量氧化入渣使铜锍产量降低、炉渣和烟气产量升高。升高铜锍品位，铜锍中 As、Bi 质量分数逐渐升高，变化范围分别为 0.04%~0.16%、0.02%~0.06%，铜锍质量降低至 57.25 t，进一步"浓缩"了杂质元素。炉渣中 As、Bi 质量分数分别升高至 0.15%、0.05%，炉渣质量增加至 101.90 t，降低了伴生元素质量分数升高趋势。气相中 As、Bi 浓度分别从 0.51%、0.24% 降低至 0.16%、0.07%，烟气质量升高，进一步"稀释"了杂质元素浓度。

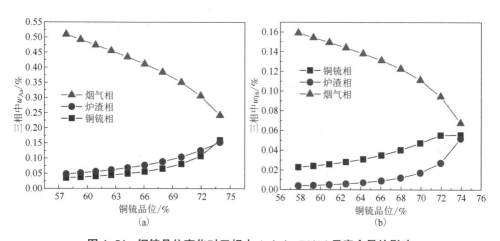

图 4-54　铜锍品位变化对三相中 As（a）、Bi（b）元素含量的影响

As、Bi 在三相中分配比例如图 4-55 所示。随着铜锍品位升高，烟气中 As、Bi 逐渐向铜锍和炉渣中迁移，使铜锍和炉渣中 As 分配比例逐渐升高至 19.04%、32.37%，Bi 分配比例逐渐升高至 21.19%、35.22%。当铜锍品位大于 71.94%，铜锍中 Bi 因被氧化入渣，使铜锍中 Bi 分配比例逐渐降低。

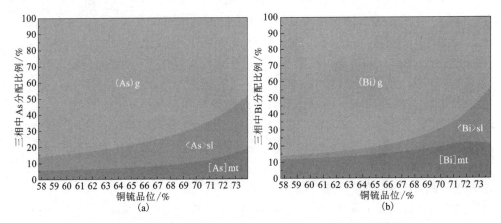

图 4-55　铜锍品位变化对三相中 As(a)、Bi(b) 分配比例的影响

（2）富氧浓度变化的影响

固定空气鼓入速率，调整纯氧鼓入速率，研究富氧浓度在 65.45%~81.25% 时对伴生元素 As、Bi 在三相中分配的影响，结果如图 4-56 所示。

当富氧浓度较低时，体系氧分压较低（$6.34×10^{-4}$ Pa）、硫分压较高（$1.21×10^3$ Pa），伴生元素 As、Bi 主要以硫化物挥发进入气相。随着富氧浓度升高，氧分压升高至 $9.09×10^{-3}$ Pa，硫分压降低至 18.01 Pa，气相中硫化物被逐渐氧化进入铜锍和炉渣。使铜锍中 [As]mt、[Bi]mt 化合物质量升高至 93.68 kg、29.21 kg，炉渣中 <As_2O_3>sl、<Bi_2O_3>sl 质量升高至 202.59 kg、62.89 kg，烟气中 (AsO)g 质量升高至 156.67 kg，(As_2)g、(AsS)g、(BiS)g 质量分别降低至 75.37 kg、27.58 kg、70.22 kg。

富氧浓度变化对熔炼产物中 As、Bi 在三相中含量的影响，如图 4-57 所示。随着富氧浓度升高，铜锍中 As、Bi 含量分别升高至 0.17%、0.05%，炉渣中 As、Bi 含量分别升高至 0.16%、0.06%，而烟气中 As、Bi 含量分别降低至 0.23%、0.06%。其原因与受铜锍品位影响类似，富氧浓度升高，使熔炼平衡氧分压升高至 $9.09×10^{-3}$ Pa，烟气中 As、Bi 化合物被氧化入渣或进入铜锍。

As、Bi 在三相中分配比例随着富氧浓度变化趋势如图 4-58 所示。

如图 4-58，氧浓度较低时，约 92% 的 As、87% 的 Bi 挥发进入烟气相。随着富氧浓度升高，熔炼体系氧分压升高，使烟气中 As、Bi 向炉渣和铜锍中迁移。铜锍和炉渣中 As 分配比例分别升高至 20.14%、33.33%，Bi 分配比例分别升高至 20.28%、39.08%。烟气中 As、Bi 分配比例逐渐降低至 46.52%、40.64%。

（3）氧矿比变化的影响

控制纯氧和空气鼓入速率不变，调整加料速率，研究氧矿比在 136.42~

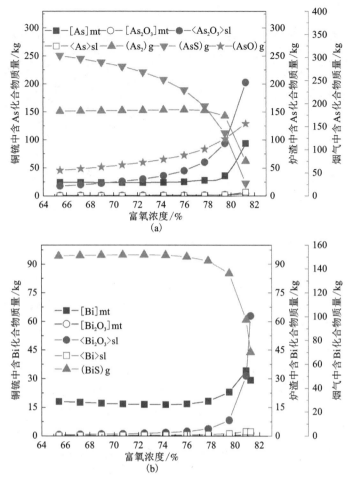

图 4-56　富氧浓度变化对三相中(a)As、(b)Bi 化合物质量的影响

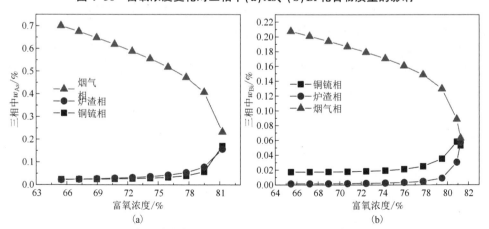

图 4-57　富氧浓度变化对三相中 As(a)、Bi(b)元素含量的影响

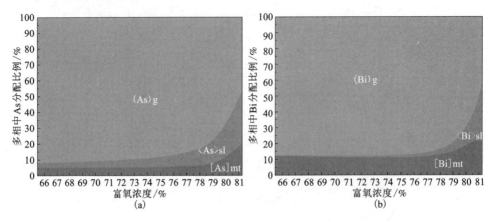

图 4-58　富氧浓度对三相中(a)As、(b)Bi 分配比例影响

168.42 Nm³/t, 对伴生元素 As、Bi 在三相中分配比例的影响, 如图 4-59 所示。随着氧矿比升高, 铜锍和炉渣中 [As]mt、<As₂O₃>sl 质量分别从 32.89 kg、71.92 kg, 逐渐升高至 76.82 kg、180.35 kg, [Bi]mt、<Bi₂O₃>sl 质量分别从 21.73 kg、4.41 kg, 升高至 31.02 kg、44.76 kg。烟气中(AsO)g 缓慢升高至 149.81 kg, (As₂)g 和(AsS)g 逐渐降低至 90.05 kg、36.67 kg, (BiS)g 质量降低至 79.99 kg。其主要原因与受铜锍品位和富氧浓度变化影响类似, 主要区别在于入炉 As、Bi 总量随着氧矿比升高而降低, 而入炉 As、Bi 总量不随铜锍品位和富氧浓度升高发生变化, 因此 As、Bi 化合物质量随氧矿比升高变化范围更大。

氧矿比变化对 As、Bi 在三相中含量的影响如图 4-60 所示。随着氧矿比升高, 烟气中 As、Bi 化合物被氧化入渣或进入铜锍, 使 As、Bi 在铜锍中含量升高至 0.14%、0.06%, 炉渣中含量升高至 0.15%、0.04%, 烟气中含量降低至 0.26%、0.08%。氧矿比升高, 铜锍中 Fe、S 被氧化入渣和挥发进入烟气, 导致铜锍产量降低至 56.95 t, 促进了铜锍中 As、Bi 元素浓度升高, 炉渣产量和烟气产量分别升高至 102.24 t、96.37 t, 降低了炉渣中 As、Bi 元素含量上升趋势, 加剧了烟气中杂质元素浓度降低趋势。

As、Bi 在三相中的分配比例随氧矿比变化趋势如图 4-61 所示。随着氧矿比升高, As、Bi 在烟气中分配比例快速降低, 变化范围分别为 51.88% ~ 84.18%、48.30% ~ 84.94%, 在炉渣中分配比例分别从 9.81%、2.75% 升高至 30.83%、29.51%。铜锍中 As 分配比例逐渐升高至 17.29%, Bi 分配比例先快速升高至 21.87%, 由铜锍中 Bi 被氧化入渣而呈降低趋势。

(4)熔炼温度变化的影响

调整熔炼温度在 1423 ~ 1623 K, 研究温度变化对 As、Bi 在三相中分配行为的

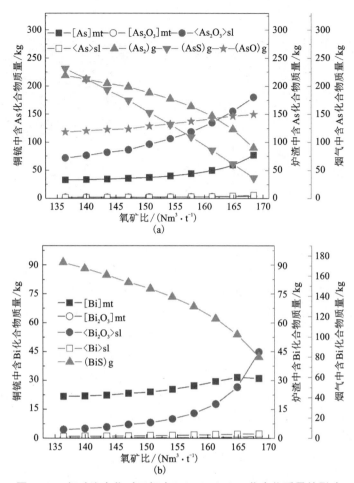

图 4-59　氧矿比变化对三相中(a) As、(b) Bi 化合物质量的影响

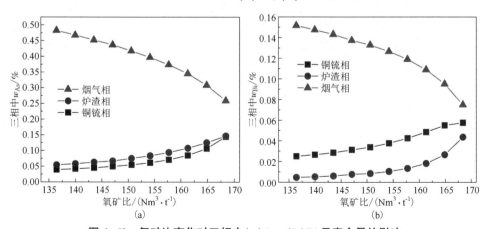

图 4-60　氧矿比变化对三相中(a) As、(b) Bi 元素含量的影响

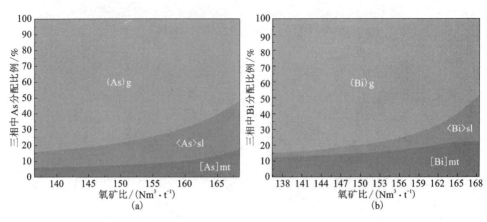

图 4-61 氧矿比对三相中(a) As、(b) Bi 分配比例的影响

影响, 如图 4-62 所示。随着温度升高, 炉渣中 $<As_2O_3>$sl 质量从 476.15 kg 迅速降低至 27.97 kg, 此时铜锍中 [As] mt 质量升高至 78.35 kg, 烟气中 (As_2)g、(AsS)g 质量先升高至最大值 149.59 kg、93.06 kg, 而后逐渐降低至 130.28 kg、92.66 kg, (AsO)g 质量持续升高至 220.13 kg。铜锍和烟气中 [Bi] mt、(BiS)g 质量逐渐分别从 19.78 kg、89.03 kg 升高至 31.54 kg、125.58 kg, 炉渣中 $<Bi_2O_3>$sl 质量迅速降低至 8.28 kg。这是因为砷、铋化合物中 As_2O_3、Bi_2O_3 的标准生成吉布斯自由能最小, 且随着温度升高而快速升高, 即温度升高不利于高价氧化物生成。因此熔炼温度较低时, 砷、铋主要以 As_2O_3、Bi_2O_3 存在于炉渣中。随着温度升高, 砷、铋向铜锍和烟气中迁移, 熔炼体系氧分压升高。因此高温状态下, 气相中部分 (As_2)g、(AsS)g 被氧化为 (AsO)g。

熔炼温度对 As、Bi 在三相中含量的影响如图 4-63 所示。随着熔炼温度升高, 炉渣中 As、Bi 化合物向铜锍和烟气中迁移。As、Bi 在炉渣中含量分别从 0.46%、0.05%, 降低至 0.03%、0.01%, 在铜锍中含量逐渐升高至 0.13%、0.05%, 在烟气中含量分别升高至 0.39%、0.11%。其中烟气产量升高, 抑制了其中杂质元素浓度升高趋势。

As、Bi 在三相中的分配比例随温度变化趋势如图 4-64 所示。随着熔炼温度升高, 炉渣中的 As、Bi 快速向烟气中迁移, 同时铜锍中 As、Bi 分配比例也逐渐增加。其中, As、Bi 在炉渣中分配比例分别从 75.30%、34.18%, 降低至 5.35%、6.18%, 在气相中分配比例分别从 18.76%、51.53%, 升高至 78.28%、72.68%。

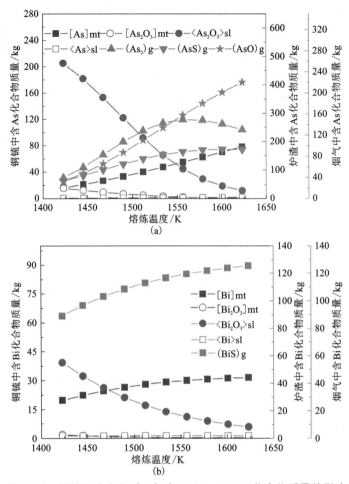

图 4-62 熔炼温度变化对三相中 As(a)、Bi(b)化合物质量的影响

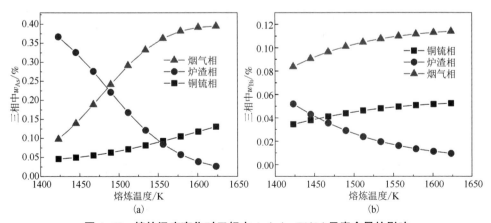

图 4-63 熔炼温度变化对三相中 As(a)、Bi(b)元素含量的影响

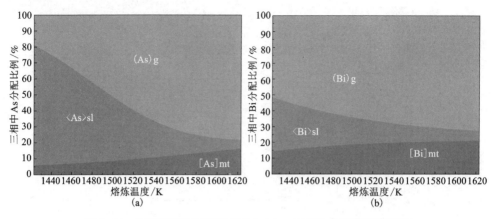

图4-64 熔炼温度变化对三相中(a)As、(b)Bi分配比例的影响

4.4 造锍熔炼工艺优化

大型化底吹熔炼伴生元素在三相中的分配比例如图4-65所示。稳定工况下,Au、Ag约93%富集于铜锍,As、Bi约66%挥发进入气相,Zn约68%分配于炉渣,Pb脱除率较低,约53%Pb进入铜锍。

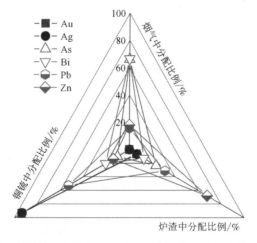

图4-65 大型化底吹熔炼稳定工况伴生元素在三相中的分配比例

基于底吹熔炼过程热力学模拟结果,优化了合理原料成分和工艺参数,提高了贵金属Au、Ag铜锍捕集率,杂质元素As、Bi气相挥发率和Pb、Zn氧化造渣率,实现了伴生元素定向分离富集,为从冶炼副产物中回收伴生元素奠定了基础。大型化底吹熔炼优化原料合理成分及工艺参数列于表4-4。

表 4-4　大型化富氧底吹铜熔炼优化原料合理成分及工艺参数

工艺参数	单位	基准数据	Au、Ag 捕集	Pb、Zn 造渣	As、Bi 挥发
Cu 含量	%	25.06	23.00~24.50	25.00~26.00	21.00~23.00
Fe 含量	%	24.44	26.00~30.00	16.00~19.00	26.00~30.00
S 含量	%	28.22	28.00~31.00	27.00~28.00	29.00~32.00
铜锍品位	%	70.29	68.00~70.00	71.00~72.50	66.00~70.00
氧矿比	Nm³/t	161.42	155.00~160.00	163.00~165.00	155.00~160.00
富氧浓度	%	80.45	78.00~80.00	80.50~81.00	78.00~80.00

　　以稳定工况原料成分和工艺参数为基准条件，提高原料中 Fe、S 含量，降低 Cu 含量、氧矿比、富氧浓度和铜锍品位，有利于提高 Au、Ag 铜锍捕集率和 As、Bi 气相挥发率。反之，有利于增加 Pb、Zn 氧化造渣脱除效率。分别取表 4-4 中入炉物料成分 Fe、S 含量优化区间上限，Cu 含量、氧矿比、富氧浓度和铜锍品位优化区间下限，可获得 Au、Ag 铜锍捕集最佳效果和 As、Bi 气相挥发最佳效果。反之，可获得 Pb、Zn 氧化造渣最佳脱除效果。最优条件下伴生元素在三相中的分配与基准条件对比如图 4-66 所示。

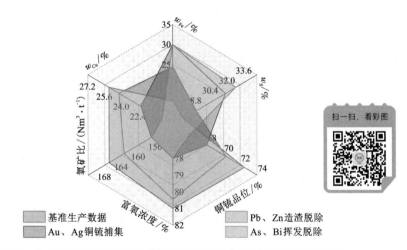

图 4-66　原料成分和工艺参数变化对伴生元素定向分离富集的影响

　　以熔炼体系氧分压(p_{O_2})、硫分压(p_{S_2})、铜锍品位、熔炼温度、炉渣产率和烟气产率为重要工艺指标，研究了富氧熔炼原料合理成分和工艺参数优化对工艺指标的影响，其优化工艺指标列于表 4-5。针对贵金属高效捕集的优化措施，降低了熔炼氧分压、炉渣产率，提高了熔炼温度，减少了贵金属在炉渣中机械夹杂损失，使贵金属铜锍捕集率提高。针对杂质元素 Pb、Zn 氧化造渣的优化措施，提高了氧分压、炉渣产量和熔炼温度，增加了炉渣对杂质元素溶解能力，使 Pb、Zn 造渣脱除率增加。针对杂质元素 As、Bi 气相挥发的优化措施，降低了氧分压，提高了硫分压、烟气产率和熔炼温度，杂质元素更容易形成硫化物挥发，使 As、Bi 气相挥发脱除率增加。

表 4-5 大型化富氧底吹铜熔炼优化工艺指标

工艺指标	单位	基准数据	Au、Ag 捕集	Pb、Zn 造渣	As、Bi 挥发
p_{O_2}	Pa	$10^{-2.42}$	$10^{-2.78}$	$10^{-2.22}$	$10^{-2.75}$
p_{S_2}	Pa	$10^{2.07}$	$10^{3.46}$	$10^{2.54}$	$10^{3.43}$
铜锍品位	%	70.29	61.14	73.23	60.69
炉渣产率	/	1.60	1.22	1.74	1.60
烟气产率	/	1.53	1.20	1.54	1.62
熔炼温度	K	1542	1560	1560	1560

熔炼物料合理成分和工艺参数优化，改变了体系氧分压、铜锍品位、熔炼温度等工艺指标，进而影响了熔炼体系化合物活度系数、摩尔分数，使体系总吉布斯自由能发生变化，最终决定了伴生元素在多相间的分配行为。工艺指标优化对伴生元素定向分离富集的影响，如图 4-67 所示。

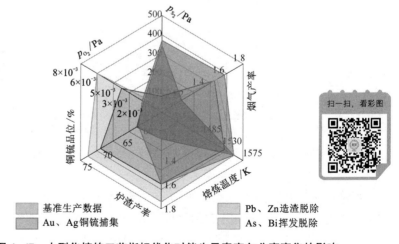

图 4-67 大型化熔炼工艺指标优化对伴生元素定向分离富集的影响

基于上述工艺优化措施，伴生元素定向分离富集比例如表 4-6 和图 4-68 所示。伴生 Au、Ag 铜锍捕集率提高至 95.66%、95.26%，伴生 Pb、Zn 总脱除率提高至 65.06%、92.79%，其中造渣定向脱除率提高至 52.63%、75.51%，伴生 As、Bi 总脱除率提高至 95.35%、90.80%，其中挥发定向脱除率提高至 85.02%、87.79%。

表 4-6　大型化熔炼伴生元素定向分离富集比例　　　　　　　　　　%

伴生元素	基准数据		优化数据	
	定向富集/脱除	总富集/脱除	定向富集/脱除	总富集/脱除
Au	93.74	93.74	95.66	95.66
Ag	93.29	93.29	95.26	95.26
Pb	31.31	46.97	52.63	65.06
Zn	68.03	86.02	75.51	92.79
As	66.15	89.65	85.02	95.35
Bi	66.59	79.42	87.79	90.80

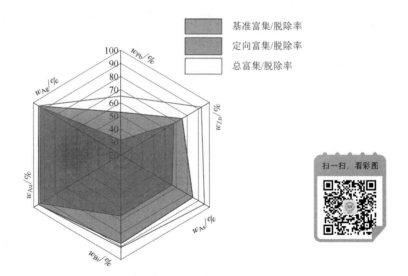

图 4-68　大型化富氧底吹铜熔炼工艺优化对伴生元素多相分配比例的影响

4.5　本章小结

针对大型化底吹熔炼过程贵金属 Au、Ag 和伴生杂质元素 Pb、Zn、As、Bi 定向分离富集调控，开展了多相平衡热力学模拟研究，优化了原料成分和工艺参数，指导了 Au、Ag 铜锍高效捕集，Pb、Zn 造渣脱除和 As、Bi 气相挥发脱除。

(1)铜锍是贵金属高效捕集剂，熔炼过程约 93%Au、Ag 富集于铜锍中，机械夹杂是贵金属在渣中主要损失形式。提高炉料中 Fe、S 含量，降低氧矿比、富氧浓度，提高熔炼温度，有利于降低熔炼氧分压和炉渣产率，减少铜锍在炉渣中机械夹杂损失，提高贵金属直收率。通过原料合理成分和工艺参数优化，Au、Ag 在铜锍中富集率分别提高至 95.66%、95.26%。

(2)底吹熔炼过程，53%Pb 进入铜锍，68%Zn 氧化造渣。提高炉料中 Cu 含量、氧矿比、富氧浓度和铜锍品位，使熔炼体系氧分压升高、温度升高、炉渣产量增加，有利于 Pb、Zn 氧化造渣脱除。通过原料合理成分和工艺参数优化，Pb、Zn 元素总脱除率分别提高至 65.06%、92.79%，其中氧化造渣脱除率分别提高至 52.63%、75.51%。

(3)底吹熔炼过程，As、Bi 总脱除率约为 90%、79%，其中约 66%As 和 67%Bi 挥发进入气相。提高入炉物料中 Fe、S 含量，降低氧矿比和提高熔炼温度、烟气产率，有利于将 As、Bi 挥发脱除。通过原料合理成分和工艺参数优化，As、Bi 元素总脱除率分别提高至 95.35%、90.80%，其中气相挥发脱除率分别为 85.02%、87.79%。

第 5 章　富氧底吹铜锍连续吹炼过程机理

富氧底吹铜锍连续吹炼作为底吹炼铜工艺的最新发展，使用一台炉子实现转炉吹炼和阳极炉火法精炼两个步骤，经过氧化期、还原期直接将热态高品位铜锍吹炼成合格阳极铜，设备布置紧凑，工艺流程短，展示了良好的推广应用前景。但针对该工艺的基础理论研究薄弱，氧气、空气、氮气、天然气作用下的多相演变规律和元素多相分配行为不明，优化调控措施缺乏，限制了该工艺应用。

本章基于铜锍连续吹炼热力学，应用富氧底吹铜锍连续吹炼热力学优化模型，研究了连续吹炼氧化期、还原期炉内多相演变过程、物相组成结构和氧分压、硫分压变化规律，揭示了铜锍连续吹炼机理。本章元素百分含量是指质量分数（%）。

5.1　连续吹炼反应热力学

铜锍吹炼是铜火法冶金重要工序，铜锍中 Fe 氧化造渣、S 氧化为 SO_2 进入烟气，同时将部分杂质通过炉渣或气相脱除，Cu 及贵金属元素富集在粗铜中。铜锍吹炼过程化学反应如下：

$$2/3FeS(l) + O_2(g) = 2/3FeO(l) + 2/3SO_2(g) \tag{5-1}$$

$$FeO(l) + 1/2SiO_2(s) = 1/2(2FeO \cdot SiO_2)(l) \tag{5-2}$$

$$2/3Cu_2S(l) + O_2(g) = 2/3Cu_2O(l) + 2/3SO_2(g) \tag{5-3}$$

$$Cu_2O(l) + FeS(l) = Cu_2S(l) + FeO(l) \tag{5-4}$$

$$2Cu_2O(l) + Cu_2S(l) = 6Cu(l) + SO_2(g) \tag{5-5}$$

计算了上述反应在 1173~1773 K 温度范围内标准反应吉布斯自由能，绘制了标准反应吉布斯自由能与温度的关系图，如图 5-1 所示。

吹炼温度下，首先进行反应式（5-1），铜锍中 FeS 首先被氧化为 FeO，加入 SiO_2 促进了该反应向右进行。吹炼初期，炉内 FeS 含量较高时，反应式（5-3）生成的 Cu_2O 被 FeS 硫化为 Cu_2S，Cu_2O 难以稳定存在，不能与 Cu_2S 发生反应式（5-5）生成 Cu。因此传统 PS 转炉吹炼工艺需分阶段进行，第一阶段主要将铜锍中 FeS 氧化为 FeO，进一步与 SiO_2 熔剂造渣，称为造渣期。第二阶段主要将铜锍中部分 Cu_2S 氧化为 Cu_2O，进一步与 Cu_2S 发生交互反应生成 Cu，称为造铜期。

理论上，当铜锍中 FeS 浓度与 Cu_2S 浓度之比 [FeS]/[Cu_2S] = 0.9×10⁻⁴（T =

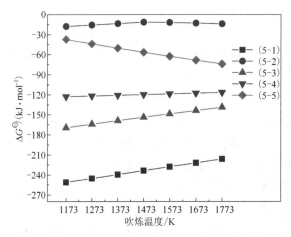

图 5-1　铜锍吹炼过程主要化合物标准反应吉布斯自由能

1523 K)时，Cu_2S 才发生造铜反应。反应式(5-1)标准反应吉布斯自由能随着 FeS 浓度降低而增大，Cu_2S 浓度随着 FeS 含量降低而升高。当 FeS 浓度降低至 0.002%时，反应式(5-4)和式(5-3)的吉布斯自由能接近，反应式(5-3)开始向右进行，继而发生造铜反应。为使 Cu_2S 持续氧化，应向体系内不断加入铜锍并鼓入充足的富氧空气，既可实现铜锍吹炼过程连续。连续吹炼时，还需保证炉渣为均一液相，即 Fe_3O_4 不析出为固相。[60]

　　实际生产中，铜锍连续吹炼有两种作业模式：一种是在熔炼工序深度脱 Fe、S，完成传统吹炼工序部分造渣任务，吹炼工序直接处理高品位铜锍，缩短了造渣期，使吹炼快速进入造铜期，从而实现铜锍连续吹炼；另一种是将传统吹炼过程加料-鼓风-放渣间断操作连续化，延续造锍熔炼操作模式，从而实现铜锍连续吹炼。本书研究对象底吹连续吹炼采用第一种作业模式，大型化富氧底吹铜熔炼生产高品位铜锍，通过溜槽输送至底吹炉进行连续吹炼，吹炼中间产物为高氧粗铜，紧接着鼓入还原剂，在同一炉内将高氧粗铜还原为阳极铜。因此连续吹炼实际分为氧化期和还原期，氧化期对应传统吹炼造渣期+造铜期+火法精炼氧化期，生产高氧粗铜，还原期将粗铜中氧脱除，对应传统火法精炼还原期，生产合格阳极铜。

5.2　连续吹炼氧化期反应机理

　　底吹连续吹炼氧化期，属于 $Cu-Fe-S-O-SiO_2$ 平衡体系。以表 2-3 和表 2-4 所示原料成分和工艺参数为基准条件，通过改变入炉铜锍品位(60.00%~80.00%)，研究连续吹炼氧化期平衡体系多相演变、物相组成、氧分压、硫分压等变化规律。

5.2.1　平衡铜相

维持总加料量 36.07 t/h、总鼓氧量 5666.80 Nm^3/h 不变，入炉铜锍品位从 60.00% 升高至 80.00%，对连续吹炼体系平衡相质量的影响如图 5-2 所示。连续吹炼过程，炉内铜锍(L_1)、铜相(高硫粗铜/高氧粗铜，L_2)、Cu_2O(L_3)、氧化渣和烟气多相共存，发生复杂演变。分别以铜锍相消失、Cu_2O 相析出和铜相中单质 Cu 质量最大值为分界点，连续吹炼氧化期可以分为四个阶段。

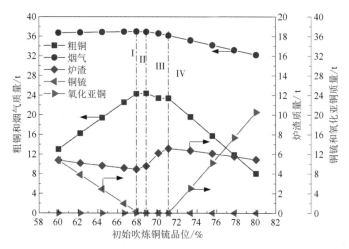

图 5-2　连续吹炼产物质量随入炉铜锍品位的变化

入炉铜锍品位小于 67.90% 为第 I 阶段，此时溶解 Cu_2S 达到饱和的高硫粗铜与铜锍、炉渣和烟气四相共存；随着入炉品位升高，铜锍相中 Cu_2S 转化为 Cu 和 SO_2 进入粗铜和烟气，使铜锍质量快速降低、粗铜质量显著增加；铜锍中 Fe 含量降低，使炉渣产量缓慢减少；由于入炉总 S 量减少，减弱了烟气产量上升趋势。铜锍品位 67.90% ~ 68.89% 时为第 II 阶段，铜锍相消失，高硫粗铜与烟气和炉渣三相共存；粗铜中溶解 Cu_2S 被氧化为 Cu 和 SO_2，入炉铜锍品位升高，体系 Cu 总量增加、S 总量减少，使粗铜产量缓慢升高、烟气产量缓慢降低；少量 Cu 被氧化为 Cu_2O 进入炉渣，使炉渣产量缓慢升高。铜锍品位 68.89% ~ 71.11% 为第 III 阶段，高氧粗铜与炉渣和气相三相共存；粗铜中 Cu 被氧化为 Cu_2O 损失于炉渣中，使粗铜产量降低、炉渣产量快速增加；体系中 S 总量降低，使烟气产量逐渐降低。当初始铜锍品位大于 71.11% 时，高氧粗铜中溶解的 Cu_2O 达到饱和，开始析出为 Cu_2O 相，此时吹炼进入第 IV 阶段，溶解 Cu_2O 达到饱和的高氧粗铜与 Cu_2O、炉渣和烟气四相共存;随着粗铜中 Cu 被氧化为 Cu_2O 相析出,粗铜质量迅速减少、Cu_2O 质量快速增加,入炉 Fe、S 总量降低,使烟气和炉渣产量逐渐减少。

入炉铜锍品位对粗铜中主要物相质量的影响如图 5-3 所示,铜相中以 Cu 单质为主,溶解部分 Cu_2S 和 Cu_2O。连续吹炼 I 阶段,随着铜锍品位升高,粗铜中单质 Cu 质量迅速升高,这是因为炉内铜锍相富裕,铜锍中 Cu_2S 发生造铜反应生成 Cu 进入粗铜,使粗铜产量迅速增加,粗铜中 Cu_2S 和 Cu_2O 溶解逐渐增加。II 阶段,铜锍相 L_1 消失,铜相 L_2 中溶解 Cu_2S 被逐渐氧化为 Cu 和少量 Cu_2O,L_2 中单质 Cu 质量增加趋势变缓、溶解 Cu_2S 明显减少、溶解 Cu_2O 缓慢升高。III 阶段,L_2 中溶解 Cu_2S 先生成 Cu,又继续被氧化为 Cu_2O,由于 Cu_2S 氧化速率低于 Cu_2O 生成速率,因此 L_2 溶解 Cu 单质和 Cu_2S 开始降低、Cu_2O 急剧升高。IV 阶段,L_2 中溶解 Cu_2S 被氧化殆尽,大量 Cu 单质被氧化为 Cu_2O 析出为 L_3,粗铜 L_2 质量迅速降低,对 Cu_2O 的溶解能力降低,使粗铜中溶解 Cu_2O 减少。

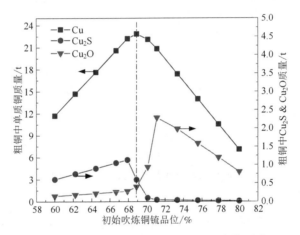

图 5-3　入炉铜锍品位对平衡铜相组成的影响

Cu-S-O 三元系中,存在 $CuSO_4$、$(CuO)SO_4$ 和 Cu_2SO_4 3 个三元化合物。但三元化合物不稳定,吹炼条件下容易分解。该体系中可能存在三种液相:溶解硫化物和氧化物的液态铜相、液态铜锍相和液态 Cu_2O 相。体系内主要由 SO_2 组成的气相存在,导致液态铜相、铜锍相和 Cu_2O 三液相不能共存。液态铜相可分别与铜锍相和 Cu_2O 相平衡,但铜锍相和 Cu_2O 被气相隔开。Shishin[40]等计算了 $T=$ 1523 K、$p=10^5$ Pa 条件下 Cu-S-O 平衡相图,本书计算结果与文献对比如图 5-4 所示。

由图 5-4 可知,液态铜相 L_2 可同时溶解 Cu_2S 和 Cu_2O,铜锍连续吹炼四个阶段对应三个相平衡区。第 I 阶段,铜锍相 L_1-铜相 L_2-气相 G 三相平衡,体系组成

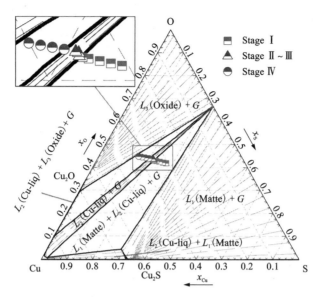

图 5-4　1523 K, $p=10^5$ Pa 条件下 Cu-O-S 三元相图

点位于 L_1+L_2+G 区域。Ⅱ、Ⅲ 阶段，铜锍相 L_1 消失，L_2 中溶解的 Cu_2S 逐渐转变为 Cu_2O，液态铜相 L_2-气相 G 两相平衡，吹炼体系处于狭窄的 L_2+G 区域。第Ⅳ阶段，铜相 L_2 中溶解的 Cu_2O 饱和，析出 Cu_2O 相 L_3，铜相 L_2-Cu_2O L_3-气相 G 三相平衡，铜锍连续吹炼体系进入 L_2+L_3+G 平衡区。计算的数据与文献中报道的数据吻合良好。

　　铜相中 Cu、Fe、S 元素含量随入炉铜锍品位变化如图 5-5 所示。第Ⅰ阶段，入炉铜锍中 Cu_2S 氧化生成 Cu，使粗铜中 Cu 含量逐渐增加；该阶段铜锍与铜相共存，铜相中溶解 Cu_2S 达到饱和，所以 S 质量分数随着铜锍品位增加保持 1.00% 不变；除此之外，铜相中溶解 Cu_2O，使其中含有微量 O。第Ⅱ阶段，铜锍相完全消失(图 5-2)，粗铜中溶解 Cu_2S 被氧化为 Cu 和 SO_2，使粗铜品位继续增加、S 含量迅速下降；此时 Cu_2O 生成增加，粗铜中 O 含量缓慢增加。连续吹炼Ⅲ阶段，铜相中溶解的 Cu_2S 被几乎完全氧化，S 质量分数降低至 0.03%，Cu 含量达到最大值 98.32%；由于粗铜中 Cu_2O 大量生成，O 含量急剧增加，粗铜品位在达到最大值后缓慢下降。第Ⅳ阶段，粗铜中溶解 Cu_2O 达到饱和，开始析出为 Cu_2O 相，铜含量缓慢下降，O 质量分数保持在 1.14%，粗铜中 S 含量较低。

　　典型铜锍连续吹炼铜相-铜锍-炉渣三相平衡体系，已在实验室内获得系统研究。图 5-6 总结了粗铜中 S、O 含量文献报道数据和模拟计算数据。如图 5-6(a)所示，入炉铜锍品位升高，使铜相中 S 含量因被其氧化消耗呈降低趋势。图 5-6(b)所示，部分文献实验研究表明，随着铜锍品位升高，粗铜中 O 含量先缓慢降低，

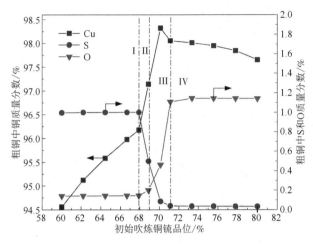

图 5-5　入炉铜锍品位对平衡铜相中元素含量的影响

当铜锍品位接近 80%，铜相中 Cu_2O 生成导致 O 含量急剧增加[135]。

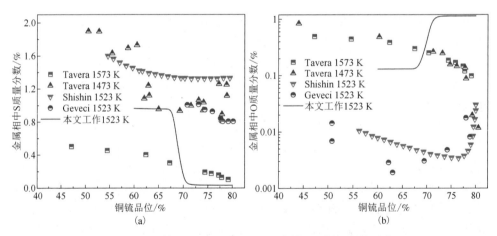

图 5-6　计算铜相 S 含量(a)和 O 含量(b)与文献值对比

本书模拟粗铜中 S 含量变化趋势与文献发表结果相同，但数据有一定偏差。而模拟粗铜中 O 含量变化趋势和数值均与文献中实验值有较大出入。主要由以下原因造成的：①文献中铜锍品位是实验体系平衡后测得的铜含量，在本研究中，铜锍品位是吹炼原料成分；②文献中金属相是 Cu-Fe 合金，Fe 含量较高且随着平衡铜锍品位升高而降低，易与 Fe 结合的 O 随之降低，本研究金属相是粗铜，Fe 主要以单质状态存在，几乎被脱除干净；③Shishin[44] 和 Geveci[135] 等实验体系对应铜锍吹炼造铜初期，此时体系内开始析出液态 Cu 相，Tavera[136]等在实验中加入液态金属，此时平衡体系内铜锍和液态金属充足，对应铜锍吹炼造铜中期，本研究Ⅰ、Ⅱ阶段对应传统铜锍吹炼造渣期至吹炼终点，Ⅲ、Ⅳ阶段对应传统火法精炼氧化期，因此 Tavera[136]实验数据包含在本书计算结果中。

CuS-Cu-CuO 三元相图可准确描述铜锍连续吹炼过程，多相演变、元素含量和平衡体系氛围变化趋势。在实际生产条件下针对底吹连续吹炼工艺开展了热力学模拟，模拟结果绘制成 CuS-Cu-CuO 系相图[40, 137]，如图 5-7 所示。结果表明，铜锍连续吹炼Ⅰ阶段，L_1(Matte)与 L_2(Cu-Liq)共存，Cu_2S 在 L_2 中溶解饱和，最大 S 摩尔分数为 0.024(约 1%)。连续吹炼Ⅱ和Ⅲ阶段是 L_2 单相区，含 S 粗铜逐渐演变为含 O 粗铜。直到连续吹炼进入Ⅳ阶段，粗铜中最高溶解 O 摩尔分数 0.10(约 1%)，L_3(Oxide)开始相析出。

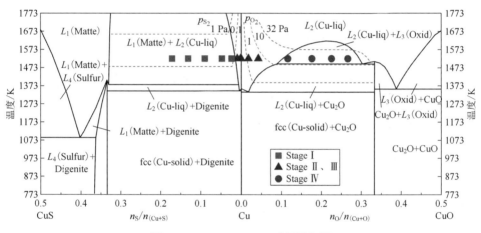

图 5-7　CuS-Cu-CuO 系相平衡图

5.2.2　平衡铜锍相

入炉铜锍品位变化对平衡铜锍质量和铜锍中组分质量的影响，如图 5-8 所示。随着铜锍品位升高，入炉 Fe、S 等耗氧元素质量减少，体系内氧气量充足，可将入炉铜锍完全氧化。因此，平衡铜锍质量随着入炉铜锍品位增加而持续下降，直至消失。平衡铜锍相作为一个过渡相，只存在于连续吹炼阶段Ⅰ。当铜锍品位超过 67.90% 时，连续吹炼进入阶段Ⅱ、Ⅲ和Ⅳ，平衡体系中几乎不存在铜锍相。铜锍主要由 Cu_2S 组成，其中溶解少量 Cu 单质，几乎不含 FeS。随着入炉铜锍品位升高，铜锍质量随着 Cu_2S 发生造铜反应生成粗铜而逐渐降低，使其对 Cu 单质的溶解量逐渐减少。

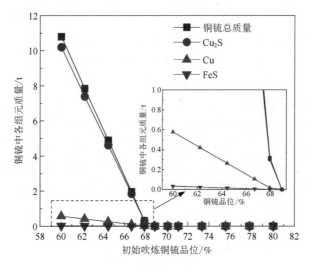

图 5-8 入炉铜锍品位变化对平衡铜锍相组成的影响

模拟铜锍中 Cu、Fe、S 元素含量，如图 5-9 所示，平衡相为白铜锍，几乎不含 Fe。Cu 在铜锍相溶解达到饱和，因此白铜锍中 Cu 含量大于理论铜锍组成，为 81.20%。铜锍被氧化生成粗铜过程中，平衡白铜锍元素组成保持不变。

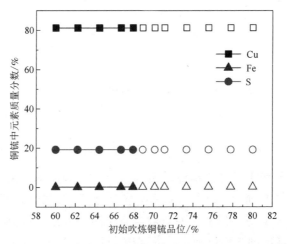

图 5-9 入炉铜锍品位变化对平衡铜锍相元素含量的影响

5.2.3　平衡气相

底吹连续吹炼过程中，入炉铜锍中 Fe、S 和部分杂质元素被氧化造渣或气相挥发，体系内平衡氧分压 p_{O_2}、硫分压 p_{S_2} 和二氧化硫分压 p_{SO_2} 也随之变化。图 5-10 展示了入炉铜锍品位变化对平衡气相组成的影响。连续吹炼 I 阶段铜锍相存在且充足时，随着铜锍中 Cu_2S 氧化为 Cu 和 SO_2，气相中 p_{SO_2} 约为 $0.22×10^5$ Pa，呈缓慢上升趋势，体系 p_{O_2} 和 p_{S_2} 基本保持不变，分别维持在 $10^{-1.90}$ Pa 和 $10^{-0.90}$ Pa。连续吹炼 II、III 阶段，粗铜中溶解 Cu_2S 逐渐被氧化耗尽，气相 SO_2 和 S_2 分压迅速下降，p_{O_2} 则逐渐增加。第 IV 阶段，氧分压基本维持在 $10^{0.96}$ Pa，硫分压随着 SO_2 浓度降低而缓慢下降[72]。

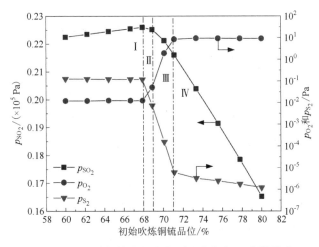

图 5-10　入炉铜锍品位变化对平衡气相组成的影响

Yazawa[138] 使用 $Cu-Fe-S-O-SiO_2$ 优势区图详细讨论了铜冶炼基本热力学，该图也可用于研究铜锍连续吹炼过程中元素含量的变化、物相演变和平衡气相组成。吹炼温度 $T = 1523$ K，平衡体系优势区图绘于图 5-11。

如图 5-11 所示，铜锍连续吹炼 I 阶段，随着入炉铜锍品位升高，体系平衡点几乎重合在铜相含 S 质量分数约 1% 的等浓度线上。此时，铜锍相 L_1 逐渐被消耗，铜相 L_2 中溶解 Cu_2S 达到饱和，p_{O_2} 和 p_{S_2} 基本维持不变。直至 L_1 消失，连续吹炼进入 II、III 阶段，铜相中溶解的 Cu_2S 逐渐演变为 Cu_2O，使 S 含量迅速降低、O 含量快速升高，体系内氧分压增加，硫分压降低。当粗铜中溶解 O 质量分数达到 1.14% 时，粗铜中溶解的 Cu_2O 饱和，Cu_2O 相 L_3 开始析出，平衡体系点在粗铜含 O 质量分数约 1% 的等浓度线上。连续吹炼第 IV 阶段，氧分压 p_{O_2} 保持在 $10^{0.96}$ Pa，

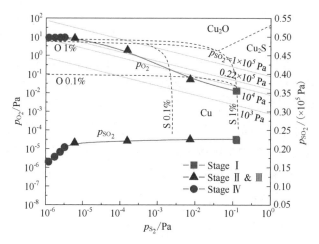

图 5-11　1523 K Cu–Fe–S–O–SiO$_2$ 优势区图

随着 p_{SO_2} 降低，平衡点沿着等 O 浓度线向左平移，使平衡硫分压 p_{S_2} 缓慢降低。

连续吹炼 I 阶段，体系二氧化硫分压 $p_{SO_2}=0.22\times10^5$ Pa 时，理论平衡氧分压 p_{O_2} 为 $10^{-1.00}$ Pa，较本书模拟结果 $10^{-1.90}$ Pa 高。这是因为优势区图在假设 SiO$_2$ 饱和条件下绘制的，而模拟计算基于实际生产条件，此时平衡体系内 SiO$_2$ 含量远未达到饱和。根据公式（5-6），平衡体系中 SiO$_2$ 活度增加，将导致 p_{O_2} 分压增加。

$$2Fe_3O_4(s)+3SiO_2 = 3[2FeO \cdot SiO_2(l)]+O_2(g) \qquad (5-6)$$

铜锍连续吹炼 III、IV 阶段，随着入炉铜锍品位增加，入炉 Fe 总量降低，氧化渣中 Fe 含量降低。在 SiO$_2$ 添加量不变的情况下，渣中 SiO$_2$ 浓度逐渐增加并接近饱和。因此，III、IV 阶段 p_{O_2} 模拟结果与理论结果比较吻合。

5.2.4　平衡渣相

炉渣是铜锍吹炼重要产物，吹炼渣成分和产量不仅影响杂质脱除效率，且对有价金属回收具有重要意义。铜火法冶炼过程中，炉渣中 Cu 含量是评价生产过程优劣重要指标。

Hidayat[139, 140] 等和 Kim[141] 等在石英坩埚中研究了粗铜–炉渣相平衡，明确了炉渣中 Cu 含量与平衡氧分压之间的关系。本书模拟数据与文献发表数据绘制在图 5-12 中。

如图 5-12 所示，炉渣中 Cu 含量随着氧分压 p_{O_2} 升高而迅速增加。连续吹炼 I 阶段，模拟渣含 Cu 高于实验值，这是因为实验值在 SiO$_2$ 饱和条件下获得的，平衡 p_{O_2} 较模拟结果高，即渣含铜相同时，实验平衡 p_{O_2} 更高。连续吹炼 II、III 阶

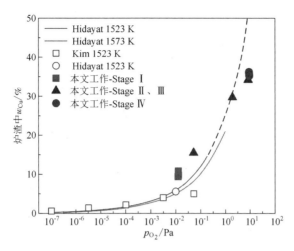

图 5-12 连续吹炼渣含铜随体系 p_{O_2} 的变化趋势

段模拟条件与实验条件相似,平衡体系仅有金属铜 L_2,不存在铜锍相 L_1 和 Cu_2O 相 L_3,此时模拟炉渣中铜含量与文献中实验结果基本吻合。吹炼 IV 阶段,模拟结果比实验外推值略小,这是因为模拟过程中 Cu_2O 相析出,超出了文献中实验条件。

吹炼渣中铜损失量和损失形式受入炉铜锍品位的影响,如图 5-13 所示。连续吹炼 I 阶段,炉渣中 Cu 含量随着入炉铜锍品位升高缓慢增加至 9.81%。II、III 阶段,体系内氧分压迅速升高,使 Cu 被大量氧化入渣,渣中铜损失迅速增加到不可接受的程度。IV 阶段,体系内氧分压维持不变,渣中铜含量基本维持不变,约为 36%。与造锍熔炼过程铜损失类似,连续吹炼渣中铜损失形式包括机械夹带和溶解。造锍熔炼铜损失主要是因为炉渣与铜锍分离不彻底,导致铜锍在炉渣中机械夹带损失。铜锍连续吹炼过程中,炉渣与金属相平衡,炉渣中机械夹带 Cu 损失比造锍熔炼高。但真正造成铜锍连续吹炼过程中渣含铜高的主要原因,是连续吹炼高氧分压使 Cu_2O 大量溶解在炉渣中。

Swinbourne[89] 等研究了一步直接炼铜过程,渣中铜损失与粗铜含硫量的关系,与本书研究结果对比如图 5-13(a)所示。证明了铜在炉渣中损失,除了溶解损失外,还有机械夹杂损失。渣含铜随着粗铜中 S 含量降低逐渐升高,在 S 含量较低时,上述趋势更加明显。本书模拟结果与文献数据变化趋势相同,但由于渣中溶解损失随温度升高而增加[44],因此模拟渣含铜($T = 1523$ K)较文献数据($T = 1573$ K)低。

炉渣中铜含量随入炉铜锍品位变化如图 5-13(b)所示。炉渣中铜含量主要

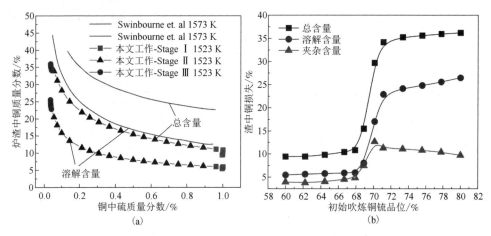

图 5-13　铜在底吹连续吹炼渣中损失形式

受平衡氧分压、吹炼温度、粗铜和炉渣产量影响，吹炼体系氧分压和硫分压在第 I 阶段基本保持不变，炉渣中铜含量变化不大，粗铜产量快速增加导致其在渣中夹杂损失略微增加。连续吹炼阶段 II、III 中，随着氧分压迅速升高，Cu 被氧化为 Cu_2O 溶解在渣中。此外，氧分压升高导致炉渣黏度增加，炉渣中铜机械夹杂损失升高。IV 阶段，氧分压缓慢增加，使吹炼渣中溶解铜损失缓慢增加，粗铜和炉渣产量减少，使炉渣中铜机械夹杂损失降低。

　　炉渣中 m_{Fe}/m_{SiO_2} 对炉渣性质有着至关重要的影响。Hidayat[139, 140] 等分别测定了维氏体(wüstite)饱和炉渣、尖晶石(Fe_3O_4)饱和炉渣体系，平衡氧分压与 m_{Fe}/m_{SiO_2} 关系。将实际生产条件下模拟结果和文献报道数据绘制于图 5-14 中。饱和维氏体炉渣与液态金属平衡时，随着氧分压 p_{O_2} 升高，炉渣 m_{Fe}/m_{SiO_2} 逐渐降

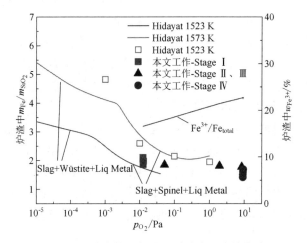

图 5-14　平衡体系氧分压对炉渣组成的影响

低。两种炉渣饱和体系之间，有一个过渡点。饱和尖晶石炉渣与液态铜相平衡时，m_{Fe}/m_{SiO_2} 在快速下降后变化趋于平缓。模拟结果表明，铜锍连续吹炼炉渣中尖晶石已经接近饱和。

5.3　连续吹炼还原期机理

富氧底吹连续吹炼氧化期生产含氧量约 0.5% 的高氧粗铜，需要经还原期降低粗铜中 O 含量，才能获得合格的阳极铜。研究了残渣率（0～50%）和天然气鼓入速率（210.09 Nm³/h～390.09 Nm³/h），对还原期主金属元素、伴生元素多相分配行为和体系氧分压、硫分压的影响。

5.3.1　主金属热力学行为

研究了还原期残渣率和天然气鼓入速率，对 Cu、Fe、S、O 等主金属热力学行为的影响。

（1）氧化期残渣率的影响

如前文所述，富氧底吹连续吹炼炉尺寸较大、炉内渣层较薄，为了避免放渣时将铜放入渣包，氧化期难以将炉渣完全排放干净，导致还原阶段，炉内仍有少量残渣。维持天然气鼓入速率 310.00 Nm³/h，研究残留渣率（0～50%）对连续吹炼产物的影响如图 5-15 所示。氧化期残渣率对还原产物阳极铜和气相质量影响较小，两相质量分别维持约 23 t 和 2 t。氧化残渣是还原期炉渣主要组成部分，当残渣率为 0% 时，还原阶段几乎没有炉渣，这是由于粗铜中铁含量较低，且还原阶段不添加入熔剂。随着残渣率提高，还原渣产量迅速增加。

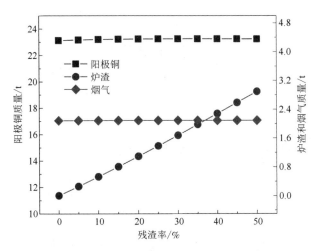

图 5-15　残渣率对还原产物质量的影响

残渣率对阳极铜中元素含量影响如图 5-16 所示。随着残渣率升高，阳极铜中 Cu 含量逐渐降低至 98.47%，O 含量从 0.26% 逐渐升高至 0.37%，其他元素含量呈下降趋势，变化不明显。这是因为残留炉渣中含 Cu_2O、FeO、PbO、ZnO 等氧化物，在还原期被天然气还原为金属单质进入阳极铜中。另一方面，残留炉渣量增加，使渣中氧化物在阳极铜中溶解和夹杂量增加，降低了阳极铜品位。

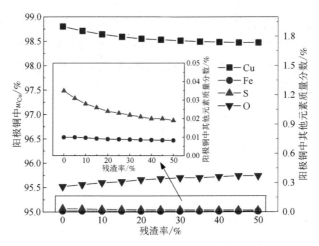

图 5-16 残渣率对阳极铜元素含量的影响

还原渣成分随残渣率变化如图 5-17 所示。随着残渣率升高，还原渣量增加，阳极铜在炉渣中机械夹杂损失增加，渣含 Cu 从 30.40% 逐渐增加至 33.83%。阳极铜中 Cu 进入炉渣，"稀释"了炉渣中其他元素浓度，使 Fe、S、O 含量逐渐降低。

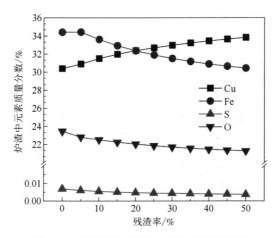

图 5-17 残渣率对炉渣中元素含量的影响

氧化渣残留率对还原体系氧分压、硫分压和二氧化硫分压影响如图 5-18 所示。残渣主要由氧化物构成，随着氧化渣残留率增加，体系内氧化物总量增加，氧分压 p_{O_2} 从 $10^{-0.75}$ Pa 缓慢升高至 $10^{-0.03}$ Pa。粗铜和炉渣中含 S 化合物被氧化为 SO_2 进入烟气，使二氧化硫分压 p_{SO_2} 从 $10^{2.48}$ Pa 增加至 $10^{2.67}$ Pa。还原温度不变条件下，体系内平衡硫分压缓慢升高。

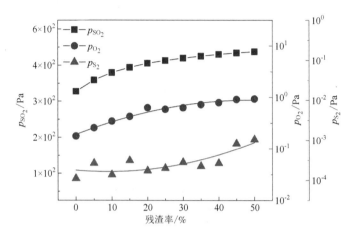

图 5-18　残渣率对平衡氧分压和硫分压的影响

（2）天然气鼓入速率的影响

维持 25% 残渣率，研究了天然气鼓入速率（210.09~390.09 Nm³/h）对还原产物质量的影响，如图 5-19。随着还原剂量增加，还原期炉渣产量从 2.03 t 逐渐减少至 1.03 t，烟气和阳极铜质量缓慢增加。这是因为天然气将炉渣中 Cu_2O 还原成 Cu 进入阳极铜，弥补了阳极铜脱 O 造成的质量下降。还原期过程生成 $H_2O(g)$ 和 $CO_2(g)$ 进入气相，使气相质量增加。

图 5-20 展示了天然气鼓入速率对阳极铜中元素含量的影响。天然气可显著降低阳极铜中 O 含量（至 0.057%），但深度脱氧使阳极铜中 S、Fe 含量缓慢增加。同时，还原剂添加过量，会将炉渣中 PbO、ZnO 还原成 Pb 和 Zn 进入阳极铜，反而降低了阳极铜品位，不利于后续的电解工艺。

还原剂加入量对炉渣成分影响如图 5-21 所示。Cu 对 O 的亲和力小于 Fe，因此随着还原剂鼓入速率增加，Cu_2O 优先被还原为 Cu 进入阳极铜，使渣中 Cu 含量降低。另一方面，还原渣产量降低，阳极铜在炉渣中机械夹杂损失减少，使还原渣含铜显著降低。炉渣中大量 Cu 被还原，使渣中其他组分被富集，因此 Fe、O 含量反而升高。

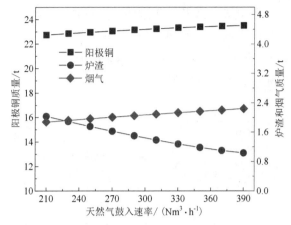

图 5-19   天然气鼓入速率对还原产物质量的影响

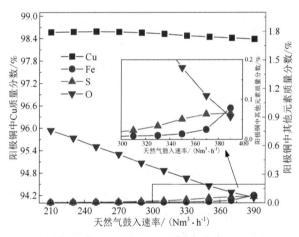

图 5-20   天然气鼓入速率对阳极铜元素含量的影响

如图 5-22 所示，随着还原剂鼓入速率增加，平衡体系中氧化物被逐渐还原为金属单质，平衡氧分压 p_{O_2} 明显下降、硫分压 p_{S_2} 逐渐增加。还原产生 H_2O 和 CO_2 等气体进入烟气中，使 SO_2 浓度逐渐降低。阳极铜 O 含量过低，不利于杂质脱除，因此有必要控制还原阶段合理脱氧深度。氧化残渣不仅增加还原剂消耗，渣中杂质元素也会被还原到阳极铜中，不利于提高阳极铜品质。因此，在实际生产中应尽量将氧化渣放出，避免氧化渣残留至还原期。

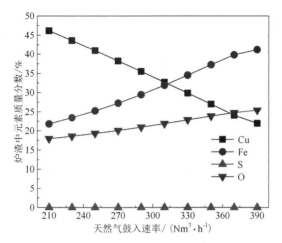

图 5-21　天然气鼓入速率对炉渣中元素含量的影响

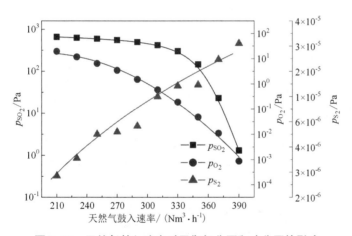

图 5-22　天然气鼓入速率对平衡氧分压和硫分压的影响

5.3.2　伴生元素热力学行为

富氧底吹连续吹炼部分杂质在氧化期被氧化造渣脱除，还原阶段残留氧化渣中杂质氧化物可被还原为单质进入阳极铜，使阳极铜中杂质含量升高。本书研究了残渣率和天然气鼓入速率，对还原阶段伴生杂质元素多相分配行为的影响。

（1）残渣率的影响

残渣率对阳极铜中 Pb、Zn、As、Sb、Bi 杂质元素含量的影响，如图 5-23 所示。随着残渣率升高，阳极铜中 Pb 含量从 0.55% 迅速升高到 0.77%，Zn 含量先缓慢升高至 0.12%，又逐渐降低至 0.11%，其他元素含量基本保持不变。进入阳极铜中的杂质来源于残留氧化渣，渣中 Pb、Zn 含量较高、其他元素含量较低，铅、锌氧化物被天然气还原为金属单质进入阳极铜，增加了铜中杂质元素含量。残渣中 Pb、Zn 总量随着残渣率升高而增加，天然气鼓入速率一定时，随着残渣率升高，天然气不足以将全部氧化物还原，因此阳极铜中杂质元素含量升高趋势变缓。ZnO 稳定性大于 PbO，当天然气不足时，渣中 PbO 优先与天然气反应生成 Pb，而 ZnO 还原量减少，使阳极铜中 Zn 含量达到最大值后缓慢降低。

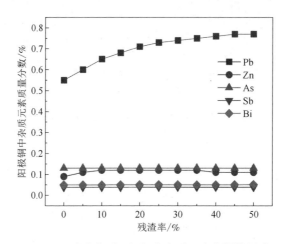

图 5-23　残渣率对阳极铜中杂质元素含量的影响

还原炉渣中伴生杂质元素含量随残渣率升高的变化趋势如图 5-24 所示。富氧底吹连续吹炼氧化期 Pb、Zn 杂质造渣脱除效果较好，As、Sb、Bi 等杂质造渣脱

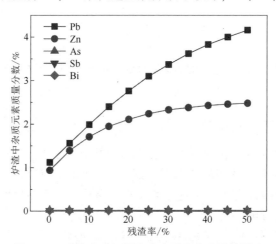

图 5-24　残渣率对还原渣中杂质元素含量的影响

除率低,炉渣中 Pb、Zn 含量较高,As、Sb、Bi 元素含量相对较低。天然气鼓入速率一定,当残渣率较低时,还原剂可将渣中杂质氧化物还原至较低的浓度,随着残渣率升高,还原剂不足,炉渣中剩余杂质越来越多,因此炉渣中 Pb、Zn、As、Sb、Bi 含量逐渐升高。其中,Pb 含量变化最大、Zn 含量次之,其他杂质元素含量变化不明显。

进一步研究了残渣率对 Pb、Zn 化合物演变规律的影响,绘于图 5-25、图 5-26。Pb、Zn 主要以单质[Pb]me、[Zn]me 溶解于阳极铜中,以<PbO>sl、<ZnO>sl 溶于炉渣中,以(PbO)g、(PbS)g、(Zn)g、(ZnS)g 挥发进入烟气。此外,阳极铜和炉渣相互夹杂,使少量<Pb>sl 在炉渣中机械夹杂、[PbO]me 在铜相中机械夹杂。

如图 5-25 所示,随着残渣率升高,进入体系的 Pb 总量升高。炉渣中部分 PbO 被还原为 Pb 进入阳极铜,使铜相中[Pb]me 质量增加至 178.44 kg。由于天然气鼓入速率不变,当残渣率较高时,天然气被完全消耗,铜相中[Pb]me 质量上升趋势变缓,大量<PbO>sl 仍留在渣中,形成还原渣。

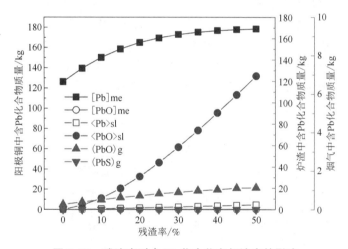

图 5-25　残渣率对含 Pb 化合物多相演变的影响

如图 5-26 所示,残渣率对含 Zn 化合物多相演变的影响与含 Pb 化合物有所不同。随着残渣率升高,粗铜和烟气中[Zn]me、(Zn)g 质量先缓慢升高,分别达到最大值 28.10 kg、0.34 kg 后逐渐降低。这是由于铅锌氧化物性质差异导致的,ZnO 化学性质较 PbO 稳定,当残渣率较低时,还原体系内氧化物较少,还原剂相对充足,<PbO>sl 和<ZnO>sl 可同时被还原为[Pb]me、[Zn]me 进入铜相。当残渣率较高时,还原剂不足,<PbO>sl 优先被还原,<ZnO>sl 因无法被还原为单质,使铜相中[Zn]me 质量逐渐降低。

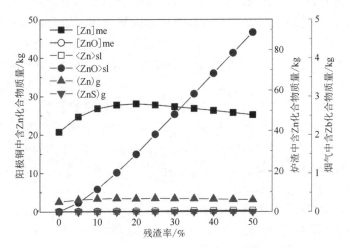

图 5-26 残渣率对含 Zn 化合物多相演变的影响

(2)天然气鼓入速率的影响

天然气鼓入速率对粗铜中杂质元素含量的影响如图 5-27 所示。随着还原剂增加，阳极铜中杂质元素 Pb、Zn 含量明显升高，而 As、Sb、Bi 含量变化幅度较小。这是因为炉渣中 Pb、Zn 含量较高，其他杂质元素含量相对较低。当天然气鼓入速率大于 350 Nm³/h 时，炉渣中铅锌几乎全部被还原，因此粗铜中 Pb、Zn 含量升高趋势变缓。

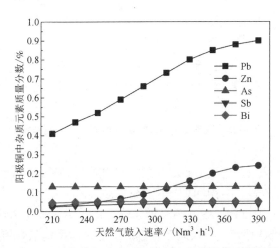

图 5-27 天然气鼓入速率对阳极铜中杂质元素含量的影响

天然气鼓入速率增大对渣中杂质元素含量的影响，如图 5-28 所示。随着炉渣中大量 PbO 被还原，渣中 Pb 含量从 5.80% 逐渐降低至 0.26%。当天然气鼓入速率较低时，炉渣中 Cu_2O、PbO 被优先还原，使渣中 Zn 被"浓缩"，Zn 含量先缓慢升高至 2.74%；当天然气鼓入速率较高时，ZnO 被大量还原，使炉渣中 Zn 含量迅速降低到 0.15%。As、Sb、Bi 杂质元素含量分别降低至 0.025%、0.078%、0.0010%，变化幅度较小。

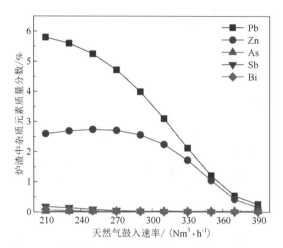

图 5-28　天然气鼓入速率对炉渣中杂质元素含量的影响

如图 5-29 所示，随着还原剂鼓入速率增大，炉渣和烟气中<PbO>sl、(PbO)g 几乎全部被还原为[Pb]me。炉渣中<PbO>sl 从 125.10 kg 降低至 0.92 kg，烟气中(PbO)g 从 1.45 kg 降低至 0.025 kg，粗铜中[Pb]me 质量升高至 210.50 kg。

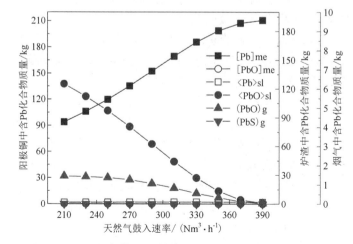

图 5-29　天然气鼓入速率对含 Pb 化合物多相演变的影响

如图 5-30 所示，还原剂对阳极铜和炉渣含 Zn 化合物多相演变的影响，与含 Pb 化合物类似。由于还原剂充足，炉渣中 ZnO 几乎与 Cu_2O、PbO 同时被还原。炉渣中 <ZnO>sl 质量从 65.0 kg 降低至 1.24 kg，还原生成的 Zn 进入阳极铜或烟气，[Zn]me、[Zn]g 分别升高至 56.96 kg、0.82 kg。

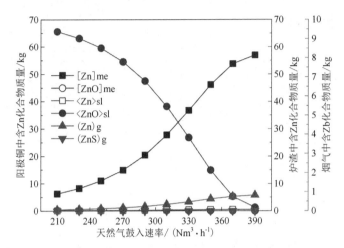

图 5-30 天然气鼓入速率对含 Zn 化合物多相演变的影响

5.4 本章小结

在实际生产条件下，开展了富氧底吹铜锍连续吹炼热力学模拟，明晰了铜锍连续吹炼氧化期和还原期多相演变规律、元素多相分配规律和体系平衡氧分压、硫分压变化规律，揭示了铜锍连续吹炼机理。

(1)研究了富氧底吹铜锍连续吹炼热力学，明晰了连续吹炼过程分为氧化期和还原期，氧化期对应传统铜锍吹炼造渣期、造铜期以及火法精炼氧化期，生产高氧粗铜，还原期对应火法精炼还原期，生产阳极铜。

(2)铜锍连续吹炼氧化期，炉内铜锍、铜、Cu_2O、炉渣和烟气多相共存，以铜锍相消失、Cu_2O 相析出和铜相溶解金属 Cu 质量最大值为节点，氧化期可细分为四个阶段：Ⅰ阶段，铜锍、高硫粗铜、炉渣和烟气四相共存，铜相溶解 Cu_2S 达到饱和(w_S 约 1%)，体系氧分压 p_{O_2} 维持约 $10^{-1.90}$ Pa；Ⅱ~Ⅲ阶段，铜与炉渣和烟气三相共存，铜相中溶解的 Cu_2S 转变为 Cu_2O，体系氧分压迅速升高、硫分压迅速降低，伴随着铜在渣中大量损失；Ⅳ阶段，铜、Cu_2O、炉渣和烟气四相共存，铜相中溶解 Cu_2O 达到饱和(w_O 约 1%)，氧分压 p_{O_2} 约维持在 9 Pa。

(3)铜锍连续吹炼还原期主要任务是脱氧，杂质脱除效果较差。影响还原期阳极铜指标的主要因素有残渣率和天然气鼓入速率，随着残渣率和天然气鼓入速率增加，炉渣中 PbO、ZnO 被还原为 Pb、Zn，进入阳极铜，降低了阳极铜品质。增加残渣率，使平衡体系中氧分压和硫分压升高，还原渣中 Cu 机械夹杂损失增加；提高还原剂鼓入速率，体系氧分压降低、硫分压升高，炉渣中 Cu_2O 被还原为 Cu 进入阳极铜。

第6章 底吹铜锍连续吹炼过程元素定向分离富集

大型化富氧底吹铜熔炼已将大部分杂质元素氧化造渣或气相挥发脱除,铜锍中除富集有价金属 Cu、Au、Ag 外,仍残留部分 Fe、S 和少量伴生杂质元素。铜锍连续吹炼体系内平衡物相和氧分压、硫分压发生复杂变化,如何高效富集有价金属,同时将伴生杂质元素强化脱除,亟须深入开展理论研究,形成强化调控措施。第 5 章研究结果表明,杂质元素主要在底吹连续吹炼氧化期脱除,还原期任务为脱氧,因此本章主要针对氧化期伴生元素热力学行为开展研究。

以表 2-3 和表 2-4 所列原料成分和工艺参数为基准,研究了原料成分(Cu、Fe、S 等)和工艺参数(富氧浓度、氧矿比、吹炼温度)波动,对伴生元素多相分配行为影响。本章元素百分含量是指质量分数(%),富氧浓度是指体积分数(%)。

6.1 贵金属元素定向富集

富氧底吹铜熔炼通过造锍捕金,铜锍中贵金属含量较高。吹炼过程贵金属 Au、Ag 多相分配规律不明、定向富集优化调控措施缺乏,容易造成贵金属在渣中损失。本节明晰了贵金属在渣中损失形式,开展了贵金属多相分配热力学模拟,研究了原料成分和工艺参数波动对贵金属多相分配规律的影响。

6.1.1 贵金属损失形式

Denis Shishin[142]等采用平衡实验和热力学模拟相结合的方法,研究了 Cu-Fe-S-O-Si 体系,贵金属 Au、Ag 在金属、铜锍、炉渣中的分配行为,计算了 Au、Ag 在炉渣和铜相之间的分配系数 $L_{Me}^{sl/me}$,揭示了平衡氧分压对贵金属多相分配行为影响规律,如图 6-1 所示。

贵金属主要富集在铜相中,随着平衡氧分压升高,贵金属 Au、Ag 在炉渣中溶解损失增加,且 Ag 在渣中损失量高于 Au。贵金属在炉渣和金属铜中分配系数定义为:

$$L_{Me}^{sl/me} = \frac{(t_{Me})_{slag}}{[t_{Me}]_{metal}} \tag{6-1}$$

式中,Me = Au、Ag,$(t_{Me})_{slag}$、$[t_{Me}]_{metal}$ 分别表示炉渣、铜相中贵金属质量分数。

国内某底吹铜冶炼企业,生产阳极铜中贵金属 Au、Ag 含量分别为 5.49 ~

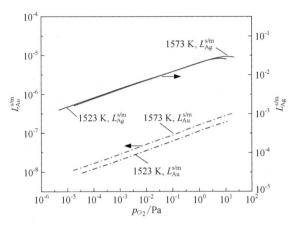

图 6-1　贵金属在炉渣和铜相之间分配系数与平衡氧分压的关系[142]

12. 15 g/t、470. 97 ~ 1069. 86 g/t，吹炼温度约为 1523 K、平衡氧分压 p_{O_2} 约为 $10^{1.50}$ Pa，根据图 6-1 拟合公式，计算 Au、Ag 分配系数 $L_{Au}^{sl/me} = 10^{-6.82}$、$L_{Ag}^{sl/me} = 10^{-1.58}$。贵金属在炉渣中理论含量和实际分析化验含量列于表 6-1。

表 6-1　连续吹炼铜相和炉渣相中贵金属含量　　　　　　　　　g/t

贵金属元素	铜　相	理论吹炼渣	实际吹炼渣
Au	5. 49 ~ 12. 15	$8. 24×10^{-7} ~ 1. 82×10^{-6}$	0. 8 ~ 1. 73
Ag	470. 97 ~ 1069. 86	0. 015 ~ 0. 034	80. 74 ~ 185. 22

　　由表 6-1 可知，根据贵金属多相分配系数 $L_{Ag}^{sl/me}$ 计算的理论结果，应为炉渣中溶解贵金属含量，除此之外，实际生产中有大量贵金属随着铜在炉渣中机械夹杂损失，导致渣中实际贵金属含量远大于理论平衡值。

　　本书基于文献理论研究结果和实际生产情况，在连续吹炼多相平衡模型中，对贵金属多相分配行为进行机械夹杂修正。利用修正后模型，计算了 Au、Ag 在铜相中含量，分别为 6. 12 g/t、577. 68 g/t；炉渣中含量分别为 0. 81 g/t、90. 17 g/t，与实际结果吻合良好，证明该模型可用于计算底吹连续吹炼过程中贵金属分配行为。

6.1.2　原料成分对贵金属富集的影响

　　探究了原料成分(Cu、Fe、S)波动，对富氧底吹铜锍连续吹炼贵金属多相分配行为的影响。

（1）铜锍品位变化的影响

入炉铜锍品位由 60.00% 增加至 80.00%，其他元素含量相应降低，维持总加料量和其他基准工艺参数不变，研究了入炉铜锍品位对贵金属多相分配行为的影响，如图 6-2 所示。随着入炉铜锍品位升高，铜锍中贵金属 Au、Ag 总量分别降低至 102.99 g、9782.52 g。连续吹炼粗铜产量先增加后减少（图 5-2），导致粗铜中 Au、Ag 浓度先分别降低至 5.95 g/t、560.87 g/t，再逐渐升高至 12.03 g/t、1121.29 g/t；富集 Au、Ag 的粗铜在渣中损失，使渣中贵金属含量先降低再升高。在 Ⅲ 阶段结尾，体系氧分压迅速升高至 8.14 Pa，粗铜在炉渣中机械夹杂损失增加，使渣中 Au、Ag 含量快速升高。进入 Ⅳ 阶段，粗铜和炉渣产量分别降低至 8.02 t、5.44 t，虽然粗铜在渣中机械悬浮损失总量减少，但炉渣产量降低，使渣中 Au、Ag 浓度呈上升趋势。

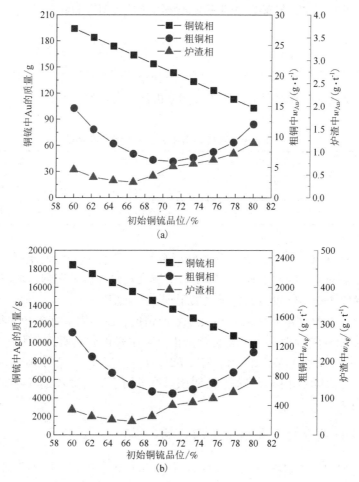

图 6-2 铜锍品位变化对 Au(a)、Ag(b)多相含量的影响

　　入炉铜锍品位对贵金属在渣中损失形式的影响如图 6-3 所示。贵金属在渣中主要损失形式为机械悬浮损失，另外还有少量溶解损失。连续吹炼 I 阶段，炉渣中溶解 Au、Ag 分别降低至 2.83×10^{-7} g/t、5.23 g/t，随着粗铜中 Au、Ag 浓度逐渐降低，因机械夹带损失于炉渣中的 Au、Ag 含量分别缓慢降低至 0.34 g/t、31.90 g/t。连续吹炼 II、III 阶段，随着入炉铜锍品位升高，吹炼氧分压升高至 8.14 Pa，粗铜与炉渣分离困难，贵金属悬浮损失升高；如图 6-1 所示，贵金属分配系数随着氧分压升高而增加，使贵金属在渣中溶解损失升高。IV 阶段，粗铜贵金属含量升高，根据公式（6-1），渣中溶解 Au、Ag 分别升高至 2.49×10^{-6} g/t、40.59 g/t，机械夹杂 Au、Ag 分别升高至 1.20 g/t、104.65 g/t。吹炼渣产量降低，使炉渣中贵金属含量上升趋势明显。

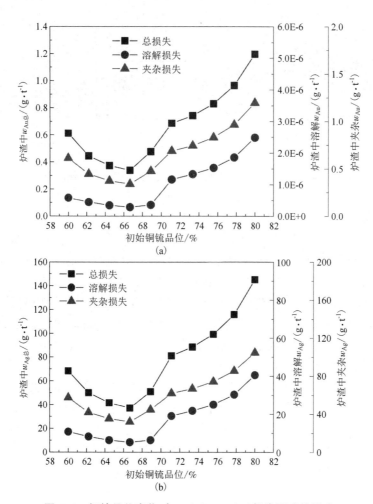

图 6-3　铜锍品位变化对 Au(a)、Ag(b) 损失形式的影响

入炉铜锍品位对贵金属 Au、Ag 多相分配比例的影响，如图 6-4 所示。连续吹炼过程中，Au、Ag 主要富集在粗铜中，少量损失于炉渣中。随着入炉铜锍品位升高，当体系内存在平衡铜锍相存在时，Au、Ag 在粗铜中分配比例缓慢升高至 99.05%、98.90%，变化较小。当平衡铜锍相消失时，吹炼体系氧分压随着入炉铜锍品位升高而增加，使贵金属在渣中溶解损失增加。同时，吹炼体系过氧化，炉渣性质恶化，富集贵金属的粗铜在渣中损失，使粗铜中 Au、Ag 分配比例降低至 93.68%、91.92%，在渣中分配比例增加至 6.32%、8.07%。

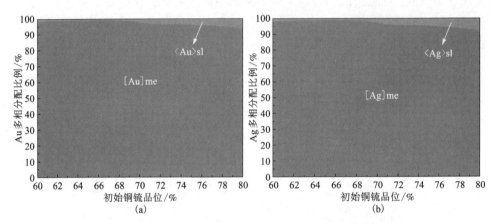

图 6-4　铜锍品位变化对 Au(a)、Ag(b) 多相分配比例的影响

(2) 铜锍中 Fe 含量变化的影响

入炉铜锍中 Fe 含量从 1.98% 升高至 17.98%，其他元素含量相应减少，维持总加料量和其他基准工艺参数不变，入炉物料 Fe 含量对贵金属多相含量的影响如图 6-5 所示。随着 Fe 含量升高，入炉铜锍中 Au、Ag 总量分别降低至 128.71 kg、12224.80 kg，入炉物料 Cu 总量随着 Fe 含量升高而降低，使粗铜产量缓慢降低至 21.12 t，但入炉贵金属总量降低速度更快，粗铜中 Au、Ag 含量降低至 5.85 g/t、553.66 g/t。入炉铜锍中 Fe 被氧化成炉渣，使炉渣产量升高至 10.66 t，炉渣中 Au、Ag 含量降低至 0.48 g/t、49.76 g/t。

入炉铜锍中 Fe 含量对贵金属损失形式的影响，绘于图 6-6。随着 Fe 含量升高，连续吹炼体系氧分压降低至 0.02 Pa、粗铜中贵金属含量降低至 5.85 g/t，根据公式(6-1)，吹炼渣中贵金属溶解损失逐渐减少。当入炉 Fe 含量较低时，粗铜产量和贵金属含量相对较高，机械悬浮贵金属含量分别约为 0.81 g/t、74.11 g/t。随着入炉 Fe 含量升高，炉渣产量快速升高至 10.66 t，使炉渣中因机械悬浮损失的 Au、Ag 含量先分别缓慢升高至 0.81 g/t、74.23 g/t，后分别迅速降低至 0.48 g/t、4.04 g/t，溶解损失持续降低。

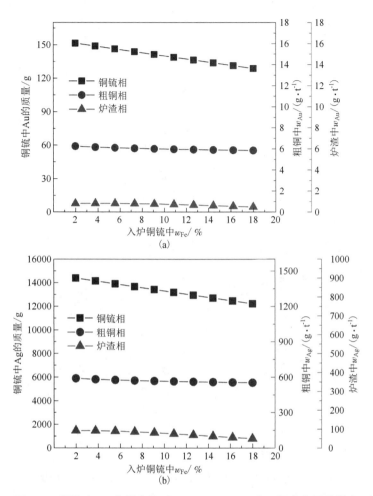

图 6-5　铜锍中 Fe 含量变化对 Au(a)、Ag(b)在三相中含量的影响

入炉铜锍中 Fe 含量对贵金属多相分配的影响如图 6-7 所示。铜锍中 Fe 含量升高，贵金属在渣中损失先缓慢升高、后迅速降低，使炉渣中 Au、Ag 分配比例先分别缓慢升高至 4.31%、4.71%，随后缓慢降低至 3.99%、4.34%。而粗铜中 Au、Ag 分配比例先分别缓慢降低至 95.69%、95.29%，再缓慢升高。

(3)铜锍中 S 含量变化的影响

维持总加料量和其他基准工艺参数不变，铜锍中 S 含量从 15.00% 升高至 23.50%，其他元素含量相应降低，研究入炉铜锍中 S 含量变化对贵金属多相含量的影响，如图 6-8 所示。随着 S 含量升高，入炉铜锍中 Au、Ag 含量分别从 155.93 g/t、14810.57 g/t，逐渐降低至 141.53 g/t、13442.51 g/t。S 含量较低时，

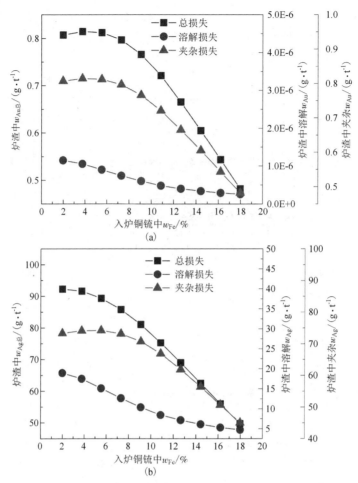

图 6-6 铜锍中 Fe 含量变化对 Au(a)、Ag(b) 损失形式的影响

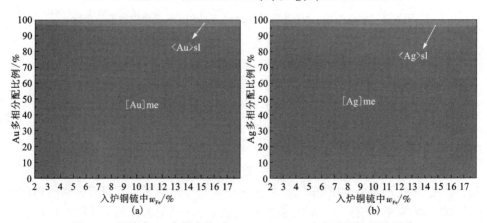

图 6-7 铜锍中 Fe 含量变化对 (a) Au、(b) Ag 多相分配比例的影响

平衡氧分压较高(约 9 Pa)，粗铜中 Cu 被氧化为 Cu_2O 相析出，S 含量较高时，平衡硫分压较高(约 0.12 Pa)，粗铜中 Cu 被硫化为 Cu_2S 析出为铜锍相。因此，随着 S 含量升高，粗铜产量先迅速升高至 24.88 t 后缓慢降低至 21.78 t，使粗铜中贵金属 Au、Ag 含量先逐渐降低至 5.76 g/t、546.80 g/t，然后缓慢升高。贵金属总量降低和粗铜在炉渣中损失减少，使炉渣中 Au、Ag 含量逐渐降低至 0.31 g/t、34.01 g/t。

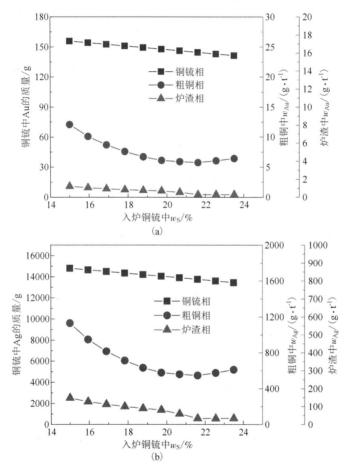

图 6-8　铜锍中 S 含量变化对 Au(a)、Ag(b) 在三相中含量的影响

入炉铜锍中 S 含量变化对贵金属在炉渣中损失形式的影响绘于图 6-9。当 S 含量小于 21.61% 时，随着 S 含量升高，体系氧分压迅速降低至 0.01 Pa，入炉 Au、Ag 总量减少，使粗铜中贵金属 Au、Ag 含量分别从 12.10 g/t、1130.08 g/t，迅速降低至 6.44 g/t、610.92 g/t，根据公式(6-1)，计算炉渣中贵金属 Au、Ag 溶

解损失分别从 2.49×10^{-6} g/t、40.61 g/t，逐渐降低至 2.54×10^{-7} g/t、4.69 g/t。体系氧分压降低，机械夹杂贵金属损失分别从 1.21 g/t、107.20 g/t 降低至 0.32 g/t、29.32 g/t。当 S 含量大于 21.61% 时，氧分压基本维持不变、炉渣产量分别降低至 4.09 t，使炉渣中贵金属含量缓慢升高。

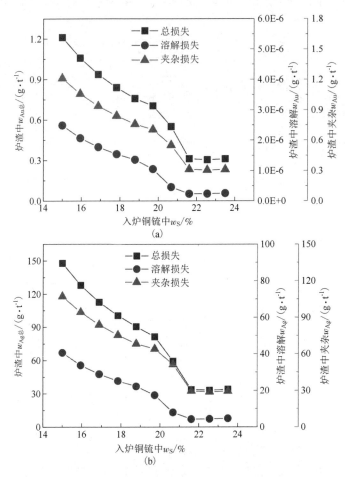

图 6-9　铜锍中 S 含量变化对 Au(a)、Ag(b) 损失形式的影响

如图 6-10 所示，贵金属主要分配于粗铜中，少量损失在炉渣中。随着铜锍中 S 含量升高，炉渣中 Au、Ag 分配比例逐渐减少，贵金属在粗铜中富集逐渐升高。当 w_S 高于 21.61% 时，约 Au、Ag 约 99% 分配在粗铜中。但实际生产中当铜锍含 S 较高时，不利于提高氧化气氛，影响其他杂质脱除。

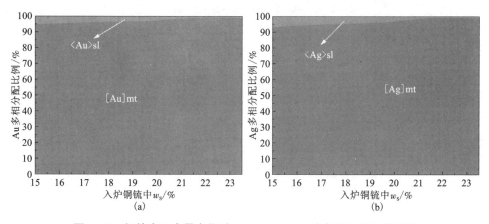

图 6-10　铜锍中 S 含量变化对(a) Au、(b) Ag 多相分配比例的影响

6.1.3　工艺参数对贵金属富集的影响

研究了富氧浓度 21.00%~29.00%、氧矿比 136.42~198.56 Nm^3/t、吹炼温度 1423 K~1623 K 等工艺参数变化时对贵金属 Au、Ag 多相分配行为的影响。

(1)富氧浓度变化的影响

固定空气和氮气鼓入速率 15280 Nm^3/h、5537 Nm^3/h，调节纯氧鼓入速率 1471.86~3983.28 Nm^3/h，连续吹炼富氧浓度变化范围为 21.00%~29.00%，对贵金属多相含量的影响如图 6-11 所示。随着富氧浓度升高，原料成分和加料量不变，入炉贵金属 Au、Ag 总量不变。体系氧分压随着富氧浓度升高逐渐增大至 9.49 Pa，铜锍相逐渐消失、Cu_2O 相大量生成，使粗铜产量先缓慢升高至 24.68 t 后迅速降低至 6.11 t，粗铜中 Au、Ag 含量逐渐降低至 5.87 g/t、556.04 g/t，然后迅速升高至 22.09 g/t、2033.40 g/t。大量贵金属在炉渣中损失，使其中 Au、Ag 含量逐渐升高至 1.82 g/t、232.22 g/t。

富氧浓度变化对贵金属在炉渣中损失形式的影响如图 6-12 所示。吹炼富氧浓度升高，使体系氧化气氛增强、炉渣性质恶化，粗铜与炉渣分离澄清困难，导致富集贵金属粗铜在炉渣中大量损失，Au、Ag 在渣中机械夹杂损失升高至 1.82 g/t、155.03 g/t。粗铜中贵金属浓度升高以及贵金属分配系数随着氧分压升高而升高，根据公式(6-1)，贵金属在炉渣中溶解增加至 $4.73×10^{-6}$ g/t、77.19 g/t。

富氧浓度变化对 Au、Ag 多相分配的影响，如图 6-13 所示。当富氧浓度小于 22.78% 时，约 99% 的 Au、Ag 富集于粗铜中。随着富氧浓度进一步提高，贵金属在炉渣中损失增加，粗铜中 Au、Ag 分配比例逐渐降低至 91.77%、88.92%，炉渣中分配比例分别升高至 8.23%、11.08%。提高富氧浓度不利于贵金属在粗铜中

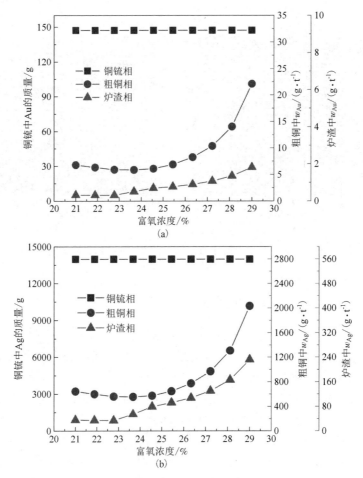

图6-11　富氧浓度变化对 Au(a)、Ag(b) 在三相中含量的影响

富集。

（2）氧矿比变化的影响

维持氧气、空气和氮气鼓入速率不变，调整热态铜锍加料速率 25~38 t/h，控制氧矿比在 198.56~136.42 Nm³/t，研究贵金属多相分配行为，其结果如图 6-14 所示。随着氧矿比升高，实际加料量减少，入炉贵金属总量分别从 169.98 g、16144.60 g，逐渐降低至 115.90 g、11008.04 g。当氧矿比小于 146.61 Nm³/t 时，随着氧矿比升高，炉内平衡铜锍相转化为粗铜，使粗铜产量增加至 26.99 t，继续提高氧矿比，体系氧分压升高至 9.49 Pa，Cu_2O 大量生成，使粗铜产量降低至 4.72 t。粗铜中 Au、Ag 含量先缓慢降低后快速升高至 22.32 g/t、2049.03 g/t，富集贵金属的粗铜在渣中损失，使渣中贵金属含量逐渐增加。

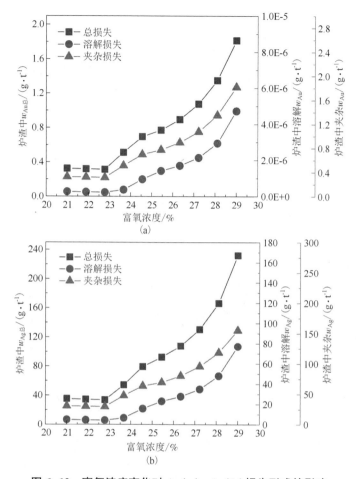

图 6-12　富氧浓度变化对 Au(a)、Ag(b) 损失形式的影响

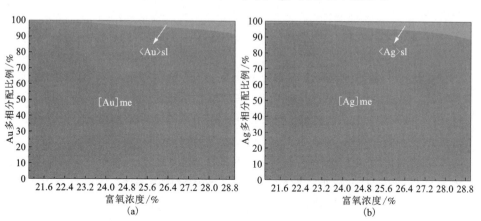

图 6-13　富氧浓度变化对 Au(a)、Ag(b) 多相分配比例的影响

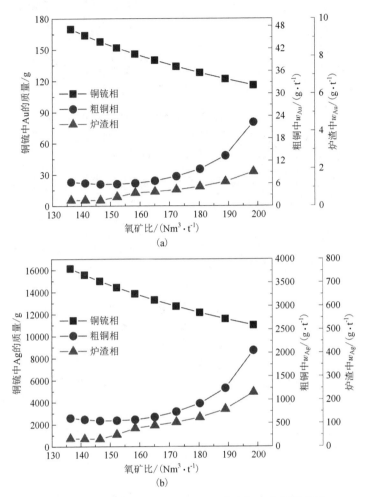

图6-14 氧矿比对(a)Au、(b)Ag在三相中含量的影响

氧矿比对贵金属炉渣损失的影响如图6-15所示。随着氧矿比升高,体系氧分压升高,粗铜在炉渣中大量损失,导致机械悬浮损失Au、Ag含量分别增加至1.82 g/t、153.59 g/t。贵金属分配系数随着体系氧分压升高而增加,以及粗铜中贵金属浓度升高,根据公式(6-1),Au、Ag在炉渣中溶解损失增加。

氧矿比对贵金属多相分配比例的影响如图6-16所示。氧矿比升高,贵金属机械夹杂和溶解损失增加,使炉渣中Au、Ag分配比例分别升高至9.01%、12.07%。因此,提高氧矿比,不利于贵金属Au、Ag在粗铜中富集。

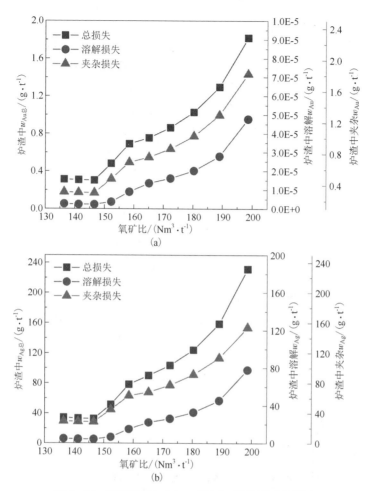

图 6-15 氧矿比对(a)Au、(b)Ag 损失形式的影响

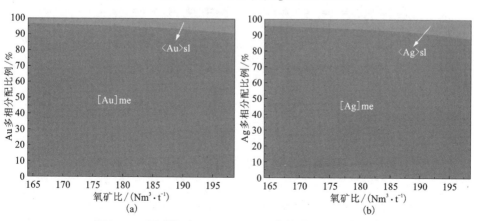

图 6-16 氧矿比对(a)Au、(b)Ag 多相分配比例的影响

（3）吹炼温度变化的影响

连续吹炼温度从 1423 K 升高至 1623 K，维持其他基准参数不变，对贵金属在多相中含量的影响如图 6-17 所示。随着温度升高，入炉原料成分和加料量不变，入炉贵金属 Au、Ag 总量维持在 147.22 g、13983.30 g。粗铜中贵金属含量变化较小，而吹炼渣中 Au、Ag 含量逐渐降低至 0.72 g/t、86.65 g/t。主要是因为，随着温度升高，粗铜产量维持在约 23.20 t，且温度升高有利于粗铜和炉渣分离，使粗铜在炉渣中损失减少，因此炉渣中贵金属含量逐渐降低。

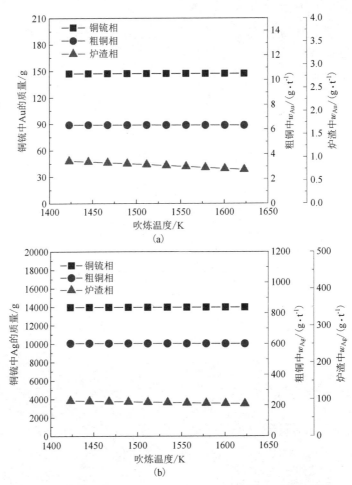

图 6-17 吹炼温度变化对（a）Au、（b）Ag 在多相中含量的影响

吹炼温度变化对贵金属炉渣损失形式的影响，如图 6-18 所示。连续吹炼温度升高，有利于粗铜和炉渣澄清分离，炉渣中粗铜机械悬浮量降低，贵金属 Au、

Ag 机械悬浮损失含量分别从 0.90 g/t、82.79 g/t，减少至 0.72 g/t、64.66 g/t。吹炼平衡氧分压升高至 13.63 Pa，贵金属分配系数增加，使炉渣中溶解 Au、Ag 含量分别从 $6.42×10^{-7}$ g/t、11.01 g/t，升高至 $1.36×10^{-6}$ g/t、21.98 g/t。

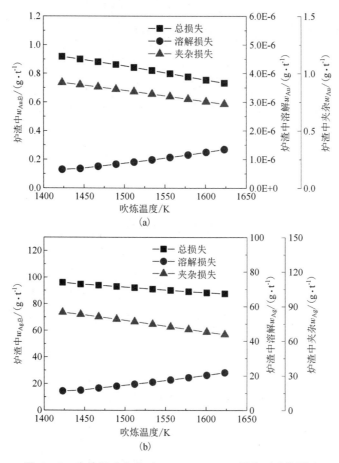

图 6-18   吹炼温度变化对 Au(a)、Ag(b) 损失形式的影响

吹炼温度变化对贵金属多相分配比例的影响如图 6-19 所示。随着吹炼温度升高，贵金属 Au、Ag 在炉渣中损失减少，Au、Ag 在粗铜中分配比例分别从 96.10%、95.69%，升高至 96.95%、96.13%，在吹炼渣中分配比例分别从 3.90%、4.30%，降低至 3.05%、3.87%。因此提高吹炼温度，有利于贵金属在粗铜中富集。

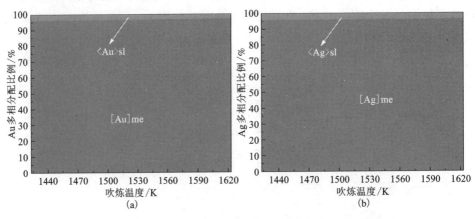

图 6-19　吹炼温度变化对 Au(a)、Ag(b) 多相分配比例的影响

6.2　造渣元素定向脱除

第 3 章研究结果表明，大型化底吹熔炼铜锍中伴生杂质元素 Pb、Zn 分配比例为 53.03%、13.98%，铜锍中 Pb、Zn 含量分别为 1.40%、0.59%，需经过吹炼进一步脱除。本节研究了底吹连续吹炼过程原料成分和工艺参数波动对 Pb、Zn 元素多相分配行为的影响。

富氧底吹铜锍连续吹炼 Pb、Zn 多相赋存状态，如表 6-2 所示。

表 6-2　富氧底吹铜锍连续吹炼产物中含 Pb、Zn 化合物

元素	粗　铜		炉　渣		烟　气
	溶解	夹杂	溶解	夹杂	
Pb	[Pb]me	[PbO]me	<PbO>sl	<Pb>sl	(PbS)g、(PbO)g
Zn	[Zn]me	[ZnO]me	<ZnO>sl	<Zn>sl	(Zn)g、(ZnS)g

6.2.1　原料成分对杂质脱除的影响

本书研究了入炉铜锍品位从 60.00%~80.00%、铜锍中 w_{Fe} 为 1.98%~17.98% 和 w_S 为 15.00%~23.50% 时，对杂质元素 Pb、Zn 多相赋存状态、含量和分配比例的影响。

（1）铜锍品位变化的影响

调整连续吹炼入炉铜锍品位从 60.00% ~ 80.00%，其他元素含量相应减少，控制总加料量和其他基准工艺参数不变。研究铜锍品位对伴生杂质元素 Pb、Zn 化合物质量的影响，绘于图 6-20。在连续吹炼氧化期四个阶段，Pb、Zn 化合物质量变化趋势各不相同。

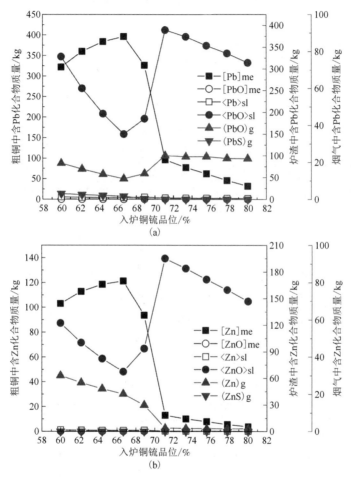

图 6-20　铜锍品位变化对 Pb(a)、Zn(b)化合物在三相中质量的影响

如图 6-20 所示，随着入炉铜锍品位升高，入炉 Pb、Zn 总量降低。铜锍品位在 60.00% ~ 66.67% 时，连续吹炼处于阶段 I，体系氧分压（p_{O_2}）、硫分压（p_{S_2}）分别维持在 $10^{-1.89}$ Pa、$10^{-0.90}$ Pa 不变，但粗铜产量从 13.01 t 快速升高至 22.55 t，粗铜对 Pb、Zn 溶解量增加，[Pb]me、[Zn]me 质量分别从 321.96 kg、103.12 kg

增加至 395.99 kg、121.31 kg,炉渣和烟气中 Pb、Zn 化合物生成量减少。铜锍品位为 66.67%~71.11%,吹炼进入Ⅱ、Ⅲ阶段,体系氧分压明显增加,粗铜中单质 [Pb]me、[Zn]me 和烟气中 (PbS)g、(Zn)g、(ZnS)g 被氧化为 <PbO>sl、<ZnO>sl 进入炉渣,炉渣中 PbO、ZnO 质量分别从 149.82 kg、67.30 kg 升高至 389.04 kg、195.12 kg。铜锍品位大于 71.11% 时为连续吹炼Ⅳ阶段,体系 p_{O_2} 维持在 $10^{0.96}$ Pa 不变,提高铜锍品位,粗铜中 Cu 被氧化为 Cu_2O,粗铜和烟气质量明显降低,单质 Pb、Zn 在粗铜中活度和 PbO、Zn 在烟气中逸度升高,不利于粗铜中 [Pb]me、[Zn]me 和烟气中 (PbO)g、(Zn)g 生成,粗铜中 [Pb]me、[Zn]me 分别降低至 32.07、4.04 kg;入炉 Pb、Zn 总量减少和炉渣产量降低,使渣中 <PbO>sl、<ZnO>sl 质量逐渐降低至 314.26 kg、146.75 kg;此时体系氧分压较高,烟气中 (PbS)g、(Zn)g、(ZnS)g 几乎全部被氧化。

铜锍品位对 Pb、Zn 在多相中含量的影响如图 6-21 所示。连续吹炼处于阶段Ⅰ,随着入炉铜锍品位升高,入炉 Pb、Zn 质量降低,渣中 PbO、ZnO 生成量减少,Pb、Zn 含量明显降低,变化范围分别为 3.12%~5.74%、1.85%~1.20%;粗铜中 Pb、Zn 含量随着粗铜产量升高,分别从 2.48%、0.79% 降低至 1.76%、0.54%;烟气产量较大,其中 Pb、Zn 含量较低。连续吹炼Ⅱ、Ⅲ阶段,随着体系氧分压增加,粗铜中 Pb、Zn 被大量氧化入渣,少量挥发进入烟气,因此渣中 Pb、Zn 含量快速升高至 5.54%、2.39%,粗铜中 Pb、Zn 含量急剧降低至 0.41%、0.06%,烟气中 Pb 含量略微升高。铜锍品位大于 71.11% 时,吹炼处于Ⅳ阶段,由于烟气产量最大、粗铜产量次之、炉渣产量最小,因此炉渣中 Pb 含量最高、粗铜中次之、烟气中最低。随着铜锍品位升高,粗铜中 Pb、Zn 因继续被氧化入渣而缓慢减少,炉渣质量升高导致 Pb、Zn 含量缓慢降低至 5.40%、2.17%,烟气中 Pb、Zn 几乎被全部氧化。

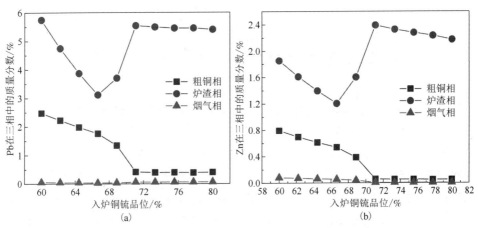

图 6-21　铜锍品位对 **Pb(a)**、**Zn(b)** 在三相中含量的影响

铜锍品位对 Pb、Zn 多相分配比例的影响，如图 6-22 所示，Pb、Zn 多相分配比例随着吹炼过程分为三个阶段。连续吹炼 I 阶段，平衡铜锍相富余，吹炼氧分压较低，Pb、Zn 主要分配在粗铜中，且随着铜锍品位升高，Pb、Zn 在粗铜中分配比例从 49.35%、44.27% 逐渐升高至 71.94%、61.72%；在炉渣和烟气中分配比例逐渐降低，其中 Zn 在烟气中分配比例降低幅度较 Pb 大，这是因为烟气中锌主要以单质 Zn 形式存在，铅主要以 PbO 形式存在，I 阶段氧分压较低、硫分压较高，气相中 PbO 生成较少、Zn 较多。连续吹炼 II、III 阶段，体系氧分压迅速升高，粗铜中 Pb、Zn 被迅速氧化入渣，炉渣中分配比例迅速升高，变化趋势分别为 25.93%~75.44%、28.07%~91.15%，粗铜中 Pb、Zn 分配比例急剧降低，烟气中 Pb 分配比例逐渐增加、Zn 分配比例逐渐降低。进入连续吹炼 IV 阶段，体系氧分压较高，Pb、Zn 主要通过炉渣脱除，同时气相中 PbO 生成增加，使烟气中 Pb 分配比例缓慢升高至 5.88%、Zn 分配比例降低至约 1%。

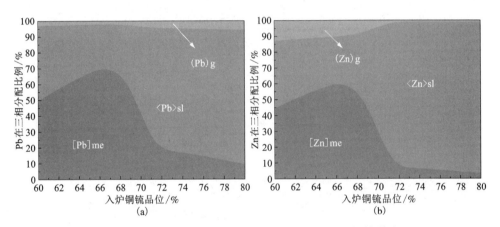

图 6-22　铜锍品位对 Pb(a)、Zn(b) 多相分配比例的影响

（2）铜锍中 Fe 含量变化的影响

维持总加料量和其他基准工艺参数不变，调整吹炼铜锍 Fe 含量变化范围从 1.98%~17.98%，研究连续吹炼粗铜、炉渣和烟气中 Pb、Zn 化合物质量变化趋势，如图 6-23 所示。吹炼原料中 Fe 含量变化对体系温度、氧分压等热力学性质影响相对较小，吹炼体系主要处于 III 阶段，平衡体系中不存在铜锍相和 Cu_2O 相。当铜锍中 Fe 含量小于 3.75% 时，连续吹炼平衡接近 IV 阶段，体系氧分压、硫分压变化较小，随着 Fe 含量升高，Fe 氧化造渣使炉渣产量快速升高至 6.00 t，炉渣对 PbO、ZnO 溶解能力增强，使粗铜中杂质向炉渣中迁移，导致粗铜中单质 [Pb]me、[Zn]me 质量缓慢降低。当 Fe 含量大于 3.76% 时，随着入炉铜锍中 Fe 含量升高，体系氧分压持续降低至 0.02 Pa，炉渣 <PbO>sl、<ZnO>sl 生成减少，

质量分别从 370.41 kg、194.45 kg 逐渐降低至 225.09 kg、115.87 kg。烟气中 $(PbO)g$ 质量逐渐降低、$(Zn)g$ 质量逐渐升高，变化范围分别为 4.62~35.40 kg、3.26~8.09 kg。Pb、Zn 主要以单质形式存在于粗铜中，随着 Fe 含量升高，粗铜中 $[Pb]me$、$[Zn]me$ 质量分别升高至 210.58 kg、51.27 kg。

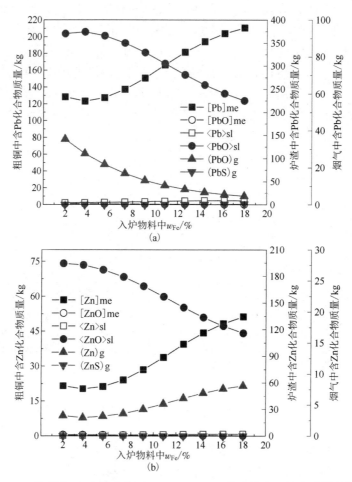

图 6-23　物料中 Fe 含量变化对 Pb(a)、Zn(b) 化合物在三相中质量的影响

　　铜锍中 Fe 含量变化对 Pb、Zn 在三相中含量的影响，如图 6-24 所示。入炉铜锍中 w_{Fe} 小于 3.75% 时，随着 w_{Fe} 升高，粗铜中 Pb、Zn 化合物生成减少、炉渣中 Pb、Zn 化合物生成增加，使粗铜中 Pb、Zn 缓慢降低，而炉渣中含量缓慢升高。继续提高 Fe 含量，体系氧分压降低至 0.02 Pa，使炉渣中 Pb、Zn 氧化物逐渐被还原为单质，使粗铜中 Pb、Zn 含量分别从 0.55%、0.09%，逐渐升高至 1.00%、0.24%。炉渣质量明显升高至 10.66 t，炉渣中 Pb、Zn 化合物质量降低，使炉渣

中 Pb、Zn 含量快速降低，变化范围分别为 6.22%~2.04%、2.81%~0.89%。

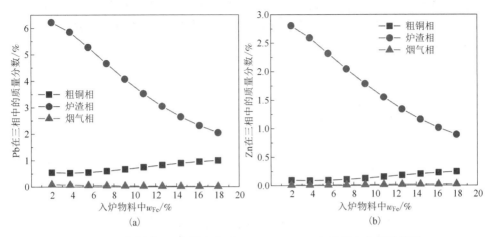

图 6-24　物料中 Fe 含量变化对 Pb(a)、Zn(b)在三相中含量的影响

入炉物料中 Fe 含量变化对 Pb、Zn 多相分配的影响，如图 6-25 所示。$w_{Fe} <$ 3.75% 时，随着 w_{Fe} 升高，炉渣中 Pb、Zn 分配比例分别升高至 70.12%、86.83%。继续提高铜锍中 Fe 含量，体系氧分压降低，Pb 在炉渣和烟气中分配比例分别降低至 50.26%、1.06%，在粗铜中分配比例逐渐升高至 48.67%。Zn 在炉渣中分配比例逐渐降低至 61.55%，而粗铜和烟气中 Zn 分配比例分别升高至 33.21%、5.23%。由于气相中含 Pb、Zn 化合物分别为(PbO)g、(Zn)g，随着物料中 Fe 含量升高，体系氧分压降低，(PbO)g 生成减少、(Zn)g 生成增加，因此烟气中 Pb 分配比例逐渐降低、Zn 分配比例逐渐升高。

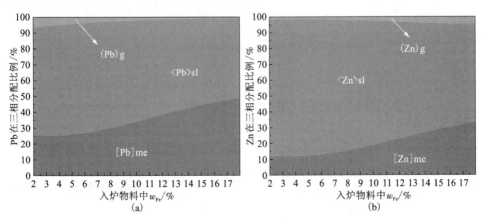

图 6-25　物料中 Fe 含量变化对(a)Pb、(b)Zn 在三相中分配比例的影响

（3）铜锍中 S 含量变化的影响

调整入炉铜锍中 w_S 从 15.00% 升高至 23.50%，其他元素含量相应降低，控制总加料量和其他工艺参数不变，研究 S 含量变化对 Pb、Zn 化合物在三相中质量的影响，绘于图 6-26。

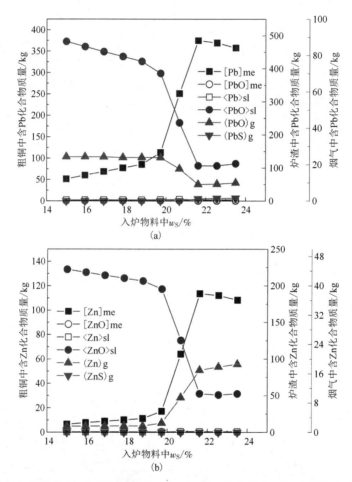

图 6-26　物料中 S 含量变化对 Pb(a)、Zn(b) 化合物在三相中质量的影响

如图 6-26 所示，当铜锍中 w_S＜18.78%，连续吹炼处于 Ⅳ 阶段，此时体系氧分压较高（9.11 Pa），Pb、Zn 被大量氧化为＜PbO＞sl、＜ZnO＞sl 入渣，部分 Pb 被氧化为（PbO）g 挥发进入烟气；随着 S 含量升高，Cu_2O 析出减少，粗铜质量升高，溶解 Pb、Zn 能力增强，[Pb]me、[Zn]me 质量分别缓慢升高至 85.77 kg、11.30 kg；入炉 Fe 质量随着 S 含量升高而降低，使炉渣产量降低，且入炉 Pb、Zn 总量随着 S 含量升高也减少，使渣中＜PbO＞sl、＜ZnO＞sl 质量分别从 482.13 kg、

222.31 kg 降低至 421.57 kg、206.57 kg；烟气中 (PbO)g 缓慢降低、(Zn)g 逐渐升高。w_S 在 18.78%~21.61% 时，连续吹炼处于 Ⅱ–Ⅲ 阶段，体系氧分压随着 w_S 升高，快速降低至 0.01 Pa，使渣中 $<PbO>$sl、$<ZnO>$sl 质量降低至 106.73 kg、52.54 kg，粗铜中 $[Pb]$me、$[Zn]$me 质量分别迅速升高至 374.78 kg、113.59 kg，烟气中 (PbO)g 生成减少、(Zn)g 生成增加。当 S 含量大于 21.61%，吹炼进入阶段 Ⅰ，此时氧分压较低，Pb、Zn 主要以单质形式存在于粗铜中，少量以氧化物分配于炉渣中，单质 Zn 具有较强的挥发性，部分 Zn 挥发进入烟气中；随着 S 含量升高，平衡体系中出现铜锍相，粗铜产量逐渐降低至 21.78 t，使粗铜中溶解的 $[Pb]$me、$[Zn]$me 质量降低，多余的铅锌以 $<PbO>$sl、$<ZnO>$sl 的形式溶解于渣中，使渣中铅锌化合物质量缓慢升高。

入炉铜锍中 S 含量变化对 Pb、Zn 在三相中含量的影响绘于图 6-27。随着 S 含量升高，入炉 Pb、Zn 总量降低。在连续吹炼 Ⅳ 阶段，随着炉渣中 PbO、ZnO 减少，渣中 Pb、Zn 含量分别逐渐降低至 5.76%、2.43%；虽然粗铜中单质 Pb、Zn 逐渐增加，但粗铜质量从 12.19 t 迅速升高至 21.50 t，使粗铜 Pb、Zn 含量反而呈降低趋势；由于该阶段氧分压较高，烟气中含有少量 Pb、几乎不含 Zn。吹炼进入 Ⅱ、Ⅲ 阶段，炉渣中的 PbO、ZnO 转化为 Pb、Zn 进入粗铜，使粗铜含 Pb、Zn 分别升高至 1.51%、0.46%；烟气中 Pb 含量升高、Zn 含量降低。连续吹炼第 Ⅰ 阶段，随着 S 含量升高，Cu_2S 相开始生成，粗铜和炉渣质量分别降低至 21.78 t、4.09 t，因此粗铜和炉渣中 Pb、Zn 含量逐渐升高。

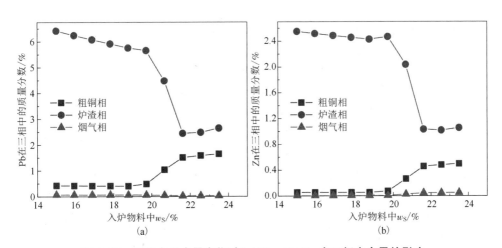

图 6-27　物料中 S 含量变化对 (a)Pb、(b)Zn 在三相中含量的影响

入炉物料中 S 含量变化对 Pb、Zn 在三相中分配的影响，如图 6-28 所示。与受铜锍品位影响相反，随着 S 含量升高，连续吹炼依次经历 Ⅳ→Ⅲ→Ⅱ→Ⅰ 阶

段。S 含量较低时，吹炼体系氧分压较高，Pb 70%、Zn 90%定向分配于吹炼渣中，约 Pb 4%和 Zn 1%分配于烟气；随着 S 含量继续升高，炉渣中的 Pb、Zn 迅速还原进入粗铜，烟气中 Pb 分配比例降低、Zn 分配比例增加；进入连续吹炼 I 阶段，Pb、Zn 在粗铜中分配比例约为 76%、65%，在渣中分配比例约为 21%、24%。

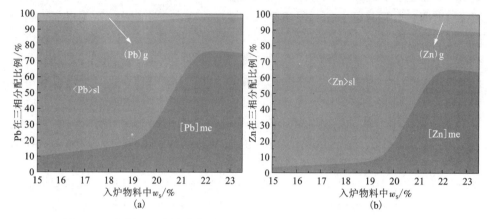

图 6-28 物料中 S 含量变化对 Pb(a)、Zn(b)在三相中分配比例的影响

6.2.2 工艺参数对杂质脱除的影响

（1）富氧浓度变化的影响

控制原料成分、空气鼓入和氮气鼓入速率不变，调整纯氧鼓入速率从 1471.86~3983.28 Nm³/t，对应富氧浓度为 21.00%~29.00%。研究连续吹炼多相中含 Pb、Zn 化合物质量随富氧浓度变化的趋势。

如图 6-29 所示，富氧浓度在 21.35%~22.78%是连续吹炼 I 阶段，体系氧分压相对较低（p_{O_2}=0.01 Pa），Pb、Zn 主要以单质形式存在于粗铜中；随着富氧浓度升高，入炉铜锍中的 Cu 进入粗铜，使粗铜产量升高至 24.68 t，粗铜对杂质溶解量增大，粗铜中单质[Pb]me、[Zn]me 质量分别从 369.97 kg、113.42 kg，升高至 384.72 kg、117.57 kg；而炉渣中铅锌氧化物分别降低至 105.37 kg、51.13 kg；烟气中(PbO)g、(Zn)g 挥发缓慢减少。富氧浓度在 22.78%~25.44%对应连续吹炼 II、III 阶段，体系氧分压迅速升高至 9.48 Pa，使粗铜中的 Pb、Zn 被氧化入渣，粗铜中单质[Pb]me、[Zn]me 质量分别降低至 82.68 kg、10.87 kg，炉渣中 <PbO>sl、<ZnO>sl 升高至 416.19 kg、203.61 kg，烟气中(PbO)g 质量增加至 24.39 kg、(Zn)g 质量降低至 1.79 kg。继续提高富氧浓度，吹炼进入 IV 阶段，此时氧分压较高（约 9.53 Pa），Pb、Zn 主要以 <PbO>sl、<ZnO>sl 形式存在于炉渣中；随着富氧浓度升高，粗铜中 Cu 大量析出为 Cu₂O 相，使粗铜质量降低，但炉渣和烟气质量变化不大，粗铜中单质[Pb]me 继续被氧化为<PbO>sl 进入炉渣或挥发进入气相，粗铜和烟气中单质[Zn]me、(Zn)g 被氧化为<ZnO>sl 进入渣中。

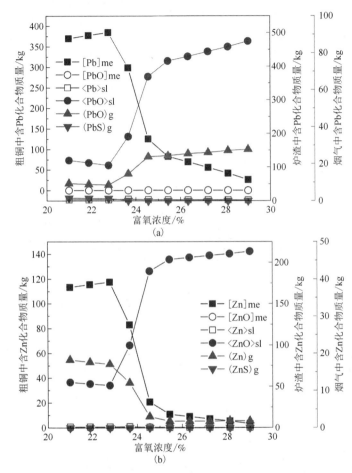

图 6-29　富氧浓度变化对 Pb(a)、Zn(b)化合物在三相中质量的影响

富氧浓度对 Pb、Zn 在三相中含量的影响，如图 6-30 所示。富氧浓度小于 22.78% 时，随着富氧浓度升高，入炉铜锍中 Cu_2S 和 FeS 被逐渐氧化，粗铜、炉渣和烟气质量逐渐升高，粗铜中 Pb、Zn 质量分数缓慢降低至 1.56%、0.48%，炉渣中 Pb、Zn 质量分数逐渐降低至 2.41%、1.00%，因烟气产量大、铅锌化合物挥发少，烟气中 Pb 质量分数约 0.03%、Zn 质量分数约 0.05%。富氧浓度为 22.78%～25.44% 时，随着富氧浓度升高，粗铜中 Pb 被氧化入渣和进入烟气，粗铜和烟气中单质 Zn 被氧化造渣，使粗铜中 Pb、Zn 质量分数分别逐渐降低至 0.40%、0.05%，炉渣中 Pb、Zn 质量分数分别快速升高至 5.74%、2.42%，烟气中 Pb 质量分数升高到 0.06%、Zn 质量分数降低到 0.005%，由于炉渣产量相对较低，渣中 Pb、Zn 含量变化幅度较大。当富氧浓度大于 25.44% 时，吹炼处于过氧化状态，Cu_2O 相开始析出，粗铜和炉渣质量降低，其中 Pb、Zn 含量均呈上升趋势；烟气质量变化不明显，但此时氧分压较高，烟气中 Pb 以 $(PbO)_g$ 存在，Zn 以 $(Zn)_g$ 存在，因此烟气中 Pb 含量比 Zn 含量高。

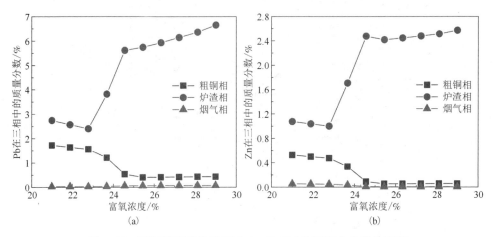

图 6-30 富氧浓度变化对 Pb(a)、Zn(b) 在三相中含量的影响

富氧浓度变化对 Pb、Zn 在三相中分配的影响，如图 6-31 所示。连续吹炼 Ⅰ 阶段，Pb、Zn 主要分配在粗铜中，占比分别约为 76%、65%，且随着富氧浓度升高，在粗铜中分配比例升高，这是由于粗铜质量增加，对伴生杂质 Pb、Zn 溶解增多。Ⅱ、Ⅲ 阶段，粗铜中溶解的 Pb、Zn 被大量氧化造渣，另外粗铜中部分 Pb 被

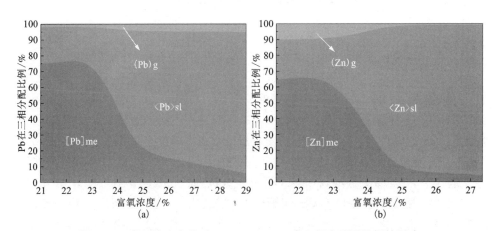

图 6-31 富氧浓度变化对 Pb(a)、Zn(b) 在三相中分配比例的影响

氧化挥发进入气相，气相中单质 Zn 被氧化造渣。进入连续吹炼Ⅳ阶段，体系氧分压较高，Pb、Zn 造渣脱除率分别大于 78%、92%，且随着富氧浓度升高而逐渐增加，这是由于粗铜产量降低，对 Pb、Zn 溶解能力减弱，使粗铜中伴生元素逐渐向炉渣中迁移。

（2）氧矿比变化的影响

维持原料成分、空气、氮气和氧气鼓入速率不变，调整加料速率从 25~38 t/h，氧矿比变化，范围从 198.56~136.42 Nm³/t，对粗铜、炉渣和烟气中含 Pb、Zn 化合物质量的影响，如图 6-32 所示。

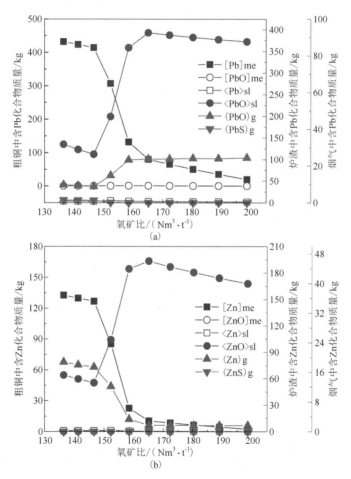

图 6-32　氧矿比变化对 Pb(a)、Zn(b)化合物在三相中质量的影响

如图 6-32，氧矿比小于 146.61 Nm³/t 时，连续吹炼处于Ⅰ阶段，随着氧矿比升高，实际加料速率降低，入炉 Pb、Zn 总量显著降低，因此粗铜、炉渣和烟气中

Pb、Zn 化合物质量均降低。其中粗铜中单质 [Pb]me、[Zn]me 变化范围在 414.21~432.01 kg、126.82~132.74 kg，炉渣中 <PbO>sl、<ZnO>sl 变化范围在 112.22~135.21 kg、55.21~64.05 kg，烟气中 (PbO)g、(Zn)g 变化范围在 8.77~9.74 kg、17.43~18.79 kg。当氧矿比为 146.61~165.13 Nm³/t 时，随着氧矿比升高，吹炼氧分压迅速升高至 9.30 Pa，粗铜和烟气中单质 Pb、Zn 被迅速氧化为 PbO、ZnO 进入炉渣或挥发进入烟气。当氧矿比大于 165.13 Nm³/t 时，进一步提高氧矿比，加料量减少，使粗铜、吹炼渣产量分别降低至 4.72 t、5.74 t，且进入吹炼体系总 Pb、Zn 量降低，导致粗铜中单质 [Pb]me、[Zn]me 质量从 80.31 kg、10.41 kg，缓慢降低至 19.62 kg、2.46 kg，炉渣中 <PbO>sl、<ZnO>sl 质量分别从 393.01 kg、193.40 kg，逐渐降低至 372.30 kg、167.89 kg；该阶段氧化气氛较强（p_{O_2} = 9.14 Pa），气相中 (PbO)g 质量基本维持在 24 kg、(Zn)g 质量不足 2 kg。

氧矿比对 Pb、Zn 在三相中含量的影响如图 6-33 所示。随着氧矿比升高，入炉 Pb、Zn 总量降低，连续吹炼在 Ⅰ 阶段，所有相中 Pb、Zn 含量均缓慢降低，粗铜中 Pb、Zn 含量变化范围分别为 1.54%~1.64%、0.47%~0.50%，炉渣中含量变化范围为 2.43%~2.76%、1.03%~1.12%，烟气中含量变化范围为 0.025%~0.028%、0.047%~0.051%。进一步提高氧矿比，吹炼进入连续吹炼 Ⅱ、Ⅲ 阶段，粗铜中 Pb、Zn 含量逐渐降低至 0.40%、0.05%，炉渣中伴生 Pb、Zn 含量迅速升高至 5.61%、2.37%，烟气中 Pb 含量缓慢升高至 0.062%、Zn 含量降低至 0.005%。连续吹炼 Ⅳ 阶段，粗铜和烟气中 Pb、Zn 含量较低，炉渣中含量较高，随着氧矿比升高，总加料量逐渐降低，使粗铜和炉渣质量逐渐降低，因此其中 Pb 含量升高，而炉渣中 Zn 含量先降低再升高，气相中 Pb 含量逐渐升高、Zn 含量缓慢降低。

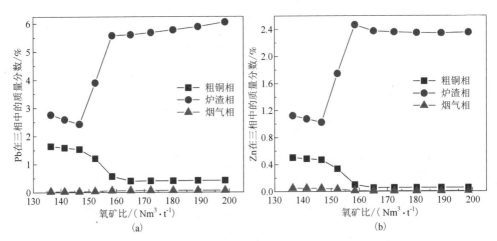

图 6-33 氧矿比变化对 Pb(a)、Zn(b) 在三相中含量的影响

氧矿比对 Pb、Zn 在三相中分配行为的影响与富氧浓度类似，如图 6-34 所示。连续吹炼 Ⅰ 阶段，Pb、Zn 在粗铜中分配比例缓慢升高至 66.88%、77.99%，在炉渣中分配比例降低至 20.26%、23.93%，气相中分配比例变化幅度较小，基本维持在 2.00%、9.00%。继续提高氧矿比，Pb、Zn 迅速向炉渣中定向脱除，分配比例分别增加至 78.10%、92.61%，粗铜中分配比例降低至 17.20%、6.36%，烟气中 Pb 分配比例增加、Zn 分配比例减少。进入连续吹炼 Ⅳ 阶段，粗铜中 Pb 向炉渣和烟气中迁移，粗铜和烟气中 Zn 主要向炉渣中迁移。

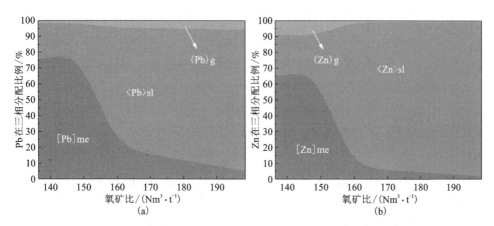

图 6-34　氧矿比变化对 Pb(a)、Zn(b) 在三相中分配比例的影响

(3) 吹炼温度变化的影响

控制原料成分、加料速率和气体鼓入速率不变，研究连续吹炼温度在 1423～1623 K 时，吹炼产物中含 Pb、Zn 化合物在三相中质量变化的规律，如图 6-35 所示。

随着吹炼温度升高，粗铜中单质 [Pb]me、[Zn]me 质量分别从 83.33 kg、6.76 kg，逐渐升高至 171.27 kg、49.67 kg，烟气中 (PbO)g、(Zn)g 质量逐渐升高至 60.99 kg、8.69 kg，而炉渣中 <PbO>sl、<ZnO>sl 质量逐渐降低，变化范围分别为 281.65～432.19 kg、145.29～209.93 kg。这主要是因为 PbO(l)、ZnO(l) 的标准生成吉布斯自由能随着温度升高而增加，即温度升高不利于 PbO(l)、ZnO(l) 的生成，因此炉渣中伴生元素氧化物逐渐转换为金属单质；温度升高使烟气中 (PbO)g、(Zn)g 饱和蒸气压增加，气相中伴生元素化合物挥发增多，剩余 Pb、Zn 以单质形式进入粗铜中，质量逐渐增加。

吹炼温度对 Pb、Zn 在三相中含量的影响如图 6-36 所示。随着温度升高，粗铜和烟气中含 Pb、Zn 化合物生成增多，而炉渣中伴生元素化合物生成明显减少。因此粗铜和烟气中 Pb、Zn 含量逐渐升高，炉渣中含量显著降低。炉渣产量相对

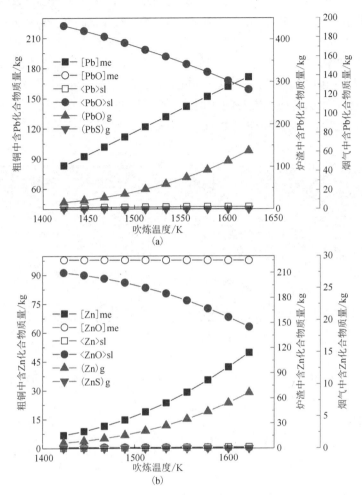

图 6-35 吹炼温度变化对 Pb(a)、Zn(b)化合物在三相中质量的影响

较低，伴生元素浓度变化较大。粗铜中 Pb、Zn 含量分别升高至 0.73%、0.21%，烟气中伴生元素浓度分别升高至 0.16%、0.02%，吹炼渣中伴生元素浓度分别降低至 4.30%、1.91%。

吹炼温度变化对伴生元素 Pb、Zn 在三相中分配的影响如图 6-37 所示。吹炼温度升高，不利于烟气和粗铜中的 Pb、Zn 逐渐向吹炼渣中定向脱除，当温度 $T=1623$ K 时，Pb 在粗铜、炉渣和烟气中分配比例分别为 34.40%、54.15%、11.45%，Zn 在三相中的分配比例约为 27.95%、67.22%、4.83%。这是因为温度升高不利于炉渣中铅锌氧化物生成，反而有利于 PbO 和单质 Zn 气相挥发。

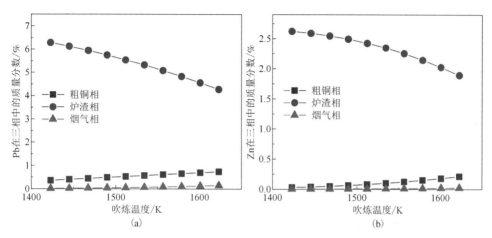

图 6-36　吹炼温度变化对(a) Pb、(b) Zn 在三相中含量的影响

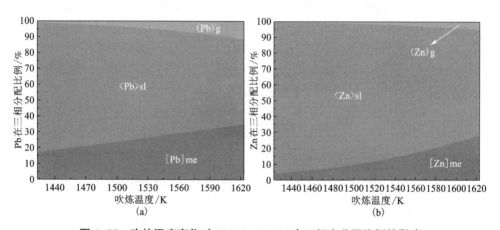

图 6-37　吹炼温度变化对 Pb(a)、Zn(b) 在三相中分配比例的影响

6.3　第 V 主族元素定向脱除

大型化底吹熔炼过程中 Sb、Bi 脱除率接近 80%,仍有少量杂质随铜锍进入连续吹炼体系,需进一步脱除。本书研究了原料成分和工艺参数变化对伴生第 V 主族元素在三相中分配行为的影响,形成了伴生元素强化脱除调控机制,提高了杂质元素脱除率,为实际生产提供了理论指导。富氧底吹铜锍连续吹炼过程中,Sb、Bi 多相赋存状态如表 6-3 所示。

表 6-3　富氧底吹铜锍连续吹炼产物中含 Sb、Bi 化合物赋存状态

元素	粗 铜		炉 渣		烟 气
	溶解	夹杂	溶解	夹杂	
Sb	[Sb]me	[Sb₂O₃]me	<Sb₂O₃>sl	<Sb>sl	(SbO)g
Bi	[Bi]me	[Bi₂O₃]me	<Bi₂O₃>sl	<Bi>sl	(BiS)g、(BiO)g

6.3.1　原料成分变化对杂质脱除的影响

研究了入炉物料成分，如铜锍品位、Fe 含量、S 含量变化对伴生杂质元素多相分配行为的影响。

(1)铜锍品位变化的影响

调整连续吹炼入炉铜锍品位从 60.00% ~ 80.00%，其他元素含量相应减少，控制总加料量和其他工艺参数不变，研究铜锍品位变化对杂质元素 Sb、Bi 化合物在三相中质量的影响，绘于图 6-38。当铜锍品位大于 68.89% 时，含 Sb、Bi 化合物质量在三相中才出现明显变化，与上一节造渣元素分析存在差异，这是因为连续吹炼 I 阶段实际持续到铜锍品位 67.90% 结束，模拟计算取值间隔较大，导致 I、II 阶段转变点在 66.67% 至 68.89% 之间。为了与前文统一，这里仍然将66.67% 设为连续吹炼 I 阶段结束时铜锍品位。

由图 6-38 可知，铜锍品位小于 66.67% 为连续吹炼 I 阶段，随着铜锍品位升高，粗铜中单质[Sb]me、[Bi]me 质量逐渐降低至 11.67 kg、14.70 kg，溶解在炉渣中的<Sb₂O₃>sl、<Bi₂O₃>sl 质量小于 0.01 kg，且随着铜锍品位升高而降低；夹杂损失在炉渣中 <Sb>sl、<Bi>sl 质量分别从 0.24 kg、0.30 kg 逐渐降低至0.11 kg、0.14 kg；气相中(SbO)g、(BiS)g、(BiO)g 质量逐渐降低；这因为体系氧分压较低时，伴生元素 Sb、Bi 优先进入粗铜相，随着铜锍品位升高，进入体系中 Sb、Bi 总量减少，使各相中伴生元素质量逐渐降低。当铜锍品位为 66.67% ~71.11% 时，平衡铜锍相消失、体系氧分压迅速升高，使粗铜中单质[Sb]me、[Bi]me 和气相中(BiS)g 被大量氧化为<Sb₂O₃>sl、<Bi₂O₃>sl 进入炉渣，少量以(SbO)g、(BiO)g 挥发进入烟气，炉渣中含 Sb、Bi 化合物质量急剧升高至3.19 kg、3.00 kg，烟气中(SbO)g 质量升高至 0.28 kg，烟气中(BiS)g 逐渐消失、(BiO)g 质量增加至 0.49 kg。当铜锍品位大于 71.11%，连续吹炼进入 IV 阶段，此时体系氧分压较高、Cu₂O 相逐渐析出，粗铜质量显著降低，使其中溶解的 Sb、Bi被继续氧化造渣或气相挥发，因此粗铜中[Sb]me、[Bi]me 分别降低至 3.00 kg、4.41 kg，炉渣中<Sb₂O₃>sl、<Bi₂O₃>sl 质量分别升高至 4.68 kg、4.62 kg，烟气中(SbO)g、(BiO)g 缓慢升高至 0.35 kg、0.60 kg。

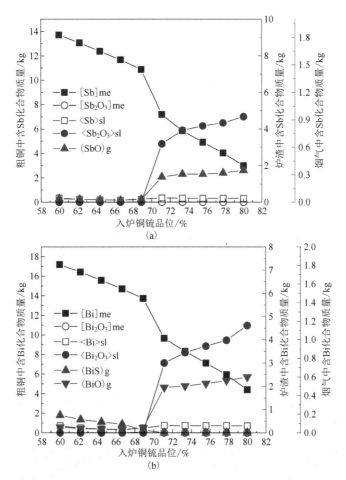

图 6-38　铜锍品位变化对 (a) Sb、(b) Bi 化合物在三相中质量的影响

铜锍品位变化对粗铜、炉渣、烟气三相中 Sb、Bi 含量的影响如图 6-39 所示。连续吹炼 I 阶段，由于铜锍品位较低，体系氧分压较弱，Sb、Bi 主要存在于粗铜相中；随着铜锍品位升高，粗铜质量升高、入炉 Sb 和 Bi 总量降低，因此粗铜中 Sb、Bi 含量逐渐降低，变化范围分别为 0.05% ~ 0.10%、0.07% ~ 0.13%。当铜锍品位大于 66.67% 时，粗铜中伴生元素被氧化入渣，使渣中 Sb、Bi 含量快速升高至 0.07%、0.08%；粗铜质量显著降低，使其中伴生元素含量先降低至最小值 0.03%、0.04%，后逐渐升高；烟气产量较大，Sb、Bi 挥发较少，因此气相中伴生元素含量分别小于 0.001%、0.003%。

铜锍品位变化对 Sb、Bi 在三相中分配比例的影响如图 6-40 所示。当铜锍品位小于 66.67% 时，约 98% Sb、97% Bi 分配于粗铜中，随着铜锍品位升高，炉渣

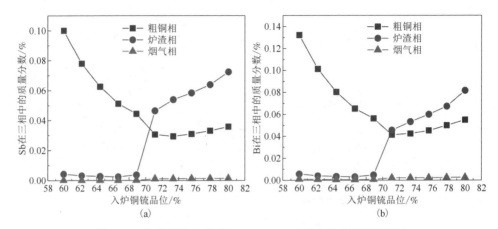

图 6-39　铜锍品位变化对 Sb(a)、Bi(b)在三相中含量的影响

和烟气中分配的 Sb、Bi 逐渐向粗铜中缓慢迁移。即铜锍相存在时，提高铜锍品位不利于粗铜中伴生 Sb、Bi 脱除。当铜锍品位大于 66.67%，粗铜中 Sb、Bi 被造渣脱除或挥发脱除，使炉渣中 Sb、Bi 分配比例在 II、III 阶段迅速升高、IV 阶段增加速度变缓，最终约 55.37% 的 Sb、47.18% 的 Bi 通过造渣脱除；气相中 Sb、Bi 分配比例逐渐升高至 4.16%、5.94%。

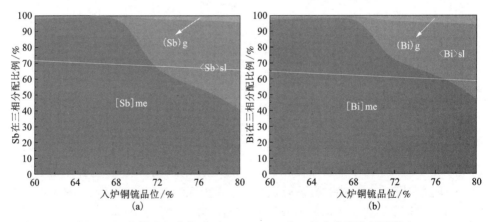

图 6-40　铜锍品位变化对 Sb(a)、Bi(b)在三相中分配比例的影响

　（2）铜锍中 Fe 含量变化的影响

　　维持总加料量和其他工艺参数不变，调整吹炼铜锍中 Fe 含量变化，范围在 1.98%~17.98%，其他元素含量相应降低，连续吹炼含 Sb、Bi 化合物在三相中的质量变化如图 6-41 所示。随着铜锍中 Fe 含量升高，连续吹炼从 IV 阶段向 III 阶段

过渡。

如图 6-41 所示，随着 Fe 含量从 1.98% 逐渐升高至 9.09%，体系平衡氧分压逐渐降低，炉渣中 <Sb_2O_3>sl、<Bi_2O_3>sl 和烟气中（SbO）g、（BiO）g 逐渐被还原为单质 [Sb]me、[Bi]me 进入粗铜。因此，粗铜中 [Sb]me、[Bi]me 质量分别从 8.36 kg、11.11 kg，逐渐升高至 9.46 kg、12.06 kg，而炉渣中 <Sb_2O_3>sl、<Bi_2O_3>sl 质量分别降低至 0.29 kg、0.21 kg，炉渣中机械夹杂 <Sb>sl、<Bi>sl 质量缓慢升高至 0.41 kg、0.52 kg。当 Fe 含量大于 9.09% 时，炉渣和烟气中含 Sb、Bi 化合物较少，主要以单质形态存在于粗铜；继续提高 Fe 含量，入炉伴生元素 Sb、Bi 总量减少，因此粗铜、炉渣和烟气中杂质元素化合物均逐渐降低。

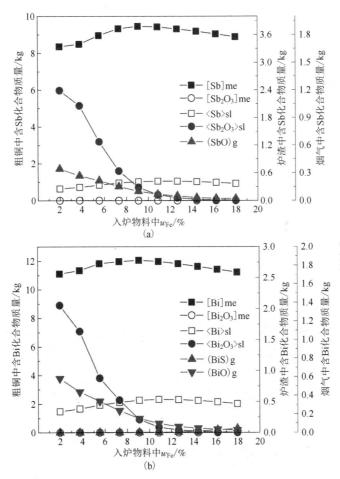

图 6-41 物料中 Fe 含量变化对 Sb（a）、Bi（b）化合物在三相中质量的影响

物料中 Fe 含量变化对 Sb、Bi 在三相中含量的影响如图 6-42 所示。当 Fe 含量较低时，随着 Fe 含量升高，炉渣和烟气中 Sb、Bi 被还原为单质进入粗铜，使粗铜中 Sb、Bi 逐渐升高至 0.04%、0.05%，炉渣中伴生元素含量从 0.04% 迅速降低至 0.01%。当 Fe 含量大于 9.09% 时，进一步提高 Fe 含量，体系中 Sb、Bi 总量降低，使炉渣中伴生元素含量继续降低，粗铜和烟气中伴生元素含量缓慢降低。

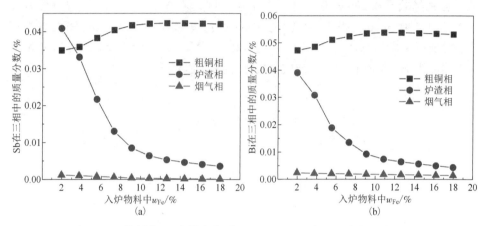

图 6-42　物料中 Fe 含量变化对 Sb(a)、Bi(b) 在三相中含量的影响

Sb、Bi 在三相中的分配随物料中 Fe 含量变化如图 6-43 所示。随着 Fe 含量升高，粗铜中 Sb、Bi 分配比例逐渐升高，炉渣和烟气中分配比例降低，当铜锍中 Fe 含量较高时，Sb、Bi 几乎不挥发。Sb、Bi 在粗铜中分配比例变化范围在 76.59%~95.74%、80.31%~95.48%；炉渣中变化范围在 4.06%~20.62%、4.00%~15.78%；气相中分配比例变化范围在 0.19%~2.78%、0.52%~3.91%。提高入炉铜锍中 Fe 含量，不利于 Sb、Bi 脱除。

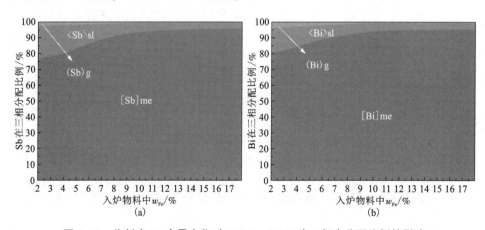

图 6-43　物料中 Fe 含量变化对 Sb(a)、Bi(b) 在三相中分配比例的影响

（3）铜锍中 S 含量变化的影响

控制总加料量和其他工艺参数不变，调整入炉铜锍中 S 含量从 15.00% 升高至 23.50%，其他元素含量相应降低，研究 S 含量变化对 Sb、Bi 化合物在三相中质量的影响，如图 6-44 所示。实际连续吹炼 Ⅰ 阶段结束点在 w_S 20.67% 至 21.62% 之间，由于计算间隔点较大，随着 S 含量降低，直到 $w_S<20.67\%$ 时，各化合物质量才出现明显变化。

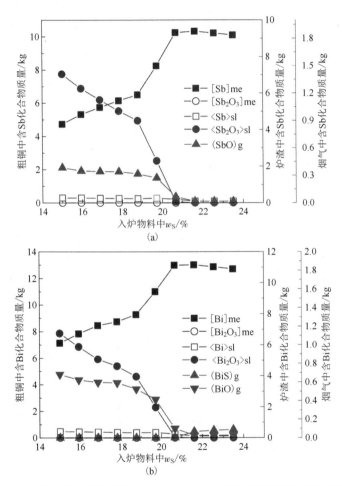

图 6-44　物料中 S 含量变化对 Sb(a)、Bi(b) 化合物在三相中质量的影响

图 6-44 表明，铜锍中 $w_S<18.78\%$ 为连续吹炼 Ⅳ 阶段，此时体系平衡氧分压较高，炉渣和烟气中 Sb、Bi 氧化物质量相对较高；随着 S 含量升高，Cu_2O 相逐渐转化为粗铜相和烟气相，使粗铜和烟气质量升高、炉渣和 Cu_2O 相质量降低；粗铜

中溶解化合物活度降低、炉渣中化合物活度升高,因此粗铜中单质[Sb]me、[Bi]me 质量逐渐升高至 6.50 kg、9.28 kg,炉渣中<Sb₂O₃>sl、<Bi₂O₃>sl 质量逐渐降低至 4.50 kg、3.96 kg,气相中(SbO)g、(BiO)g 降低至 0.32 kg、0.53 kg。进一步提高 S 含量至 21.26%时,体系氧分压降低、硫分压升高,炉渣和烟气中 Sb、Bi 氧化物被逐渐还原为单质进入粗铜,使粗铜中[Sb]me、[Bi]me 质量迅速升高至 10.33 kg、13.02 kg。当物料中 S 含量大于 21.26%时,粗铜产量降低,对伴生杂质元素 Sb、Bi 溶解能力下降,且入炉伴生杂质总量降低,因此粗铜和炉渣中 Sb、Bi 化合物逐渐降低。此时硫分压较高,烟气中(BiS)g 挥发量增加。

入炉铜锍中 S 含量变化对 Sb、Bi 在三相中含量的影响如图 6-45 所示。随着 S 含量升高,炉渣中 Sb、Bi 含量分别从 0.087%、0.092%,逐渐降低至 0.0023%、0.0029%,但在各阶段降低趋势不同。在连续吹炼Ⅳ阶段,体系氧分压和硫分压基本稳定,随着 S 含量升高,炉渣中 Sb、Bi 氧化物生成减少,使渣中 Sb、Bi 浓度逐渐降低;Ⅱ、Ⅲ阶段,连续吹炼体系氧分压迅速降低,渣中 Sb、Bi 氧化物被迅速还原,使吹炼渣中 Sb、Bi 浓度急剧降低;Ⅰ阶段,炉渣中剩余 Sb、Bi 化合物较少,且质量变化缓慢,因此其浓度变化幅度较小。粗铜中伴生元素浓度变化曲线较为曲折,连续吹炼Ⅳ阶段,粗铜产量增加,Sb、Bi 浓度先逐渐降低至 0.030%、0.043%,Ⅱ、Ⅲ阶段,随着炉渣和烟气中 Sb、Bi 向粗铜中迁移,粗铜中 Sb、Bi 浓度降低至最小值后,随即开始上升;进入吹炼Ⅰ阶段,此时物料中 S 含量较高、伴生元素 Sb、Bi 含量较低,Cu₂S 相生成使粗铜质量显著降低,因此 Sb、Bi 含量达到最低点之后迅速上升。由于烟气产量较大、烟气中伴生元素化合物质量较少,因此烟气中伴生元素 Sb、Bi 浓度较低,且随着 S 含量增加逐渐降低。

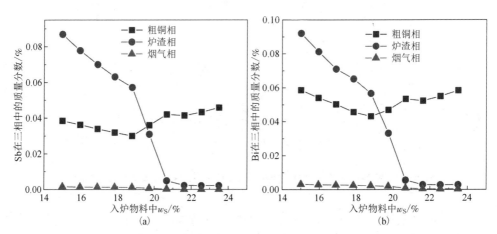

图 6-45 物料中 S 含量变化对 Sb(a)、Bi(b)在三相中含量的影响

物料中 S 含量变化对 Sb、Bi 在三相中分配比例的影响如图 6-46 所示。随着 S 含量升高，炉渣和气相中 Sb、Bi 逐渐分配于粗铜中。当 S 含量为 15.00% 时，Sb 在粗铜、炉渣、烟气中分配比例分别为 42.19%、54.79%、3.02%，Bi 在三相中分配比例分别为 50.18%、45.38%、4.44%。当 S 含量升高至 23.50% 时，Sb 三相中分配比例分别为 98.94%、0.91%、0.15%，Bi 分别为 98.31%、0.90%、0.78%。

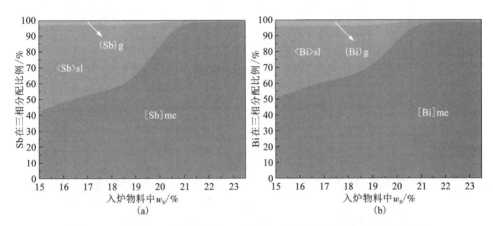

图 6-46　物料中 S 含量变化对 Sb(a)、Bi(b) 在三相中分配比例的影响

6.3.2　工艺参数对杂质脱除的影响

研究了富氧浓度、氧矿比和吹炼温度变化对伴生杂质元素赋存状态、多相分配比例的影响。

（1）富氧浓度变化的影响

调整纯氧鼓入速率在 $1471.86 \sim 3983.28 \ \mathrm{Nm^3/t}$，固定空气和氮气鼓入速率，对应富氧浓度在 21.00%~29.00%。控制加料速率和物料成分不变，研究连续吹炼 Sb、Bi 化合物在三相中质量随富氧浓度变化的趋势，如图 6-47 所示。

如图 6-47 所示，当富氧浓度小于 22.78% 时，此时体系氧化气氛较弱，Sb、Bi 主要以单质形式存在于粗铜中，炉渣和烟气含 Sb、Bi 化合物质量较小，且气相中 Bi 主要以 (BiS)g 形式存在；由于入炉 Sb、Bi 总量不随富氧浓度升高而变化，因此粗铜中伴生元素化合物质量无明显波动。当富氧浓度从 22.78% 升高至 25.44%，体系平衡氧分压升高，粗铜中 [Sb]me、[Bi]me 因被氧化入渣或气相挥发而降低，变化范围分别为 $6.31 \sim 10.51 \ \mathrm{kg}$、$9.08 \sim 13.24 \ \mathrm{kg}$；炉渣和烟气中 $\langle \mathrm{Sb_2O_3}\rangle \mathrm{sl}$、$(\mathrm{SbO})\mathrm{g}$ 质量分别升高至 $4.52 \ \mathrm{kg}$、$0.32 \ \mathrm{kg}$；炉渣和烟气中 $\langle \mathrm{Bi_2O_3}\rangle \mathrm{sl}$、$(\mathrm{BiO})\mathrm{g}$ 质量分别升高至 $3.91 \ \mathrm{kg}$、$0.56 \ \mathrm{kg}$。当富氧浓度大于 25.44%，连续吹炼处于 Ⅳ 阶段，体系氧化气氛较强，$\mathrm{Cu_2O}$ 相逐渐析出，粗铜质量快速降低，其中溶

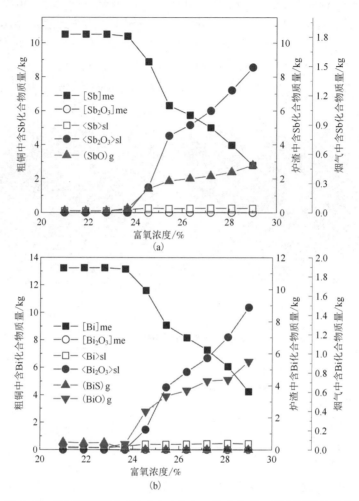

图 6-47 富氧浓度变化对(a)Sb、(b)Bi 化合物在三相中质量的影响

解的 Sb、Bi 被氧化为低价氧化物挥发和高价氧化物造渣，因此粗铜中[Sb]me、[Bi]me 质量降低至 2.79 kg、4.24 kg，炉渣中<Sb₂O₃>sl、<Bi₂O₃>sl 质量逐渐升高至 8.55 kg、8.89 kg，气相中(SbO)g、(BiO)g 质量逐渐增加至 0.49 kg、0.92 kg。

连续吹炼三相中 Sb、Bi 含量随富氧浓度变化的趋势如图 6-48 所示。富氧浓度变化对 Sb、Bi 在三相中含量的影响与受物料中 S 含量变化的影响相反。随着富氧浓度升高，吹炼体系氧化氛围增强，有利于粗铜中 Sb、Bi 氧化造渣。炉渣中 Sb、Bi 含量迅速升高，变化范围分别为 0.0024%~0.11%、0.0030%~0.125%。气相产量较大，其中 Sb、Bi 含量较小，整体呈上升趋势。连续吹炼 I 阶段，粗铜中 Sb、Bi 含量因粗铜质量升高，先缓慢降低至 0.042%、0.054%；II、III 阶段，随着体系氧分压升高，粗铜中 Sb、Bi 含量迅速降低至最小值 0.031%、0.044%；Ⅳ阶段，继续提高富氧浓度，Cu₂O 相开始析出，粗铜质量迅速降低，粗铜中 Sb、Bi 浓度反而逐渐升高。

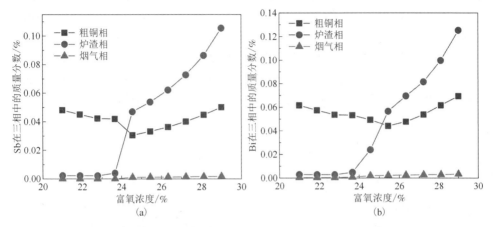

图 6-48　富氧浓度变化对 Sb(a)、Bi(b) 在三相中含量的影响

富氧浓度变化对 Sb、Bi 在三相中分配比例的影响如图 6-49 所示。随着富氧浓度升高，连续吹炼 Ⅰ 阶段，体系氧分压较低，平衡体系始终存在铜锍相，此时 Sb、Bi 在粗铜中分配比例分别约为 99%、98%；在炉渣和烟气中分配比例较小，且随着富氧浓度升高，Sb、Bi 在炉渣和烟气中分配比例缓慢减少。当富氧浓度大于 22.78%，粗铜中大部分 Sb、Bi 向炉渣中迁移，少量分配在烟气中；Sb、Bi 在炉渣中分配比例分别增加至 69.65%、62.10%，在烟气中分配比例缓慢升高至 4.04%、6.34%。

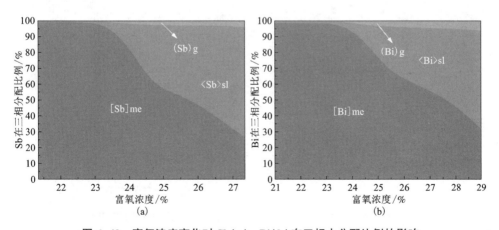

图 6-49　富氧浓度变化对 Sb(a)、Bi(b) 在三相中分配比例的影响

（2）氧矿比变化的影响

维持吹炼气体（纯氧、空气、氮气）鼓入速率不变，调整加料速率 25~38 t/h，研究氧矿比变化范围从 136.42~198.56 Nm³/t，对粗铜、炉渣和烟气中含 Sb、Bi 化合物质量的影响，如图 6-50 所示。氧矿比对 Sb、Bi 化合物质量的影响与铜锍品位变化的影响相同，随着氧矿比升高，体系氧分压整体呈上升趋势，粗铜中锑、铋化合物逐渐被氧化造渣或气相挥发；粗铜中单质[Sb]me、[Bi]me 质量分别从 12.13 kg、15.29 kg，迅速降低至 2.06 kg、3.22 kg；炉渣中<Sb₂O₃>sl、<Bi₂O₃>sl 质量逐渐增加至 6.84 kg、7.01 kg；气相中（SbO）g、（BiO）g 质量逐渐增加至 0.43 kg、0.82 kg，而（BiS）g 则逐渐消失。主要原因与受铜锍品位变化的影响一致，这里不再赘述。

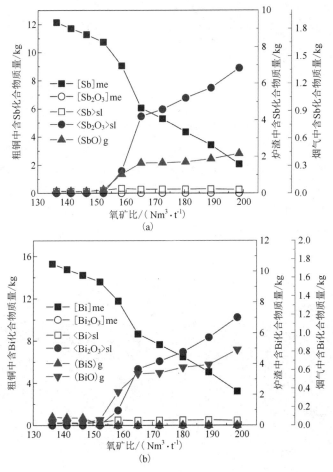

图 6-50　氧矿比变化对 Sb（a）、Bi（b）化合物在三相中质量的影响

氧矿比变化对 Sb、Bi 在三相中含量的影响如图 6-51 所示。当氧矿比小于 146.61 Nm³/t 时，粗铜中 Sb、Bi 含量相对较高、炉渣和烟气中含量较低，随着氧矿比升高，粗铜中 Sb、Bi 含量分别从 0.045%、0.058% 缓慢降低至 0.041%、0.053%；炉渣中含量分别缓慢降低至 0.0023%、0.0028%。当氧矿比在 146.61~165.13 Nm³/t 时，粗铜中 Sb、Bi 被迅速氧化为高价氧化物进渣、少量以低价氧化物挥发进入气相，由于炉渣产量相对较低，炉渣中伴生元素含量上升较为明显。当氧矿比大于 165.13 Nm³/t 时，粗铜和炉渣产量降低，即入炉渣的 Sb、Bi 总量减少，其在产物中浓度均逐渐升高。

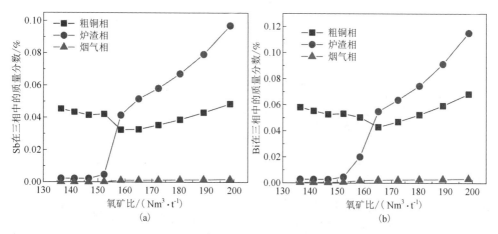

图 6-51　氧矿比变化对 Sb(a)、Bi(b) 在三相中含量的影响

伴生元素 Sb、Bi 在三相中的分配比例随氧矿比变化如图 6-52 所示。当氧矿比小于 146.61 Nm³/t，降低氧矿比时，炉渣和烟气中 Sb、Bi 分配比例缓慢升高，即利于粗铜中 Sb、Bi 脱除，这主要是粗铜产量增加对杂质元素溶解能力增强；当氧矿比大于 146.61 Nm³/t 时，继续提高氧矿比，体系氧分压明显升高，粗铜产量显著降低，使粗铜中 Sb、Bi 脱除到炉渣或气相中，炉渣中 Sb、Bi 分配比例升高至 70.76%、62.39%，粗铜中分配比例分别降低至 24.67%、30.43%。

(3) 吹炼温度变化的影响

调整连续吹炼温度在 1423~1623 K 时，控制原料成分、加料速率和气体鼓入速率不变，研究吹炼产物中含 Sb、Bi 化合物质量变化规律，如图 6-53 所示。

如图 6-53，随着吹炼温度升高，入炉 Sb、Bi 总量不变，炉渣中 <Sb₂O₃>sl 质量逐渐降低、气相中 (SbO)g 质量逐渐增加，变化范围分别为 1.30~1.68 kg、0.05~0.81 kg；粗铜中 [Sb]me 质量先缓慢升高至 8.94 kg，然后逐渐降低至 8.54 kg。随着吹炼温度升高，粗铜中单质 [Bi]me 升高至最大值 12.14 kg；炉渣

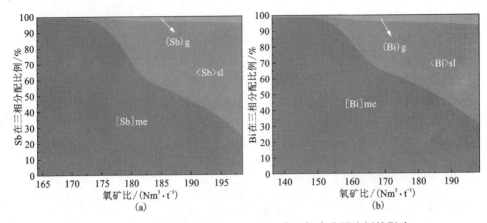

图 6-52 氧矿比变化对 Sb(a)、Bi(b) 在三相中分配比例的影响

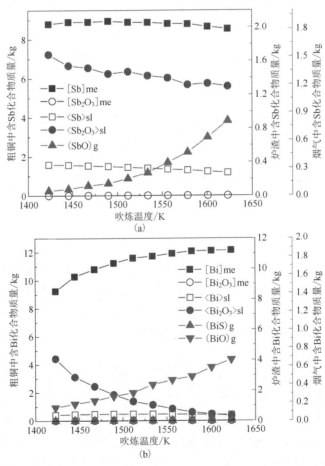

图 6-53 吹炼温度变化对 Sb(a)、Bi(b) 化合物在三相中质量的影响

中<Bi$_2$O$_3$>sl 质量从 4.09 kg 逐渐降低至 0.32 kg；当吹炼温度升高时，Bi 主要以（BiO）g 形式挥发进入烟气。吹炼温度变化对气相中含 Sb 化合物质量影响较大，而粗铜和炉渣中含 Bi 化合物质量随温度升高变化显著。这主要是因为，吹炼温度升高使烟气中 SbO、BiO 标准生成吉布斯自由能 $G_{SbO}^{\ominus}$、$G_{BiO}^{\ominus}$ 降低、饱和蒸汽压升高。但 $G_{SbO}^{\ominus}$ 比 $G_{BiO}^{\ominus}$ 下降斜率更大，因此气相中 SbO 增加更明显。温度升高，炉渣中 Sb$_2$O$_3$、Bi$_2$O$_3$ 标准生成吉布斯自由能 $G_{Sb_2O_3}^{\ominus}$、$G_{Bi_2O_3}^{\ominus}$ 增加，使其生成量减少，但 $G_{Bi_2O_3}^{\ominus}$ 升高速度比 $G_{Sb_2O_3}^{\ominus}$ 快，因此炉渣中<Bi$_2$O$_3$>sl 质量变化幅度更大。当吹炼温度较低时，炉渣中伴生元素化合物向粗铜中转化，使粗铜中单质 Sb、Bi 质量升高。当吹炼温度较高时，含 Sb、Bi 化合物气相挥发增加，粗铜中伴生元素质量开始缓慢下降。

吹炼产物中伴生元素 Sb、Bi 含量随吹炼温度变化的趋势如图 6-54 所示。随着吹炼温度升高，粗铜中 Sb 含量先升高后降低，最大含量为 0.04%，Bi 含量逐渐升高至 0.05%。炉渣中 Sb、Bi 含量逐渐降低，变化范围分别为 0.02%~0.03%、0.01%~0.06%。吹炼烟气产量较大，其中伴生元素含量相对较低，且随着吹炼温度升高缓慢升高。

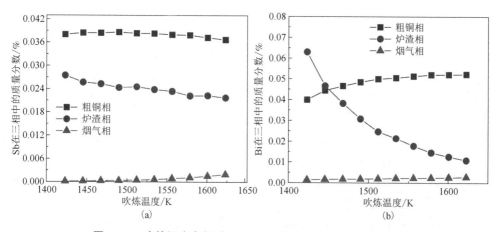

图 6-54　吹炼温度变化对 Sb（a）、Bi（b）在三相中含量的影响

吹炼温度变化对 Sb、Bi 在三相中分配比例的影响，如图 6-55 所示。当吹炼温度较低时，Sb、Bi 几乎不挥发进入气相，当吹炼温度较高时，Sb、Bi 在气相中的挥发比例增加、在炉渣和粗铜中分配比例逐渐减少。其中，伴生元素 Sb 分配比例变化幅度较小，Sb 在粗铜、炉渣、烟气中分配比例变化范围分别为 80.02%~83.21%、13.10%~17.33%、0.46%~6.78%。Bi 在三相中的分配比例变化范围分别为 70.17%~90.10%、5.16%~28.82%、1.02%~4.74%。

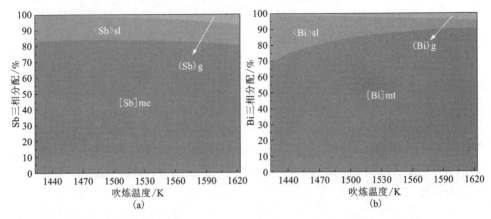

图 6-55　吹炼温度变化对 Sb(a)、Bi(b)在三相中分配比例的影响

6.4　连续吹炼工艺优化

图 6-56 为稳定工况条件下，底吹连续吹炼伴生元素多相分配比例图。连续吹炼过程中杂质元素难以挥发脱除，杂质元素 Sb 和 Bi 气相挥发率小于 4%、造渣脱除率分别为 15.07%、11.30%，杂质元素 Pb 和 Zn 气相挥发率小于 7%、造渣脱除率分别为 68.28%、85.97%，Au、Ag 贵金属在粗铜中定向捕集率分别为 96.48%、95.90%。与富氧底吹熔炼相比，连续吹炼过程贵金属定向富集率提高，这是因为连续吹炼炉渣产量小，伴生元素在吹炼渣中损失绝对值少，但渣中贵金属含量高，极具回收价值；连续吹炼过程伴生杂质元素 Pb、Zn 造渣脱除率较熔炼过程高，主要是因为 Pb、Zn 易氧化造渣，铜锍连续吹炼体系氧分压更高，有利于将 Pb、Zn 氧化造渣脱除；而吹炼高氧分压条件下，不利于杂质元素 Sb、Bi 气相挥发，仅有少量通过造渣脱除。

连续吹炼优化原料合理成分和工艺参数列于表 6-4。富氧底吹熔炼通过造锍捕金，将贵金属富集在铜锍中，在连续吹炼过程中，通过优化原料合理成分和工艺参数，进一步提高贵金属 Au、Ag 在铜相中的捕集率。由于底吹连续吹炼气相挥发脱杂能力较弱，优先考虑通过工艺优化，将伴生杂质元素通过造渣脱除。

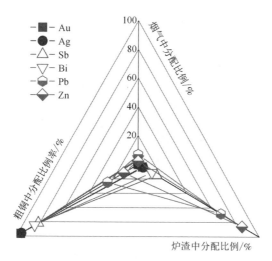

图 6-56   富氧底吹铜锍连续吹炼稳定工况条件伴生元素多相分配比例

表 6-4   底吹连续吹炼优化原料合理成分及工艺参数

工艺参数	单位	基准数据	Au、Ag 捕集 工艺参数优化区间	杂质元素氧化造渣 工艺参数优化区间
Cu 质量分数	%	70. 29	68. 50~70. 00	70. 50~72. 00
Fe 质量分数	%	4. 98	3. 50~5. 50	3. 50~5. 50
S 质量分数	%	20. 14	20. 00~21. 00	19. 00~20. 00
吹炼温度	K	1523	1523~1573	1473~1523
氧矿比	Nm³/t	157. 11	152. 00~155. 00	157. 00~160. 00
富氧浓度	%	24. 35	23. 50~24. 00	24. 50~25. 50

　　基于底吹连续吹炼生产实践原料成分和工艺参数, 开展了伴生元素多相分配热力学模拟, 结果表明: 提高原料中 S 含量和吹炼温度、降低原料 Fe 含量, 有利于提高贵金属定向捕集率, 而提高原料中 Cu 含量、富氧浓度和氧矿比, 有利于将杂质元素氧化造渣脱除。分别取表 6-4 中原料成分 S 含量和吹炼温度优化区间上限, Cu 含量、Fe 含量、氧矿比和富氧浓度下限, 可获得 Au、Ag 粗铜捕集最佳效果。分别取原料成分 Cu 含量、氧矿比和富氧浓度上限, Fe、S 含量和吹炼温度优化区间下限, 可获得 Pb、Zn 氧化造渣最佳脱除效果。最优条件下伴生元素多相分配与基准条件对比如图 6-57 所示。

　　体系氧分压(p_{O_2})、硫分压(p_{S_2})、吹炼温度、炉渣产率和烟气产率, 是底吹连

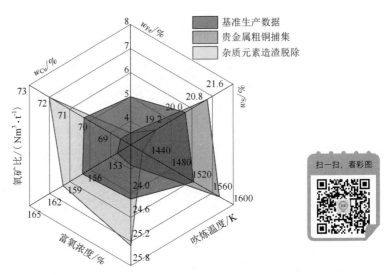

图 6-57   原料成分和工艺参数优化对伴生元素定向分离富集的影响

续吹炼关键工艺指标。研究了原料合理成分和工艺参数优化对工艺指标的影响，相关指标列于表 6-5。针对 Au、Ag 高效捕集的优化措施，提高了物料中 S 含量和吹炼温度、降低了物料 Fe 含量，有利于降低体系平衡氧分压和炉渣产率；提高硫分压，使贵金属在吹炼渣中机械夹杂和溶解损失减少。针对杂质元素 Pb、Zn、Sb、Bi 氧化造渣的优化措施，提高了入炉铜锍品位、富氧浓度和氧矿比，使吹炼体系氧分压升高、硫分压降低，渣率升高，强化了氧化造渣过程。

表 6-5   富氧底吹铜锍连续吹炼优化工艺指标

工艺指标	单位	基准数据	Au、Ag 捕集	杂质元素氧化造渣
p_{O_2}	Pa	$10^{0.50}$	$10^{-1.61}$	$10^{0.98}$
p_{S_2}	Pa	$10^{-5.11}$	$10^{-1.43}$	$10^{-5.46}$
炉渣产率	/	0.27	0.19	0.33
烟气产率	/	1.58	1.51	1.79
吹炼温度	K	1523	1573	1473

底吹连续吹炼工艺指标优化对伴生元素定向分离富集的影响，如图 6-58 所示。基准工况下，连续吹炼体系平衡氧分压 $10^{0.50}$ Pa、硫分压 $10^{-5.11}$ Pa，连续吹炼温度 1523 K，炉渣产率和烟气产率分别为 0.27、1.58。通过原料合理成分和工艺

参数优化，降低体系氧分压至 $10^{-1.61}$ Pa、炉渣产率至 0.19，提高吹炼温度至 1573 K 和平衡硫分压至 $10^{-1.43}$ Pa，有利于减少贵金属在炉渣中损失，提高粗铜中 Au、Ag 捕集率。反之，通过工艺优化，提高吹炼体系平衡氧分压至 $10^{0.98}$ Pa、增大炉渣产率至 0.33，降低硫分压至 $10^{-5.46}$ Pa、吹炼温度至 1473 K，有利于将杂质元素氧化入渣，提高杂质元素在渣中定向脱除率。

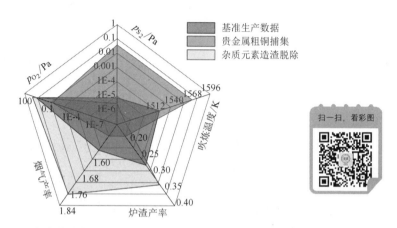

图 6-58　底吹连续吹炼工艺指标优化对伴生元素定向分离富集的影响

　　基于上述工艺优化措施，伴生元素定向分离富集率如图 6-59 和表 6-6 所示。伴生 Au、Ag 粗铜捕集率分别提高至 98.86%、98.71%，伴生 Pb、Zn、Sb、Bi 总脱除率分别提高至 83.35%、93.73%、40.81%、33.40%，其中造渣定向脱除率分别提高至 78.74%、92.73%、38.10%、29.31%。

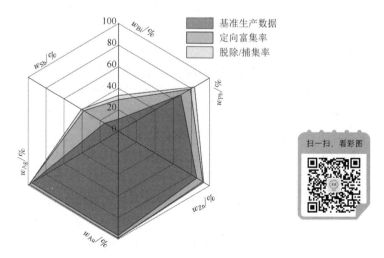

图 6-59　底吹连续吹炼伴生元素多相分配比例优化图

表 6-6　底吹连续吹炼伴生元素定向分离富集比例　　　　　　%

伴生元素	基 准 数 据		优 化 数 据	
	定向富集/脱除	总富集/脱除	定向富集/脱除	总富集/脱除
Au	96.48	96.48	98.86	98.86
Ag	95.90	95.90	98.71	98.71
Pb	68.28	75.11	78.74	83.35
Zn	85.97	88.28	92.73	93.73
Sb	15.07	18.08	38.10	40.81
Bi	11.30	15.09	29.31	33.40

通过富氧底吹连续吹炼工艺优化，使杂质元素在炉渣中定向脱除，渣中杂质 Pb+Zn 总含量约 10%。此外，吹炼体系强氧化条件下，部分有价金属在渣中损失，渣中 Cu 含量大于 30%，需进一步回收有价金属。生产实践中，通常将吹炼渣直接返回熔炼系统，造成 Pb、Zn 杂质元素在铜冶炼过程中累积，增加了富氧底吹连续炼铜杂质脱除压力。因此，可以考虑采用连续吹炼渣还原硫化预处理技术，充分利用熔融吹炼渣显热，在高温下对炉渣进行还原贫化。将有价金属富集形成铜锍/粗铜，再返回熔炼系统；Pb、Zn 硫化挥发，在冷却烟灰中回收；吹炼渣中剩余 Fe 及脉石成分，可用于制备铁红颜料和白炭黑。该技术可降低返料量，避免杂质累积，同时可实现多金属综合回收。

6.5　本章小结

本章基于底吹连续吹炼过程机理和多相平衡优化模型，以工业生产实践原料成分和工艺参数为基准条件，研究了贵金属、造渣元素和第 V 主族元素在铜锍连续吹炼过程多相赋存状态、含量和分配比例，形成了吹炼原料合理成分和工艺参数优化机制，为生产实践中贵金属高效捕集和杂质元素强化脱除提供了理论指导。

（1）稳定工况下，贵金属 Au、Ag 在粗铜中富集率为 96.48%、95.90%，主要以机械夹杂损失于炉渣中，吹炼渣量小，渣中 Au、Ag 含量高，分别为 0.81 g/t、90.17 g/t，需进一步回收有价金属；提高入炉铜锍中 S 含量和吹炼温度、降低铜锍中 Fe 含量，有利于降低吹炼氧分压和炉渣产量，减少贵金属在渣中损失；通过原料合理成分和工艺参数优化，Au、Ag 在粗铜中富集率提高至 98.86%、98.71%。

(2)底吹连续吹炼稳定工况下,伴生杂质元素 Pb、Zn 总脱除率为 75.11%、88.28%,其中氧化造渣脱除率为 68.28%、85.97%,气相挥发较少;提高入炉铜锍品位、氧矿比、富氧浓度,以及降低吹炼温度,有利于提高吹炼氧分压和炉渣产量,促进 Pb、Zn 氧化造渣脱除;通过原料合理成分和工艺参数优化,Pb、Zn 元素总脱除率分别提高至 83.35%、93.73%,其中造渣脱除率分别提高至 78.74%、92.73%。

(3)连续吹炼体系氧分压较高,熔融铜锍中 Sb、Bi 难以形成硫化物或低价氧化物挥发,只能被氧化为高价氧化物进入渣中脱除。稳定工况下,Sb、Bi 造渣脱除率仅为 15.07%、11.30%,另有 81.92% Sb、84.91% Bi 残留在粗铜中;提高入炉铜锍品位、氧矿比、富氧浓度,以及降低吹炼温度,强化氧化造渣,将使 Sb、Bi 元素总脱除率提高至 40.81%、33.40%,其中氧化造渣脱除率提高至 38.10%、29.31%。

第 7 章   连续炼铜杂质元素脱除影响因素分析

第 4 章和第 6 章研究结果表明，通过原料合理成分和工艺参数优化，大型化底吹铜熔炼工艺可实现贵金属高效捕集和伴生元素强化脱除，而富氧底吹铜锍连续吹炼对 Pb、Zn 造渣元素脱除能力较强，其他杂质脱除能力相对较弱。

本章研究了富氧底吹连续炼铜工艺特性，明确了大型化底吹熔炼和底吹连续吹炼过程影响杂质元素脱除的关键因素，为富氧底吹连续炼铜装备及工艺优化提供了理论指导。本章元素百分含量是指质量分数(%)，富氧浓度是指体积分数(%)。

7.1   大型化底吹熔炼工艺

前文研究结果表明，底吹熔炼过程贵金属捕集能力强和杂质砷脱除效果好，可用于协同处理复杂金精矿。富氧底吹造锍捕金生产实践表明[32, 143]，As 首先挥发进入烟气，通过烟气干法骤冷收砷形成白烟尘(As_2O_3)[144]，可作为高纯砷制备的优质原料。伴生杂质元素 Sb 冶炼过程挥发进入烟气，容易在烟气冷却过程形成 Sb_2O_3 进入白烟尘，增加了砷提纯过程脱杂压力。因此，应考虑将 Sb 通过造渣脱除，避免 Sb 污染砷提取原料，同时为从炉渣中回收 Sb 奠定基础[145]。

本节以伴生杂质元素 Sb 为例，研究了熔炼过程杂质脱除反应热力学，对比分析了多种铜强化熔炼工艺 Sb 多相分配行为，明确了大型化富氧底吹铜熔炼过程 Sb 脱除机理，明晰了影响杂质元素强化脱除的关键因素。

7.1.1   杂质熔炼过程反应热力学

Sb 是复杂含铜资源中典型的伴生杂质元素，主要以黝铜矿($Cu_{12}Sb_4S_{13}$)等硫化物矿物形式存在[146, 147]。在冶炼温度下，$Cu_{12}Sb_4S_{13}$ 易受热分解为 Cu_2S、Sb_2S_3 和 S_2。

$$2Cu_{12}Sb_4S_{13}(s) \longrightarrow 12Cu_2S(l) + 4Sb_2S_3(l) + S_2(g) \qquad (7-1)$$

分解产物 Sb_2S_3 继续发生反应，生成 SbS、Sb_2、SbO 挥发进入气相，Sb_2O_3 进入渣相[148, 149]。

$$Sb_2S_3(l) \Longrightarrow Sb_2S_3(g) \qquad (7-2)$$

$$Sb_2S_3(l) + O_2(g) \Longrightarrow 2SbS(g) + SO_2(g) \qquad (7-3)$$

$$1/3Sb_2S_3(g) + O_2(g) = 1/3Sb_2(g) + SO_2(g) \tag{7-4}$$
$$2/3SbS(g) + O_2(g) = 2/3SbO(g) + 2/3SO_2(g) \tag{7-5}$$
$$Sb_2(g) + O_2(g) = 2SbO(g) \tag{7-6}$$
$$4SbO(g) + O_2(g) = 2Sb_2O_3(l) \tag{7-7}$$

部分 Sb_2S_3 随精矿落入熔池中，进一步被熔池中鼓入的氧气和渣中氧化物氧化，生成 Sb_2 重新挥发进入气相，Sb 进入铜锍相，Sb_2O_3 留在炉渣中：

$$1/3Sb_2S_3(l) + O_2(g) = 1/3Sb_2(g) + SO_2(g) \tag{7-8}$$
$$1/3Sb_2S_3(l) + O_2(g) = 2/3Sb(l) + SO_2(g) \tag{7-9}$$
$$1/2Sb_2S_3(l) + Sb_2O_3(l) = 3Sb(l) + 3/2SO_2(g) \tag{7-10}$$
$$Sb_2O_3(l) + 9FeO(l) = 2Sb(l) + 3Fe_3O_4(l) \tag{7-11}$$
$$2SbO(g) + Fe_3O_4(l) = Sb_2O_3(l) + 3FeO(l) \tag{7-12}$$

在氧气充足条件下，铜锍中 Sb 与氧气反应生成 SbO 和 Sb_2O_3 向上迁移，前者进入气相、后者溶解于熔炼渣中：

$$2Sb(l) + O_2(g) = 2SbO(g) \tag{7-13}$$
$$4/3Sb(l) + O_2(g) = 2/3Sb_2O_3(l) \tag{7-14}$$

强氧化冶炼条件下，炉渣中部分 FeO 被氧化为 Fe_3O_4，提高了炉渣熔点和黏度。实际生产中操作不当，固体 Fe_3O_4 析出，将导致渣含铜升高，放渣困难，熔炼产生泡沫渣等问题，严重危害生产安全。为了改善炉渣性质、减少渣中 Fe_3O_4 生成，可通过加入少量还原剂将 Fe_3O_4 还原。炉渣中 Fe_3O_4 和含锑化合物与还原剂发生如下反应：

$$Sb_2O_3(l) + C(s) = 2SbO(g) + CO(g) \tag{7-15}$$
$$Sb_2O_3(l) + CO(g) = 2SbO(g) + CO_2(g) \tag{7-16}$$
$$Sb_2O_3(l) + 3/2C(s) = 2Sb(l) + 3/2CO(g) \tag{7-17}$$
$$Sb_2O_3(l) + 3CO(g) = 2Sb(l) + 3CO_2(g) \tag{7-18}$$
$$3Fe_3O_4(l) + 1.5C(s) = 9FeO(l) + 1.5CO_2(g) \tag{7-19}$$
$$3Fe_3O_4(l) + 3CO(g) = 9FeO(l) + 3CO_2(g) \tag{7-20}$$

根据反应发生的位置，上述反应可被分为气相反应、渣相反应和铜锍相反应。利用 HSC 6.0 热力学软件，计算了反应吉布斯自由能数据，并绘制在图 7-1 和图 7-2 中。

如图 7-1 所示，在铜冶炼温度、标准状态下，所有反应均可以自发进行。每种铜冶炼工艺采用炉体结构和工艺参数不同，炉内温度、氧分压、硫分压分布差异较大，伴生元素 Sb 在炉内反应优先顺序不同，最终导致各种铜冶炼工艺 Sb 多相分配比例存在差异。

图 7-2 显示，Sb_2O_3 分别与 C 和 CO 反应的吉布斯自由能较 Fe_3O_4 还原反应更负，证明以 C(s) 或 CO(g) 作为还原剂，渣中的 Sb_2O_3 较 Fe_3O_4 优先被还原，生

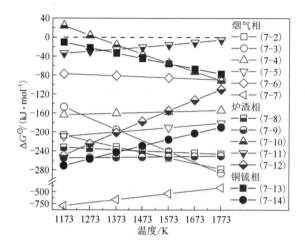

图 7-1 含锑化合物标准反应吉布斯自由能随温度变化图

成 SbO(g)进入烟气、或 Sb(l)进入铜锍中。

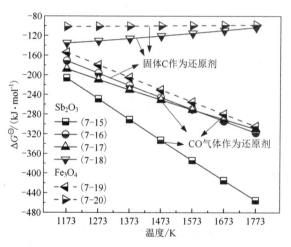

图 7-2 Sb$_2$O$_3$ 和 Fe$_3$O$_4$ 还原反应标准吉布斯自由能随温度变化图

铜冶炼过程中 Sb 多相迁移演变如图 7-3 所示。铜冶炼炉内，Cu$_{12}$Sb$_4$S$_{13}$ 随精矿下落过程中首先分解成简单的硫化物(Cu$_2$S、CuS、Sb$_2$S$_3$ 和 S$_2$)。锑硫化物被氧化成 SbS(g)、SbO(g)和 Sb$_2$O$_3$(l)，其中 SbS(g)和 SbO(g)迁移到气相中，Sb$_2$O$_3$(l)落入熔池中。精矿中未充分氧化的 Sb$_2$S$_3$(l)落入熔池，与 O$_2$(g)和其他氧化物发生氧化反应，生成 Sb(l)迁移到铜锍中、Sb$_2$O$_3$(l)留在渣中，Sb$_2$(g)挥发进入气相。铜锍中 Sb(l)与 O$_2$(g)反应，氧化产物 SbO(g)挥发到气相，Sb$_2$O$_3$(l)迁移到渣相。携带 SbO(g) 的气泡穿过铜锍层和渣层向上迁移过程中,也可能发生氧化反应。在一定冶炼条件下,上述反应达到平衡,可以获得 Sb 在铜锍、炉渣和烟气分配比例。实际生产中,可以通过强化某一相中的反应,实现 Sb 定向分离富集。

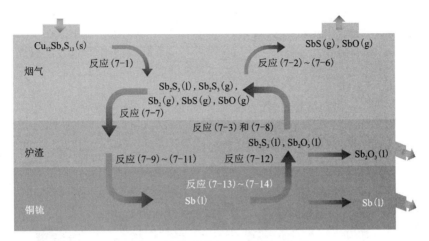

图 7-3　熔炼过程中 Sb 迁移演变规律

7.1.2　不同熔炼工艺锑分配差异

(1) 强化熔炼杂质脱除途径

现代强化铜冶炼工艺主要分为闪速熔炼工艺(FS)[150] 和熔池熔炼工艺,根据气体鼓入位置不同,熔池熔炼包括富氧底吹熔炼(OBBS)、富氧侧吹熔炼(OSBS)[151, 152] 和富氧顶吹熔炼(OTBS)[153, 154]。上述四种典型强化铜冶炼工艺,富氧鼓入位置、加料方式和工艺参数(铜锍品位、反应温度、渣型和还原剂)等存在差异,使伴生元素 Sb 反应历程和反应条件(氧分压、温度)不相同,最终导致 Sb 分配于不同相中的比例不同。典型铜冶炼过程 Sb 分配比例和工艺特性对比如表 7-1 所列。Sb 在闪速熔炼过程主要富集在铜锍中[6, 155],富氧底吹熔炼过程 Sb 被脱除到炉渣中[101],在富氧顶吹和侧吹熔炼过程,Sb 主要挥发进入气相[156, 157]。

表 7-1　铜强化熔炼工艺参数与 Sb 多相分配

工艺	Sb 多相分配比例/%			富氧浓度/%	熔炼温度/K	鼓氧位置
	铜锍	炉渣	烟气			
FS	59.32	35.28	5.40	70~80	1523~1623	烟气相
OBBS	12.31	71.05	16.64	70~78	1453~1543	铜锍相

续表7-1

工艺	Sb 多相分配比例/%			富氧浓度/%	熔炼温度/K	鼓氧位置
	铜锍	炉渣	烟气			
OTBS	31.00	3.00	66.00	50~60	1453~1523	炉渣相
OSBS	15.00	29.00	57.00	/	1473~1573	炉渣相

（2）闪速熔炼与熔池熔炼锑分配差异

Taskinen[9, 158]等针对闪速炉开展了 CFD 模拟仿真研究，如图 7-4 所示，闪速反应塔内中央喷嘴附近温度和富氧浓度较高，沿反应塔向下逐渐降低。熔池熔炼过程中，富氧气体被吹入炉渣或铜锍中。研究团队研究结果[159]表明，底吹炉内高温和强氧化区在熔池中，而烟气中反应温度相对较低，氧化性较弱，如图 7-5 所示。

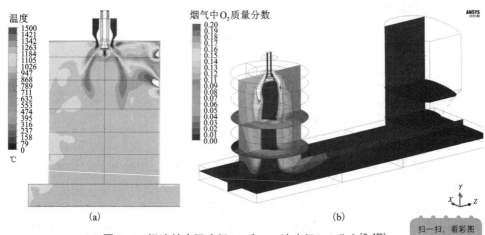

（a）   （b）

图 7-4　闪速炉内温度场（a）和 O₂ 浓度场（b）分布[9, 158]

扫一扫，看彩图

闪速熔炼过程中，含锑精矿和富氧空气被喷入高温、强氧化反应区，精矿分解产生的 SbS 和 SbO 发生反应[式（7-7）]生成 Sb_2O_3 落入沉淀池，在熔池内继续发生反应[式（7-10）]和[式（7-11）]生成 Sb 进入铜锍。由于闪速熔炼沉淀池内缺乏充足氧气，反应[式（7-13）]和[式（7-14）]进展缓慢[160]，只有部分 Sb 氧化入渣或挥发进入烟气，大部分仍富集在铜锍中。熔池熔炼一般采用顶部进料，精矿首先与烟气接触，在相对较低的温度和氧分压下，为反应[式（7-2）、式（7-3）]生成 SbS 挥发进入烟气创造了条件，因此熔池熔炼 Sb 在烟气中分配比例普遍较闪速熔炼高。精矿中大量 Sb_2S_3 未充分反应即落入熔

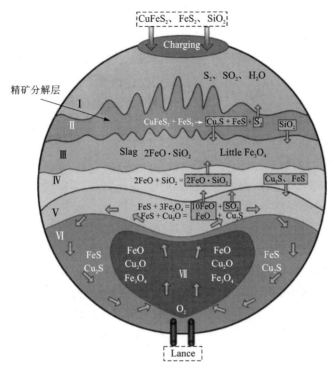

图 7-5　富氧底吹熔池熔炼反应机理图[161]

池，在氧气充足情况下，被大量氧化入渣。

（3）熔池熔炼锑分配差异

富氧顶吹和侧吹熔炼，为补充热量或调整炉渣性质，需配入少量还原剂（煤粉、焦炭等）。使炉渣中大量 Sb_2O_3 发生反应［式（7-15）和式（7-16）］生成 SbO，持续还原挥发到气相中。而富氧底吹自热熔炼，无须配入煤炭，渣中 Sb_2O_3 无法被有效还原，仍留在熔炼渣中。侧吹和顶吹熔炼鼓风位置在渣层，大量气体强烈搅拌炉渣，有利于强化渣中 Sb_2O_3 还原挥发进入气相。另外，冶炼温度和富氧浓度是影响 Sb 多相分配的重要因素[162]，富氧顶吹和侧吹铜熔炼工艺富氧浓度低，熔炼温度高，也为 Sb 挥发进入烟气提供了良好的动力学和热力学条件。因此伴生杂质元素 Sb 在富氧底吹铜熔炼过程可被造渣脱除，在富氧顶吹和侧吹铜熔炼过程被挥发进入气相。

7.1.3 富氧底吹熔炼锑分配行为

(1)含锑化合物性质

文献[163,164]研究表明,炉渣中单原子氧化物活度系数基本不受自身浓度的影响,在全组分浓度范围内推广应用时仍保持准确性。因此,在富氧底吹铜熔炼多相平衡优化模型中,锑以单原子$[Sb]mt$形式存在于铜锍[165],以单原子氧化物$<SbO_{1.5}>sl$形式存在于炉渣[166],以$(SbO)g$和$(SbS)g$挥发进入气相。铜锍与炉渣之间相互机械夹杂,使铜锍中夹杂少量$[SbO_{1.5}]mt$,炉渣中夹杂少量$<Sb>sl$。

铜锍品位G_m对铜锍中Sb活度系数的影响,可用式(7-21)计算:

$$\gamma_{Sb} = -0.1423 + 0.3457G_m - 0.18G_m \cdot \lg G_m \tag{7-21}$$

炉渣中$SbO_{1.5}$活度系数可用公式(7-22)计算:

$$\gamma_{SbO_{1.5}} = \exp(1055.66/T) \tag{7-22}$$

铜锍中Sb和炉渣中$SbO_{1.5}$活度系数绘制于图7-6中。Sb活度系数随着铜锍品位升高而降低,意味着提高铜锍品位不利于锑从铜锍中脱除。炉渣中$SbO_{1.5}$活度系数受渣型和熔炼温度影响,当研究温度对伴生元素分配行为影响时,炉渣中$SbO_{1.5}$活度系数$\gamma_{SbO_{1.5}}^*$随着温度升高而减少。当研究其他因素对伴生元素分配行为影响时,熔炼温度保持不变,炉渣中$SbO_{1.5}$活度系数$\gamma_{SbO_{1.5}}$保持恒定不变。

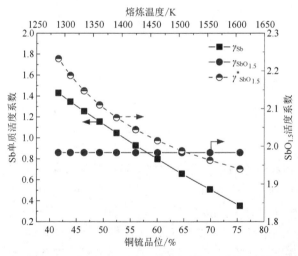

图7-6 铜锍中单质Sb和炉渣中$SbO_{1.5}$活度系数随铜锍品位变化

(2)锑多相分配行为

研究了铜锍品位和熔炼温度变化对锑多相赋存状态、含量及分配比例的影响,明确了富氧底吹铜熔炼过程Sb多相分配行为,揭示了影响Sb强化脱除的关键影响因素。

在表 2-1 和表 2-2 所示基准条件下, 维持氧浓 80.45%, 调整氧气和空气鼓入速率, 探究铜锍品位变化(57.79% ~ 73.94%) 对锑多相赋存状态的影响, 如图 7-7 所示。随着铜锍品位升高, 铜锍中[Sb]mt 逐渐增加到 28.96 kg, 炉渣中 <SbO_{1.5}>sl 质量从 14.69 kg 明显提升到 49.92 kg, 烟气中(SbS)g 迅速下降到 16.42 kg, 而(SbO)g 在烟气中略有增加。这是因为, 随着铜锍品位升高, 铜锍中 Sb 活度系数降低, 铜锍对 Sb 溶解能力增加; 氧分压随升高至 8.48×10^{-3} Pa, 烟气中(SbS)g 被氧化为[Sb]mt 进入铜锍、<SbO_{1.5}>sl 进入炉渣。由于铜冶炼过程中机械夹带现象, 铜锍和铜渣分别含有少量的[SbO_{1.5}]mt、<Sb>sl。

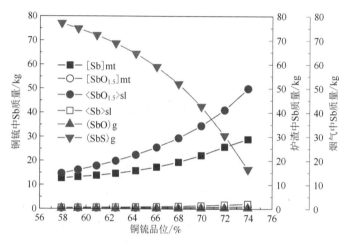

图 7-7　铜锍品位变化对三相中含 Sb 化合物质量的影响

铜锍品位变化对铜锍、炉渣和烟气中 Sb 含量的影响如图 7-8 所示。随着铜锍品位升高, 铜锍中 Sb 含量从 0.02% 缓慢增加到 0.05%, 炉渣中 Sb 含量从 0.02% 逐渐升高到 0.04%, 而烟气中 Sb 含量从 0.08% 迅速下降到 0.01%。铜锍和炉渣中含锑化合物增加, 使两相中 Sb 含量逐渐增加。其中, 铜锍中 Fe、S 被氧化脱除, 使铜锍产量降低至 57.25 t, 增加了铜锍中 Sb 含量上升趋势; 铜锍中 Fe 被氧化造渣, 使炉渣产量升高至 101.90 t, 炉渣中 Sb 含量增长趋势相对缓慢。大量 S 氧化成 SO_2 进入烟气, 使气体产量增加至 96.72 t, 同时烟气中(SbS)g 质量减少, 导致气体中 Sb 含量急剧下降。

图 7-9 展示了铜锍品位变化对 Sb 在气相、渣相和锍相中分配比例的影响。结果表明, 铜锍品位较低时, 约 70% 的锑分配于气相中。随着铜锍品位升高, 气相中 Sb 分配比例迅速下降到 15% 以下, 在铜锍和炉渣中比例逐渐升高。这是因为, 随着铜锍品位升高, 平衡体系 p_{O_2} 增加至 8.48×10^{-3} Pa、p_{S_2} 降低至 19.82 Pa,

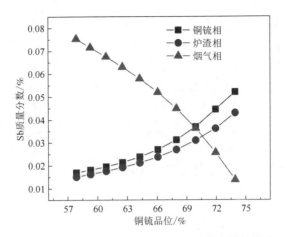

图 7-8　铜锍品位变化对三相中 Sb 元素含量的影响

导致以 SbS 形式挥发的锑减少，烟气中的 Sb 逐渐向铜锍和炉渣中迁移，使铜锍和炉渣中 Sb 分配比例逐渐增加。

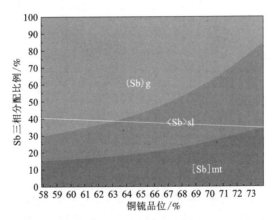

图 7-9　铜锍品位变化对 Sb 在三相中分配的影响

　　维持入炉原料成分和其他工艺参数不变，调整熔炼温度 1423~1623 K，研究温度对 Sb 在三相中赋存状态的影响，如图 7-10 所示。

　　由图 7-10 可知，随着温度升高，炉渣中$<SbO_{1.5}>$sl 质量从 54.29 kg 迅速降低至 25.67 kg，烟气中(SbS)g 质量迅速升高至 51.16 kg，而铜锍中[Sb]mt 质量先逐渐升高至 22.91 kg，然后缓慢降低。这主要是因为，以 $Sb_2(g)$ 为稳定单质生成 Sb(l) 和 $SbO_{1.5}(l)$ 的标准生成吉布斯自由能随温度升高而增加，生成 SbS(g)、

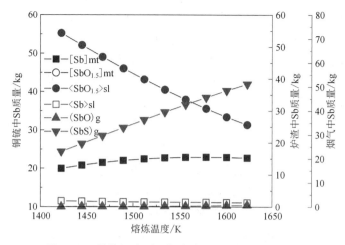

图 7-10　熔炼温度对三相中含 Sb 化合物质量影响

SbO(g)的标准生成吉布斯自由能随温度升高而减小，因此温度升高抑制了铜锍和炉渣中含锑化合物生成，促进了气相中 SbS、SbO 形成。当吹炼温度小于 1556 K 时，Sb(1)生成吉布斯自由能较负，随熔炼温度升高，铜锍中 FeS 减少、铜锍品位升高，使铜锍中[Sb]mt 活度系数降低，所以铜锍中[Sb]mt 质量先逐渐上升，当温度大于 1556 K 时，Sb(1)生成吉布斯自由能较高，铜锍中[Sb]mt 质量又逐渐减少。

　　熔炼温度变化对 Sb 在三相中含量的影响，如图 7-11 所示。随着温度升高，炉渣中 Sb 含量迅速降低至 0.02%，烟气中 Sb 含量快速升高至 0.04%，铜锍中 Sb 含量先逐渐升高至 0.04% 后缓慢降低。随温度升高，铜锍产量降低至 60.39 t、烟气产量升高至 95.44 t，促进了铜锍中 Sb 含量升高，但降低了烟气中 Sb 含量上升趋势。

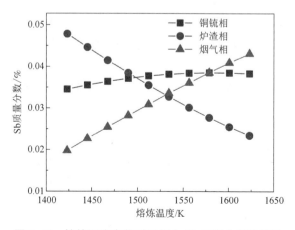

图 7-11　熔炼温度变化对三相中 Sb 元素含量的影响

模拟了熔炼温度变化对 Sb 在三相中分配的影响，绘制于图 7-12。随熔炼温度升高，气相中 SbS 和 SbO 蒸气压力增加[145]，使烟气中 Sb 分配比例增加至 47.26%。而温度升高不利于炉渣中 $SbO_{1.5}$ 生成，使在炉渣中分配比例从 54.30% 减少到 26.16%。铜锍中 [Sb]mt 质量先升高后降低，使铜锍中 Sb 分配比例先升高至 26.99%，然后缓慢降低至 26.57%[86]。

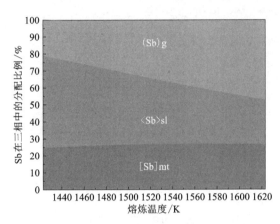

图 7-12　熔炼温度变化对 Sb 在三相中分配的影响

(3)富氧底吹铜熔炼锑分配差异

前文研究结果表明，同一冶炼工艺采用的参数不同，Sb 在多相中分配比例存在差异。本书选取了国内三条富氧底吹熔炼生产线，分别命名为 OBBS-I[125]、OBBS-II[101] 和 OBBS-III(大型化底吹铜熔炼)，生产线原料成分、工艺参数和 Sb 多相分配比例列于表 7-2 和表 7-3。为了生产近似品位的铜锍，工艺参数(氧矿比、富氧浓度、熔炼温度)随着原料成分变化(Cu、Fe、S、Sb)而不同，最终导致 Sb 在各生产线中多相分配比例存在差异，如图 7-13 所示。Sb 在 OBBS-I 和 OBBS-II 中主要通过造渣脱除，而在 OBBS-III 中无明显富集相。

表 7-2　多条底吹造锍熔炼工艺中原料及产物成分和 Sb 多相分配比例

生产线	物相	化学组成/%				Sb 分配比例/%
		Cu	Fe	S	Sb	
OBBS-I	精矿	22.67	24.89	25.51	0.10	100.00
	铜锍	70.45	3.98	17.35	0.06	12.00
	炉渣	2.61	40.58	0.52	0.15	84.00

续表7-2

生产线	物相	化学组成/%				Sb 分配比例/%
		Cu	Fe	S	Sb	
OBBS-Ⅱ	精矿	24.35	26.76	28.57	0.10	100.00
	铜锍	70.83	7.32	17.82	0.04	12.31
	炉渣	3.16	42.58	0.86	0.13	71.05
OBBS-Ⅲ	精矿	25.06	24.44	28.22	0.05	100.00
	铜锍	70.29	4.98	20.14	0.03	26.77
	炉渣	3.37	43.38	0.81	0.03	35.95

表 7-3　多条底吹造锍熔炼工艺参数

工艺参数	单位	OBBS-Ⅰ	OBBS-Ⅱ	OBBS-Ⅲ
铜锍品位	%	70.45	70.83	70.29
富氧浓度	%	73.47	73.00	80.45
氧矿比	Nm³/t	153.53	151.31	161.42
熔池温度	K	1470	1501	1542
炉渣产率		2.00	1.96	1.60
烟气产率		1.81	1.94	1.53

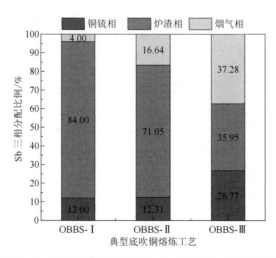

图 7-13　底吹造锍熔炼过程中 Sb 在三相中的分配比例

其中, 炉渣率 L_{slag} 和烟气率 L_{gas} 分别由公式(7-23)和式(7-24)计算。

$$L_{slag} = \frac{< \text{Slag mass} >}{[\text{Matte mass}]} \tag{7-23}$$

$$L_{gas} = \frac{(\text{Gas mass})}{[\text{Mate mass}]} \tag{7-24}$$

三条富氧底吹铜熔炼生产线关键指标绘制于图7-14。与OBBS-Ⅲ相比, OBBS-Ⅰ和OBBS-Ⅱ熔炼温度低, 氧分压和硫分压低, 渣率高, 因此生产相同品位的铜锍, 较低的体系熔炼温度和氧分压, 有利于Sb向炉渣中定向脱除[167]。似乎与图7-9研究结果矛盾, 这是因为图7-9是在恒定熔炼温度下计算获得。同时, 较大的渣率, 降低了杂质元素在炉渣中的活度, 使其在炉渣中的溶解量增加。

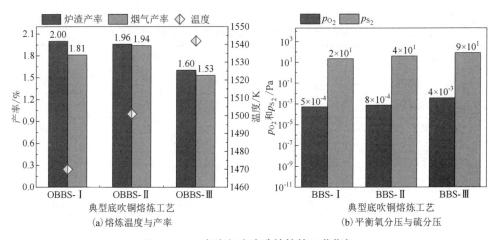

图7-14　三条富氧底吹造锍熔炼工艺指标

7.2　底吹连续吹炼工艺

As是铜锍吹炼过程中典型的伴生杂质元素, 本节以As为例, 研究富氧底吹连续吹炼过程杂质元素多相分配行为, 揭示影响杂质脱除的关键因素。

7.2.1　杂质吹炼过程反应热力学

吹炼原料铜锍中砷以单原子As形式存在[88], 吹炼过程可能发生如下反应, 计算了不同吹炼温度下各反应标准吉布斯自由能, 绘于图7-15。

$$2FeS(l) + 2As(l) + O_2(g) == 2FeO(l) + 2AsS(g) \tag{7-25}$$

$$2Cu_2S(l) + 2As(l) + O_2(g) == 2Cu_2O(l) + 2AsS(g) \tag{7-26}$$

$$2As(l) + O_2(g) \Longrightarrow 2AsO(g) \tag{7-27}$$

$$Cu_2O(l) + As(l) \Longrightarrow AsO(g) + 2Cu(l) \tag{7-28}$$

$$4/7AsS(g) + O_2(g) \Longrightarrow 2/7As_2O_3(l) + 4/7SO_2(g) \tag{7-29}$$

$$4AsO(g) + O_2(g) \Longrightarrow 2As_2O_3(l) \tag{7-30}$$

$$3Cu(l) + As(l) \Longrightarrow Cu_3As(l) \tag{7-31}$$

$$2.5Cu(l) + As(l) \Longrightarrow 0.5Cu_5As_2(l) \tag{7-32}$$

根据反应产物富集物相，将吹炼过程中 As 反应分为气相反应、渣相反应和铜相反应。理论上，吹炼温度下，除反应式(7-26)之外，均能自发向右进行，反应产物分散于多相中。因此，As 在不同吹炼工艺受多种因素综合影响，最终呈现不同的分配趋势。

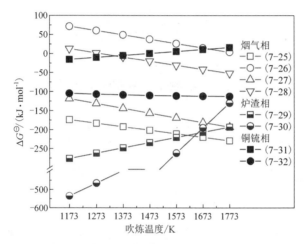

图 7-15　含 As 化合物标准反应吉布斯自由能

在典型铜锍吹炼条件下(温度 1473 K～1573 K，铜锍品位 70%～79%)，计算了铜锍相、铜相中 Pb、Zn(ZnS)、As、Sb 和 Bi 杂质元素活度系数 γ_{mt} 和 γ_{me}，以及两者比例 γ_{mt}/γ_{me}，结果显示在图 7-16 中。微量元素在铜相中的活度系数低于在铜锍中，所有伴生元素在铜锍和铜相中的活度系数之比 γ_{mt}/γ_{me} 均大于 1[168]，这意味着同等条件下，伴生杂质元素在铜相中的溶解度大于铜锍中[88]。

采集了国内某底吹冶炼企业铜锍和粗铜成分数据，利用 FactSage® 7.1[106, 107] 热力学软件，计算了 $T=1523$ K、$p=10^5$ Pa 条件下 100 g 铜锍和 100 g 粗铜两相平衡时杂质元素的分配规律，列于表 7-4 中。

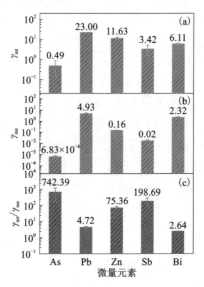

图 7-16 伴生元素在铜锍和铜相中的活度系数

表 7-4 铜锍和铜中伴生元素质量分数 %

元　素		Cu	Fe	S	As	Pb	Zn	总计
平衡前	铜锍相	72.02	4.88	20.68	0.09	1.39	0.94	100.00
	铜相	98.53	0.08	0.36	0.12	0.65	0.25	100.00
平衡后	铜锍相	75.08	4.35	19.67	0.03	0.45	0.43	100.00
	铜相	95.73	0.56	1.14	0.18	1.61	0.78	100.00

从表 7-4 可以看出，平衡后铜锍相中 As、Pb 和 Zn 向铜相中迁移，导致铜相中杂质含量升高。元素在铜锍和铜相之间分配系数 $L_{Me}^{mt/me}$ 由下式定义。

$$L_{Me}^{mt/me} = \frac{[t_{Me}]_{matte}}{[t_{Me}]_{metal}} \tag{7-33}$$

式中，Me 表示元素；$[t_{Me}]_{matte}$、$[t_{Me}]_{metal}$ 分别表示铜锍、铜相中该元素质量分数。

表 7-5 列出了铜锍与铜相平衡前后 Cu、Fe、S 主金属元素和 As、Pb、Zn 伴生杂质元素分配系数 $L_{Me}^{mt/me}$，当两相达到平衡时，杂质在铜锍和铜相之间分配系数 $L_{Me}^{mt/me}$ 均小于 1[169]，即当两相同时存在时，杂质会从铜锍迁移到铜相中[170]。

表 7-5　伴生元素在铜锍和粗铜之间分配系数

元　素	Cu	Fe	S	As	Pb	Zn
平衡前	0.73	58.41	57.99	0.70	2.14	3.69
平衡后	0.78	7.80	17.27	0.15	0.28	0.55

7.2.2　不同吹炼工艺砷分配差异

本节明晰了 PS 转炉吹炼和氧气底吹连续吹炼杂质脱除途径,从杂质传质行为、操作制度、物相演变三个方面,研究了影响铜锍吹炼杂质元素脱除的关键因素。

(1)铜锍吹炼杂质脱除途径

铜锍吹炼过程,伴生杂质元素可通过氧化造渣(途径一)和气相挥发(途径二)脱除。为了对比不同铜锍吹炼工艺杂质脱除效率,采集了国内某铜冶炼企业 PS 转炉吹炼(Pierce-Smith)和两种富氧底吹连续吹炼(OBCC[1#]、OBCC[2#])杂质元素多相分配比例数据,列于表 7-6。

表 7-6　PS 转炉吹炼和底吹连续吹炼元素多相分配比例　　　%

工艺	产物	Pb	Zn	As	Sb	Bi
转炉	粗铜	4.38	1.60	9.37	15.78	13.99
	炉渣	17.60	82.83	12.88	33.09	10.53
	烟气	78.02	15.57	77.75	51.14	75.47
OBCC[1#]	粗铜	24.89	11.72	90.53	81.92	84.91
	炉渣	68.28	85.97	8.14	15.07	11.30
	烟气	6.83	2.31	1.33	3.01	3.79
OBCC[2#]	粗铜	31.00	17.00	90.00	77.00	82.00
	炉渣	66.00	74.00	9.00	22.00	12.00
	烟气	3.00	9.00	1.00	1.00	6.00

传统 PS 转炉吹炼过程,杂质元素 Zn 主要靠氧化造渣脱除(途径一),Pb、As、Sb、Bi 主要靠气相挥发脱除(途径二)。PS 吹炼同时具备两种脱杂途径,因此杂质脱除能力较强,Pb、Zn、As、Sb、Bi 杂质脱除率分别为 95.62%、98.40%、90.63%、84.22%、86.01%。

OBCC[1#]氧化期结束后，Pb、Zn、As、Sb、Bi 杂质脱除率分别为 75.11%、88.28%、9.47%、18.08%、15.09%，其 As、Sb、Bi 挥发率为 1.33%、3.01%、3.79%。OBCC[2#]吹炼结束后，Pb、Zn、As、Sb、Bi 五种杂质元素脱除率分别为 69.00%、83.00%、10.00%、23.00%、18.00%，其中 As、Sb、Bi 挥发率仅为 1.00%、1.00%、6.00%。可见，富氧底吹铜锍连续吹炼工艺(OBCC[1#]、OBCC[2#])，Pb、Zn 可通过氧化造渣脱除(途径一)，而杂质元素 As、Sb、Bi 难以通过气相挥发脱除(途径二)，仅少量通过氧化造渣脱除。

(2)杂质传质行为的影响

典型 PS 转炉如图 7-17 所示，炉身顶部开口，用于吹炼过程中加料、放渣、放铜和排烟气等操作，吹炼气体从炉身一侧的风口直接鼓入铜相中。富氧底吹连续吹炼炉如图 7-18 所示，热态铜锍从吹炼炉一侧端墙开口加入，富氧空气从炉体底部的氧枪口鼓入铜相中。针对 PS 转炉[171,172]和氧气底吹炉[173,174]的数值模拟和实验研究表明，炉内最佳反应区在风口/氧枪口附近[175]。连续吹炼炉两端氧气含量低、搅拌能力较弱，化学反应速度较慢，有利于多相熔体混合物分层，减少机械夹杂。

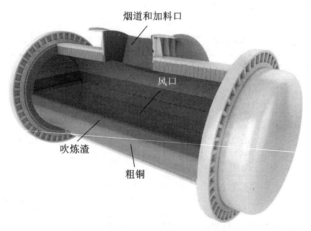

烟道和加料口

风口

吹炼渣

粗铜

图 7-17　PS 转炉吹炼工艺加料和鼓风位置示意图[176]

传统 PS 转炉吹炼，直接将吹炼原料从炉口加入气体搅拌区，铜锍中杂质与 O_2 直接接触，发生脱杂反应。气体剧烈搅拌熔池，强化杂质脱除反应传热、传质，同时将易挥发杂质带入烟气中脱除。

富氧底吹连续吹炼炉加料口偏离气体搅拌区，铜锍中杂质向强化反应区迁移路径相对较长。搅拌势能没有得到充分应用，导致杂质元素错过最佳反应区[177]。从氧枪鼓入的氧气未能直接与铜锍接触，而是首先与铜相发生反应生成 Cu_2O。

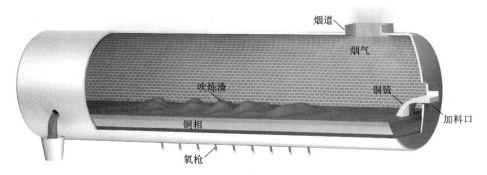

图 7-18　富氧底吹铜锍连续吹炼加料和鼓风位置示意图

Cu_2O 作为[O]的传递媒介，与杂质进行如下氧化反应。

$$Cu(l) + O_2(g) == Cu_2O(l) \tag{7-34}$$

$$Cu_2O(l) + Me(l) == 2Cu(l) + MeO(l) \tag{7-35}$$

$$Cu_2O(l) + Me(l) == 2Cu(l) + MeO(g) \tag{7-36}$$

　　反应式(7-34)~式(7-36)是传统火法精炼过程杂质脱除反应。该方法受到传质速率的限制，导致连续吹炼过程杂质脱除效率低。

　　(3)操作制度的影响

　　典型 PS 转炉吹炼操作制度[178]和富氧底吹铜锍连续吹炼操作制度[104]，如图 7-19、图 7-20 所示。PS 转炉吹炼明显分为两个阶段，即造渣期和造铜期，该工艺通常采用低富氧浓度吹炼低品位铜锍，吹炼过程渣量大、烟气量大，需频繁放渣。渣率通常为 15%~25%，整个吹炼过程放渣 4~5 次。连续吹炼处理高品位铜锍，铜锍中 Fe 和 S 含量较低，且吹炼气体富氧浓度较高，导致炉渣和烟气产量相对较小，渣率仅为 5%~10%，吹炼周期内分 2~3 次排出炉外。

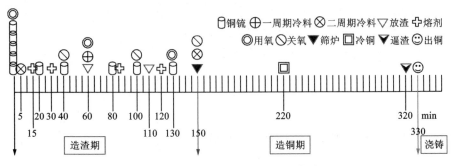

图 7-19　PS 转炉吹炼操作制度[178]

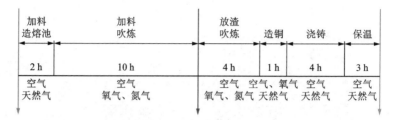

图 7-20 富氧底吹铜锍连续吹炼操作制度

吹炼过程增加烟气产量，降低烟气中杂质逸度，有利于易挥发杂质通过气相挥发脱除[88, 94]，强化了脱杂途径一。另一方面，增加炉渣产量、频繁放渣，可降低吹炼渣中杂质元素活度，有利于杂质造渣，强化脱杂途径二。PS 转炉吹炼过程铜锍品位低、富氧浓度低，为杂质元素氧化造渣脱除和气相挥发脱除提供了良好的条件。但 PS 转炉吹炼富氧浓度低，烟气 SO_2 浓度波动大，不利于后续制酸。

铜锍连续吹炼利用高富氧浓度处理高品位铜锍，吹炼氧化性气氛较强，杂质元素只能通过氧化造渣脱除，难以有效挥发。但氧气底吹铜锍连续吹炼工艺采用铁硅渣型，Pb、Zn 氧化生成的碱性氧化物，在酸性铁硅渣中溶解度较大[70, 179]，As、Sb 氧化生成的酸性氧化物在这种炉渣中溶解度较小[54]。因此，铜锍连续吹炼过程中，部分 Pb、Zn 被造渣脱除，而 As、Sb、Bi 脱除效果不明显。

（4）物相演变的影响

传统 PS 转炉吹炼过程多相演变规律，绘于图 7-21。PS 转炉熔池内存在铜锍相、粗铜相、炉渣相、Fe_3O_4 相和 SiO_2 相。吹炼造渣期，原料分批次加入 PS 转炉，原料中 FeS 氧化生成 FeO 与 SiO_2 造渣、SO_2 进入烟气。Fe_3O_4 随着石英 SiO_2 加入而逐渐降低，吹炼炉渣分批排出，剩余 Cu_2S 被逐渐富集为白铜锍。当铜锍中 FeS 含量较低时，吹炼进入造铜期。Cu_2S 被氧化为 Cu 形成粗铜相，逐渐取代白铜锍成为转炉内主要物相。放渣结束后，炉内粗铜残留会降低下一吹炼周期加料量。为了提高每炉铜锍处理能力，粗铜通常被排放干净。

富氧底吹铜锍连续吹炼过程多相演变规律，绘于图 7-22。连续吹炼熔池内存在阳极铜相、粗铜相、铜锍相、炉渣相、Fe_3O_4 相和 SiO_2 相。铜锍连续吹炼进料前，炉内已存在残留阳极铜相。随着连续加入铜锍和鼓入富氧空气，残留阳极铜逐渐消失，铜锍被持续氧化为粗铜。氧化初期，炉内主要物相为粗铜，还存在部分铜锍和少量炉渣。氧化后期加料停止后，铜锍相逐渐消失，炉渣分 2 次排出。还原期，粗铜中溶解的 O 被还原剂脱除，逐渐生成阳极铜。

连续吹炼炉膛面积大、连续吹炼渣量较小，炉内吹炼渣层较薄。放渣过程容易将粗铜带入到渣包中，造成有价金属损失。因此，吹炼渣难以排放干净，残留

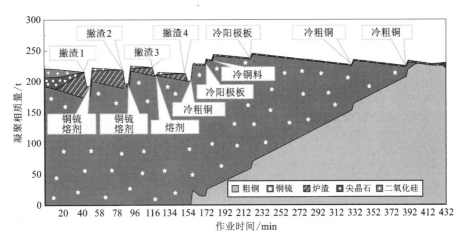

图 7-21　PS 转炉吹炼多相演变规律[180]

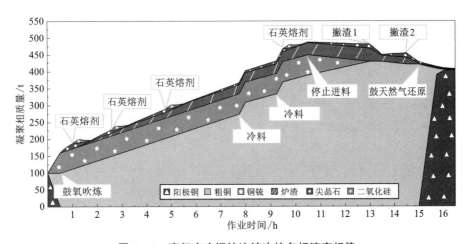

图 7-22　富氧底吹铜锍连续吹炼多相演变规律

少量氧化渣进入还原期形成还原渣。阳极板浇铸过程，为避免还原渣进入阳极板，浇铸完成后炉内仍残留少量阳极铜。同时，整个浇铸过程需要燃烧天然气对炉膛保温，避免炉膛温度降低影响下一炉吹炼和缩短炉体寿命。为了缩短浇铸时间，通常有一定量铜相残留在炉内，浇铸结束后形成 400~700 mm 的熔池。

　　由反应式(7-25)、式(7-26)可知，FeS 可将 As 硫化挥发，而 Cu_2S 不与 As 发生反应。PS 转炉吹炼分为造渣期和造铜期，造渣期炉内氧化气氛相对较弱，铜锍中 FeS 充足，可将 As 硫化为 AsS 挥发脱除。富氧底吹铜锍连续吹炼，体系氧化气氛较强、高品位铜锍中 FeS 含量较低，不能将 As 硫化挥发脱除。另外，PS 转炉吹炼造渣期主要存在白铜锍相，造铜期才有铜相生成。而富氧底吹连续吹炼过程，炉内始终存在铜相，导致铜锍中杂质元素迅速向粗铜中迁移。杂质元素 As 与 Cu 发生式(7-32)反应生成 Cu_5As_2，增加了铜锍连续吹炼杂质脱除难度[53, 168]。残留铜相和氧化渣中杂质在吹炼体系内富集，增加了炉内杂质含量。

7.2.3 底吹连续吹炼砷分配行为

研究了底吹连续吹炼原料成分、工艺参数变化对砷多相分配行为的影响，形成了杂质元素强化脱除调控机制。

(1)原料成分的影响

调整入炉铜锍品位从 60.00%~80.00%，其他元素含量相应降低，控制基准工艺参数不变，研究铜锍品位变化对含砷化合物生成质量的影响，如图 7-23 所示。

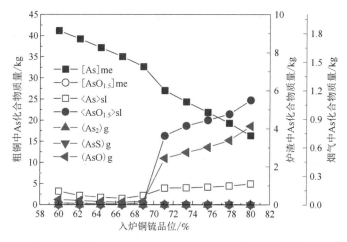

图 7-23 铜锍品位变化对 As 化合物在三相中质量的影响

如图 7-23，连续吹炼 I 阶段(w_{Cu}<66.67%)，体系氧分压较低(0.01 Pa)、且基本维持不变，入炉 As 总量随着铜锍品位升高而降低，使粗铜溶解[As]me、炉渣夹杂<As>sl 和气相挥发(AsO)g 质量逐渐降低。连续吹炼 II、III 阶段(w_{Cu} 66.67%~71.11%)，体系氧分压明显增加至 8.15 Pa，粗铜中 As 被迅速氧化造渣或挥发，使粗铜中[As]me 质量降低至 27.02 kg，炉渣和烟气中<$AsO_{1.5}$>sl、(AsO)g 质量迅速升高至 3.62 kg、0.49 kg，炉渣性质恶化，吹炼渣中<As>sl 夹杂量缓慢升高至 0.88 kg。连续吹炼 IV 阶段(w_{Cu}>71.11%)，体系氧分压维持较高水平，粗铜中 Cu 被大量氧化入渣或形成 Cu_2O 相，粗铜质量迅速降低至 8.02 t，使其对 As 溶解能力减弱，As 继续向炉渣和烟气中迁移，炉渣和烟气中 $<AsO_{1.5}>sl$、$(AsO)g$ 缓慢升高至 5.50 kg、0.83 kg；入炉铜锍品位较高时，粗铜产量降低，粗铜在炉渣中机械夹杂损失减少，但由于粗铜中 As 富集浓度高，因此机械夹杂在炉渣中的 $<As>sl$ 质量反而增加。

　　入炉铜锍品位变化对 As 在三相中含量的影响如图 7-24 所示。随着铜锍品位升高，粗铜中 As 含量先迅速降低至 0.12%，然后逐渐升高至 0.20%，炉渣中 As 含量先缓慢降低，后迅速升高至 0.10%，烟气中 As 含量较低。主要是因为连续吹炼 I 阶段，进入吹炼体系的 As 总量减少和粗铜产量迅速升高，使粗铜中 As 含量降低；炉渣中机械夹杂 As 减少，使其中 As 含量缓慢降低。连续吹炼 II、III 阶段，随着粗铜中 As 被大量氧化入渣，粗铜中 As 含量降低至最小值，炉渣含 As 量迅速升高。连续吹炼 IV 阶段，粗铜产量急剧降低，使杂质元素浓度逐渐升高，炉渣中 $AsO_{1.5}$ 质量增加，使其中杂质 As 含量逐渐升高。烟气产量大、含砷化合物挥发少，因此烟气中 As 含量较低。

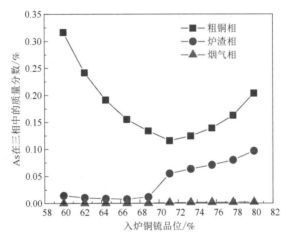

图 7-24　铜锍品位变化对 As 在三相中含量的影响

　　入炉铜锍品位变化对 As 多相分配比例的影响如图 7-25 所示。连续吹炼 I 阶段，平衡体系氧分压与硫分压基本维持不变，随着铜锍品位升高，入炉 Cu 总量增加、Fe 总量降低，平衡体系铜锍相逐渐转化为粗铜、炉渣和气相，使粗铜产量迅速升高、炉渣产量逐渐降低，粗铜对 As 溶解能力增加，而炉渣对杂质溶解能力减弱；另外，随着入炉铜锍品位升高，平衡体系 FeS 含量逐渐减少，不利于 As 硫化挥发脱除，因此 As 在粗铜中分配比例缓慢升高，在炉渣和烟气中分配比例减小。当铜锍品位大于 66.67% 时，连续吹炼进入 II、III、IV 阶段，平衡体系氧分压迅速升高，使粗铜中的 As 被造渣脱除或挥发脱除，粗铜中 As 分配比例降低至

73.31%，炉渣和烟气中 As 分配比例分别升高至 23.63%、3.06%。因此，当炉内存在铜锍相时，降低铜锍品位有利于 As 脱除[85, 181]；当平衡铜锍相消失时，提高铜锍品位，吹炼体系过氧化，有利于杂质元素脱除[70]。

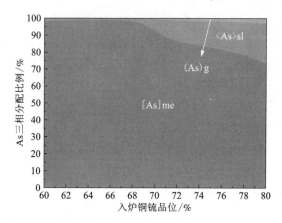

图 7-25　铜锍品位变化对 As 在三相中分配比例的影响

张小并[182]等研究了铜锍品位对 PS 转炉吹炼杂质脱除率的影响，列于表 7-7。随着铜锍品位从 54.20% 提高至 71.10% 时，伴生元素 Pb、Zn、As、Sb、Bi 脱除率分别从 95.80%、89.50%、72.10%、71.50%、87.00%，降低至 91.00%、37.30%、43.00%、21.30%、83.80%。即铜锍品位升高，不利于铜锍吹炼过程杂质脱除，尤其是 As、Sb 等依靠挥发进行脱除的杂质元素，与本书模拟计算结果吻合良好。

表 7-7　入炉铜锍品位变化对 PS 转炉吹炼过程元素分配的影响[182]　　　　%

组分	产物	Pb	Zn	As	Sb	Bi
Cu 54.2% As 0.183%	粗铜	4.20	10.50	27.90	28.50	13.00
	炉渣	48.20	86.20	13.00	7.10	16.80
	烟气	47.60	3.30	59.10	64.40	70.20
Cu 71.1% As 0.095%	粗铜	9.00	62.70	57.00	78.70	16.20
	炉渣	85.70	37.30	4.10	4.50	18.80
	烟气	5.30	0.00	38.90	16.80	65.00

（2）工艺参数的影响

1）富氧浓度的影响

维持入炉原料成分不变，固定空气鼓入速率，调控纯氧鼓入速率，研究富氧浓度在 21.00% ~ 29.00% 时对伴生杂质元素 As 多相分配行为的影响, 如图 7-26 所示。当富氧浓度小于 22.78% 时, 连续吹炼处于 I 阶段, 随着富氧浓度升高, 进入体系中的 As 总量、氧分压基本维持不变, 因此粗铜中含 As 化合物质量基本不变, 粗铜溶解 [As]me 31.52 kg, 炉渣中溶解 <AsO$_{1.5}$>sl 0.03 kg、夹杂 <As>sl 0.29 kg, 气相中挥发 (AsO)g 0.02 kg。富氧浓度 22.78% ~ 25.44%, 连续吹炼 II、III 阶段, 体系氧分压随着富氧浓度升高而增加至 9.49 Pa, As 被氧化为 <AsO$_{1.5}$>sl 入渣、(AsO)g 挥发进入烟气, 粗铜中含砷化合物质量降低至 26.76 kg, 炉渣中 <AsO$_{1.5}$>sl 和 <As>sl 质量升高至 4.76 kg、0.99 kg, 烟气中 (AsO)g 质量升高至 0.59 kg。连续吹炼 IV 阶段, 氧分压保持较高水平, 粗铜产量随着 Cu$_2$O 析出大幅下降至 6.12 t, 使粗铜中杂质溶解能力减弱, 杂质元素 As 继续向炉渣和烟气中迁移。另外, 高浓度含 As 粗铜在炉渣中机械夹杂损失, 增加了炉渣中夹杂 As 质量。

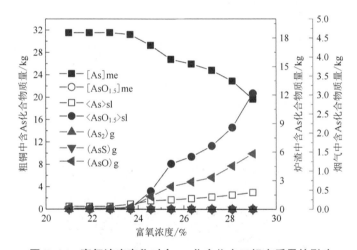

图 7-26　富氧浓度变化对含 As 化合物在三相中质量的影响

富氧浓度变化对 As 在三相中含量的影响如图 7-27 所示。随着富氧浓度升高, 粗铜和炉渣中 As 含量先缓慢降低, 后迅速升高, 烟气中 As 含量较低。主要是因为连续吹炼 I 阶段, 各相中含砷化合物质量基本不变, 粗铜质量缓慢升高, 使其中 As 含量逐渐降低至 0.13%, 此时氧分压较低 (0.01 Pa), 粗铜在炉渣中机械夹杂减少, 使炉渣中机械夹杂 As 减少, 因此炉渣中砷含量缓慢降低。连续吹炼 II、III 阶段, 体系氧分压增大至 9.49 Pa, 粗铜中 As 被造渣脱除, 使粗铜中 As 含量降低至最小值 0.12%, 炉渣中 As 含量迅速升高至 0.07%。连续吹炼 IV 阶段, 粗铜产量降低, 使粗铜中 As 被快速 "浓缩", 同时粗铜对 As 溶解减少, As 向炉渣和烟气中迁移, 使炉渣和烟气中 As 含量分别升高至 0.04%、0.004%。

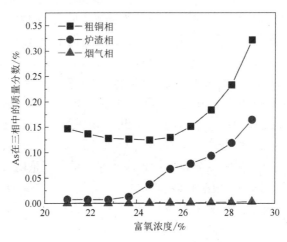

图 7-27　富氧浓度变化对 As 在三相中含量的影响

　　富氧浓度变化对 As 在三相中分配比例的影响, 如图 7-28。当富氧浓度小于 22.78%, 约 99% 的 As 富集在粗铜中, 且随着富氧浓度升高, 分配比例呈上升趋势[170, 183]。进一步提高富氧浓度, As 被氧化入渣和挥发进入气相, 使粗铜中 As 分配比例降低至 61.77%, 炉渣和烟气中 As 分配比例分别升高至 34.47%、3.77%。

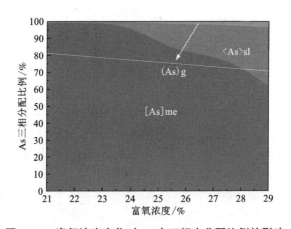

图 7-28　富氧浓度变化对 As 在三相中分配比例的影响

　　2)连续吹炼温度的影响

　　维持吹炼原料成分和其他基准工艺参数不变, 调控连续吹炼温度从 1423～1623 K, 研究伴生杂质元素 As 的分配行为, 如图 7-29 所示。

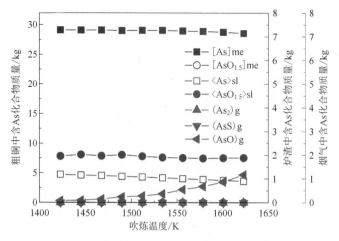

图 7-29　吹炼温度变化对 As 化合物在三相中质量的影响

由图 7-29 可知，连续吹炼主要处于 II、III 阶段，随着温度升高，以 $(As_2)g$ 为稳定单质，反应生成液态 As 和 As_2O_3 的标准生成吉布斯自由能增加，生成气态 AsO 的标准生成吉布斯自由能降低。同时，升高温度，体系平衡氧分压升高至 13.63 Pa，使粗铜中 [As]me 和炉渣中 $<AsO_{1.5}>sl$ 活度系数逐渐增加，炉渣中溶解 $<AsO_{1.5}>sl$ 质量逐渐降低至 1.88 kg。提高吹炼温度，粗铜中 As 活度系数迅速升高，AsO 大量挥发，使粗铜中 [As]me 质量又缓慢降低至 28.56 kg，炉渣中夹杂 $<As>sl$ 质量降低至 0.90 kg，烟气中 (AsO)g 质量逐渐增加至 1.17 kg。

吹炼温度变化对 As 在三相中含量的影响，如图 7-30 所示。随着吹炼温度升高，粗铜和炉渣中的 As 逐渐向烟气中迁移，使粗铜中 As 含量逐渐降低至 0.12%，炉渣中 As 含量持续降低至 0.04%，烟气中 As 含量缓慢升高。

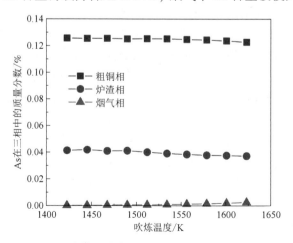

图 7-30　吹炼温度变化对 As 在三相中含量的影响

如图7-31所示，随着吹炼温度升高，粗铜中As分配比例逐渐降低至89.68%，炉渣中As分配比例降低至7.30%，烟气中As分配比例升高至3.02%。因此，适当提高吹炼温度，有利于As挥发脱除。

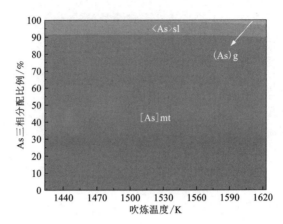

图7-31 吹炼温度变化对As在三相中分配比例的影响

7.3 本章小结

本章研究了富氧熔炼和铜锍吹炼中典型杂质元素脱除反应热力学，明晰了多种强化铜熔炼（富氧底吹熔炼、闪速熔炼、顶吹熔炼和侧吹熔炼）和铜锍吹炼（PS转炉吹炼和富氧底吹铜锍连续吹炼）工艺特性，明确了影响富氧底吹连续炼铜杂质元素脱除的关键因素。

（1）闪速熔炼反应塔内氧分压较强，Sb难以挥发进入气相，Sb反应产物落入沉淀池后缺乏充足氧气将锑继续氧化，Sb被还原约60%分配于铜锍中；熔池熔炼过程，烟气氧分压弱，有利于Sb挥发，且富氧空气直接鼓入熔池，可将熔池中Sb氧化入渣或气相挥发；侧吹和顶吹熔炼将富氧空气鼓入渣层，在还原剂作用下，超过57% Sb挥发进入烟气，而底吹熔炼渣层搅拌能力弱、缺乏还原剂，约70% Sb分配在渣中。

（2）针对底吹熔炼工艺，提高铜锍品位、熔炼氧分压增加，烟气中SbS被大量氧化入渣或进入铜锍；熔炼温度升高，不利于炉渣中锑氧化物的生成，但促进了SbS气相挥发；因此，生产铜锍品位相同时，降低熔炼温度和氧分压、增加渣量，有利于Sb造渣脱除。

（3）富氧底吹连续吹炼杂质迁移路径长，渣率和烟尘率低，不利于杂质脱除，杂质易与 Cu 生成化合物溶于铜相，增加了杂质脱除难度；当铜锍相存在时，降低入炉铜锍品位和富氧浓度，有利于提高杂质脱除率，反之，提高铜锍品位和富氧浓度，适当过氧化，有利于杂质造渣脱除；提高吹炼温度，有利于杂质元素气相挥发脱除。

第8章 结论与展望

8.1 结 论

本书针对富氧底吹连续炼铜开展了热力学模拟研究，优化了大型化底吹熔炼和底吹连续吹炼多相平衡模型，开发了并行粒子群高效求解算法；明晰了大型化和连续化作业对熔炼温度、氧分压、硫分压和渣含铜等参数的影响；计算了大型化底吹铜熔炼过程伴生有价金属和杂质元素分配行为，形成了元素定向分离富集调控措施；揭示了富氧底吹铜锍连续吹炼过程机理，明晰了连续吹炼过程多相演变和体系氧分压、硫分压的变化规律；明确了连续吹炼原料成分和工艺参数变化，对伴生元素多相分配规律的影响，优化了合理原料成分和工艺参数，强化了连续吹炼过程；对比典型铜熔炼工艺和铜锍吹炼工艺，明晰了富氧底吹连续炼铜工艺特性，明确了影响伴生杂质元素定向分离富集的关键因素，研究成果可用于指导大型化连续化生产过程。

主要研究结论如下：

(1)优化了富氧底吹连续炼铜多相平衡模型，开发了并行粒子群算法。

①基于前期建立的多相平衡模型，增加了体系平衡相数、伴生元素种类和评价指标，可以用于研究主元素(Cu、Fe、S、O、Si 等)、伴生有价金属(Au、Ag)、伴生杂质元素(Pb、Zn、As、Sb、Bi 等)的多相分配行为，以及铜锍-铜-Cu_2O-炉渣-烟气多相演变过程体系平衡氧分压、硫分压和温度的变化趋势。②为适应上述复杂模型，基于粒子分工与协作特性，开发了多线程并行粒子群算法，改进了算法位置和速度扰动策略，利用典型函数测试了算法计算能力。③将并行粒子群算法应用于熔炼和吹炼多相平衡模型求解，与单线程粒子群算法相比，两种模型单次计算时间分别从 22.23 s、29.01 s，缩短至 7.41 s、11.49 s，计算结果与文献发表数据和实际生产数据吻合良好。

(2)建立了大型化底吹熔炼强化调控机制，优化了原料成分和工艺参数。

①相比小型底吹熔炼工艺，大型化底吹熔炼复杂资源处理能力提高至 185 t/h，且采用更高的氧矿比和富氧浓度，使熔炼温度升高和氧分压均升高，同时生产品位 70% 的铜锍，大型化熔炼会导致更多的 Cu 损失于炉渣中。②大型化底吹熔炼稳定工况下，贵金属 Au、Ag 主要分配于铜锍相，Zn 通过造渣脱除，As、Bi 大量

挥发进入烟气，约 50%Pb 进入铜锍，而 Sb 在炉渣和气相中分配比例相近。③提高入炉物料中 Fe、S 含量，使熔炼体系硫分压增加、氧分压降低，可提高铜锍对贵金属捕集率和烟气中 As、Bi 挥发脱除率，增加炉料中 Cu 含量、提高氧矿比和富氧浓度，强化氧化造渣，使炉渣中 Pb、Zn 脱除率提高。④通过原料合理成分和工艺参数优化，Au、Ag 在铜锍中富集率提高至 95.66%、95.26%，Pb、Zn 元素脱除率提高至 65.06%、92.79%，As、Bi 元素脱除率提高至 95.35%、90.80%。

（3）明确了底吹连续吹炼体系多相演变规律，揭示了过程机理。

①明晰了底吹连续吹炼氧化期和还原期，Cu-Fe-S-O-Si 体系中铜锍、铜相（高硫粗铜、高氧粗铜）、Cu_2O、阳极铜、炉渣和烟气多相演变规律和氧分压、硫分压变化规律。②连续吹炼氧化期可细分为四个阶段：Ⅰ 阶段，铜锍、高硫粗铜、炉渣和烟气共存，粗铜溶解 S 达最大值（约 1%），铜锍相逐渐减少，氧分压 p_{O_2}、硫分压 p_{S_2} 分别维持在 $10^{-1.90}$ Pa 和 $10^{-0.90}$ Pa；Ⅱ、Ⅲ 阶段，铜锍相消失，高硫粗铜转变为高氧粗铜与炉渣、烟气共存，p_{O_2} 迅速升高至约 9 Pa，p_{S_2} 降低至约 10^{-5} Pa，同时伴随着铜在渣中大量损失；Ⅳ 阶段，粗铜溶解 O 达最大值（约 1%），Cu_2O 相析出为单独相与高氧粗铜、炉渣和烟气共存，p_{O_2} 约维持在 9 Pa。③还原期，残留氧化渣和还原剂添加量对粗铜脱除 O 有重要影响，降低氧化渣残留率、适当提高天然气流量，可以降低阳极铜中溶解 O 含量，提高阳极板质量。

（4）建立了底吹连续吹炼强化调控机制，形成了工艺优化调控措施。

①底吹连续吹炼氧化期终点对应传统火法精炼氧化期结束，产品为高氧粗铜，与传统 PS 转炉和小型连续吹炼炉生产高硫粗铜相比，体系氧分压和渣含铜较高。②底吹连续吹炼稳定工况下，Au、Ag 主要富集于铜相，杂质元素 Pb、Zn、As、Sb、Bi 气相挥发较少，主要通过氧化造渣脱除，其中 Pb、Zn 脱除率高，As、Sb、Bi 脱除率较低。③提高吹炼铜锍中 S 含量和吹炼温度、降低铜锍中 Fe 含量，有利于提高贵金属捕集率，减少渣中有价金属损失。而提高铜锍品位、氧矿比和富氧浓度，增加体系氧分压、强化造渣反应，可提高杂质氧化脱除率。④通过原料合理成分和工艺参数优化，Au、Ag 在铜相富集率提高至 98.86%、98.71%，Pb、Zn 元素脱除率提高至 83.35%、93.73%，其中氧化造渣脱除率提高至 78.74%、92.73%，Sb、Bi 元素脱除率分别提高至 40.81%、33.40%，其中氧化造渣脱除率提高至 38.10%、29.31%。

（5）明确了影响杂质元素脱除的关键因素，强化了生产过程。

①研究了 As、Sb 典型杂质元素脱除反应热力学，对比了多种强化熔炼（富氧底吹熔炼、闪速熔炼、顶吹熔炼和侧吹熔炼）和铜锍吹炼（PS 转炉吹炼和富氧底吹铜锍连续吹炼）工艺，明确了影响杂质元素脱除的关键因素。②闪速熔炼烟气中氧分压较高，不利于 Sb 挥发脱除，含 Sb 化合物在沉淀池被还原，约 60% 进入

铜锍；熔池熔炼强化反应发生在熔池内，烟气中氧分压相对较低，有利于 Sb 挥发，熔池中强氧化有利于熔体内杂质造渣；顶吹和侧吹将富氧空气鼓入渣层，在还原剂作用下，约 60%Sb 进入气相，富氧底吹空气鼓入铜锍层，渣层搅拌弱、氧化性强，约 70%Sb 分配在渣中；富氧底吹铜熔炼过程，降低熔炼温度和氧分压、增加渣量，有利于锑造渣脱除。③底吹连续吹炼杂质迁移路径长、炉渣和烟气产量小、放渣频率低，且吹炼过程杂质优先向粗铜中迁移，增加了杂质脱除难度；当吹炼平衡铜锍相存在时，适当降低铜锍品位、富氧浓度有利于杂质脱除，反之，通过适当过氧化，可提高杂质脱除率。

8.2 创新点

本书创新点包括以下几点：

(1)建立了富氧底吹连续炼铜精确热力学模型，开发了高效算法。

优化了连续炼铜多相平衡热力学模型，可用于研究连续炼铜主金属、伴生有价金属、杂质元素多相分配行为和体系氧分压、硫分压、温度等关键指标变化趋势，提高了热力学模型精确度。开发了并行粒子群算法，增加了位置和速度扰动机制，平衡了算法全局寻优能力和局部探索能力，大幅度提高了计算速度。

(2)明确了富氧底吹连续炼铜主参数变化及伴生元素多相分配行为。

采用理论研究、模拟仿真和生产实践相结合的研究方法，明晰了富氧底吹连续炼铜冶炼温度、氧分压、硫分压、渣含铜等主参数变化，揭示了伴生元素分配规律，优化了原料合理成分和工艺参数，实现了伴生有价金属高效富集和有害元素定向脱除，提高了富氧底吹连续炼铜原料适应能力和复杂资源处理能力。

(3)揭示了富氧底吹铜锍连续吹炼过程机理。

研究了富氧底吹铜锍连续吹炼 Cu-Fe-S-O-Si 体系多相演变规律，明晰了连续吹炼氧化期、还原期平衡相组成和体系氧分压、硫分压变化规律，可用于指导富氧底吹铜锍连续吹炼生产实践。

(4)探明了影响富氧底吹连续炼铜杂质脱除的关键因素。

对比了底吹熔炼、连续吹炼和多种典型强化熔炼、PS 转炉吹炼工艺特性，明晰了原料成分、工艺参数、炉型特点、操作制度，对杂质元素传质行为、体系氧分压、硫分压和多相演变规律的影响，探明了影响富氧底吹连续炼铜杂质脱除的关键因素，可用于改善杂质脱除能力，实现铜复杂资源清洁高效处理。

8.3 展 望

多相平衡热力学模拟作为联系相平衡实验研究和生产实践之间"桥梁"，是研究高温冶金过程的有效方法，已被广泛应用于铜冶金、铅冶金、镍冶金等火法冶金过程研究。本书针对富氧底吹连续炼铜工艺开展了热力学模拟研究，优化原料合理成分和工艺参数，实现了伴生元素定向分离富集，可用于指导富氧底吹连续炼铜生产实践。由于时间限制，尚有部分工作需要深入研究和进一步完善。

(1)高温强化冶金过程可视化研究。

高温冶金炉内反应速度快，温度高，气液固多相共存，难以直接观察炉内反应情况。未来可采用数字孪生技术，建立一套富氧底吹连续炼铜虚拟生产线，将本书建立的多相平衡模型与计算流体力学相耦合，依据多相平衡模拟仿真结果，借助 CFD 强大的相场仿真能力，通过计算机模拟反映炉内宏观流体流动情况和元素浓度、氧分压、硫分压等分布情况，实现冶炼过程可视化，帮助一线技术员、工人及时发现并解决生产过程中发生的异常工况。

(2)大型化连续炼铜过程智能化控制。

现有铜冶炼企业普遍采用"生产取样-离线检测-人工识别-人工调整参数"的生成作业模式，离线检测耗时较长，工艺优化延迟高，且依赖工人操作经验。未来可开发高温在线检测技术，实时检测生产产物成分和工艺指标，及时传回连续炼铜虚拟生产线，利用实际生产结果对模拟结果进行反馈验证，建立铜冶金大数据，借助人工智能对大数据分析学习，形成专家系统，为富氧底吹连续炼铜生产过程精确预测、科学决策提供帮助，保障实际生产安全稳定运行。

参考文献

[1] WBMS. Copper metal balance ended in deficit in 2021[EB/OL].［2022-3-20］. https：// www. scrapmonster. com/news/wbms-copper-metal-balance-ended-in-deficit-in-2021/ 1/82634.

[2] 中华人民共和国工业和信息化部. 2021年铜行业运行情况[EB/OL].［2022-3-20］. https：//www. miit. gov. cn/gxsj/tjfx/yclgy/ys/art/2022/art_35aac0c0f0c147f49 ced8c2b953e52c4. html.

[3] 科技日报. 新能源技术是实现碳达峰碳中和的必然路径[EB/OL].［2022-4-3］. http：// finance. people. com. cn/n1/2021/0413/c1004-32076397. html.

[4] 刘洋. 有色碳中和：新能源新动能，2025年或将拉动铜需求7%[R]. 上海：东方证 券，2021.

[5] 刘洋. 有色碳中和：新能源新动能，铜、稀土将迎需求增长[R]. 上海：东方证券，2021.

[6] SCHLESINGER M E, KING M J, SOLE K C, et al. Extractive metallurgy of copper[M]. Amsterdam：Elsevier, 2011.

[7] 蒋继穆. 连续炼铜杂谈[J]. 中国有色冶金，2020, 49(5)：1-8.

[8] 涂建华，罗铜. "双闪"铜冶炼工艺技术的发展[J]. 有色金属(冶炼部分)，2022(3)：1-9.

[9] TASKINEN P, JOKILAAKSO A. Reaction sequences in flash smelting and converting furnaces： an In-depth view[J]. Metallurgical and Materials Transactions B, 2021, 52(5)：3524-3542.

[10] 汪满清，王翔. 金冠铜业"双闪"冶炼升级改造方案研究与应用[J]. 硫酸工业，2021(3)： 27-29, 38.

[11] 万爱东，郭万书，张更生，等. 广西金川公司铜"双闪"冶炼技术及试生产实践[J]. 有色 金属(冶炼部分)，2015(9)：1-5.

[12] 吴宇辉. 浅谈铜冶炼闪速熔炼技术[J]. 中国金属通报，2019(2)：15-17.

[13] 董广刚，葛哲令，曾庆晔. 闪速炼铜技术的自主创新与发展[J]. 铜业工程，2015(6)： 31-35.

[14] 林荣跃. 澳斯麦特铜连续吹炼试验[J]. 有色金属(冶炼部分)，2009(3)：17-19.

[15] 兰旭，蔡兵. 云锡双顶吹铜冶炼工艺技术的应用[J]. 有色冶金设计与研究，2014, 35 (3)：21-23.

[16] 岳雄，陈钢，李帆，等. 双顶吹铜冶炼技术与工艺过程控制的探讨[J]. 世界有色金属， 2021(22)：1-3.

[17] 刘贤龙，骆袆，姜志雄，等. 澳斯麦特炉炼铜高富氧操作生产实践[J]. 中国有色冶金， 2020, 49(3)：28-32.

[18] 赵荣升. 奥斯麦特炉生产高品位冰铜的探究[J]. 有色冶金设计与研究，2016, 37(5)：

38-42.

[19] 李卫民. 澳斯麦特技术-铜吹炼的发展[J]. 中国有色冶金, 2009, 38(1): 1-5.

[20] WOOD J, HOANG J, HUGHES S. Energy efficiency of the Outotec® Ausmelt process for primary copper smelting[J]. JOM, 2017, 69(6): 1013-1020.

[21] 陈钢, 袁海滨. 铜精矿双顶吹冶炼工艺中砷的分布及流向[J]. 云南冶金, 2016, 45(1): 30-33.

[22] 李建辉, 葛晓鸣, 柳庆康. 富氧侧吹熔炼-多枪顶吹连续吹炼-火法阳极精炼热态三连炉连续炼铜技术的开发、工业化应用及发展方向[J]. 有色设备, 2021, 35(3): 64-67, 75.

[23] 袁剑平. 新技术和新装备在南国铜业的应用及发展[J]. 有色金属(冶炼部分), 2021(5): 31-35.

[24] 唐尊球. "侧+顶"连续炼铜最新工业应用于面临的技术挑战[R]. 南昌: 中国瑞林工程技术股份有限公司, 2020.

[25] 魏涛, 马宝军, 占焕武, 等. 年产30万t矿铜热态三连炉连续炼铜生产实践[J]. 有色金属(冶炼部分), 2021(1): 15-18.

[26] 李良斌, 代红坤, 李强, 等. 旋浮熔炼+旋浮吹炼与富氧侧吹熔炼+多枪顶吹连续吹炼工艺比较[J]. 有色金属(冶炼部分), 2021(2): 51-59.

[27] 高永亮, 张哲铠. 富氧侧吹熔炼+多枪顶吹连续吹炼炼铜工艺炉渣元素分布及其矿相特征[J]. 中国有色冶金, 2021, 50(6): 49-55, 102.

[28] 崔大鞹. 铜锍多枪顶吹连续吹炼炉设计与展望[J]. 有色设备, 2021, 35(3): 89-91.

[29] 孙晓峰. 双底吹连续炼铜技术的应用与发展[J]. 有色设备, 2020, 36(6): 5-8, 18.

[30] 冯双杰, 袁俊智, 王新民. 全底吹全热态三连炉连续炼铜技术[J]. 有色设备, 2021, 35(1): 20-22.

[31] 杨宏伟, 王占柯, 南君芳, 等. 底吹铜连续吹炼的生产实践[J]. 有色金属(冶炼部分), 2020(7): 26-30.

[32] 张宏斌, 杜武钏, 李林波, 等. 复杂金精矿"三连炉"火法捕金生产实践[J]. 有色金属(冶炼部分), 2022(2): 34-39.

[33] GUO X Y, TIAN M, WANG S S, et al. Element distribution in oxygen-enriched bottom-blown smelting of high-arsenic copper dross[J]. JOM, 2019, 71(11): 3941-3948.

[34] 梁高喜, 任飞飞, 王伯义, 等. 富氧底吹造锍捕金工艺处理复杂精矿的生产实践[J]. 黄金, 2017, 38(11): 61-63.

[35] 王智. 方圆两步炼铜技术开发与应用[D]. 长沙: 中南大学, 2019.

[36] HIDAYAT T, SHISHIN D, DECTEROV S A, et al. Experimental study and thermodynamic re-optimization of the FeO-Fe$_2$O$_3$-SiO$_2$ System[J]. Journal of Phase Equilibria and Diffusion, 2017, 38(4): 477-492.

[37] NAGAMORI M, MACKEY P J. Thermodynamics of copper matte converting: Part I. Fundamentals of thenoranda process[J]. Metallurgical Transactions B, 1978, 9(2): 255-265.

[38] 刘纯鹏. 铜冶金物理化学[M]. 上海: 上海科学技术出版社, 1990.

[39] SHISHIN D, JAK E, DECTEROV S A. Thermodynamic assessment and database for the Cu-

Fe-O-S system[J]. Calphad, 2015, 50: 144-160.

[40] SHISHIN D, DECTEROV S A. Critical assessment and thermodynamic modeling of the Cu-O and Cu-O-S systems[J]. Calphad, 2012, 38: 59-70.

[41] SHISHIN D, HIDAYAT T, JAK E, et al. Critical assessment and thermodynamic modeling of the Cu-Fe-O system[J]. Calphad, 2013, 41: 160-179.

[42] SHISHIN D. Development of a thermodynamic database for copper smelting and converting[D]. Montréal: École Polytechnique, Montréal, 2014.

[43] SINEVA S, CHEN J, HIDAYAT T, et al. Experimental investigation of slag/matte/metal/tridymite equilibria in the Cu-Fe-O-S-Si system at 1473 K (1200 ℃), 1523 K (1250 ℃) and 1573 K (1300 ℃)[J]. International Journal of Materials Research, 2020, 111(5): 365-372.

[44] SHISHIN D, JAK E, DECTEROV S A. Thermodynamic assessment of slag-matte-metal equilibria in the Cu-Fe-O-S-Si system[J]. Journal of Phase Equilibria and Diffusion, 2018, 39(5): 456-475.

[45] HIDAYAT T, FALLAH-MEHRJARDI A, HAYES P C, et al. The influence of temperature on the gas/slag/matte/spinel equilibria in the Cu-Fe-O-S-Si system at fixed $P(SO_2) = 0.25$ atm [J]. Metallurgical and Materials Transactions B, 2020, 51(3): 963-972.

[46] SHISHIN D, HIDAYAT T, FALLAH-MEHRJARDI A, et al. Integrated experimental and thermodynamic modeling study of the effects of Al_2O_3, CaO, and MgO on slag-matte equilibria in the Cu-Fe-O-S-Si-(Al, Ca, Mg) system[J]. Journal of Phase Equilibria and Diffusion, 2019, 40(4): 445-461.

[47] CHEN M, AVARMAA K, KLEMETTINEN L, et al. Equilibrium of copper matte and silica-saturated iron silicate slags at 1300 ℃ and $P(SO_2)$ of 0.5 atm[J]. Metallurgical and Materials Transactions B, 2020, 51(5): 2107-2118.

[48] SUN Y Q, CHEN M, CUI Z X, et al. Phase equilibria of ferrous-calcium silicate slags in the liquid/spinel/white metal/gas system for the copper converting process[J]. Metallurgical and Materials Transactions B, 2020, 51(5): 2012-2020.

[49] SUN Y Q, CHEN M, CUI Z X, et al. Equilibria of iron silicate slags for continuous converting copper-making process based on phase transformations [J]. Metallurgical and Materials Transactions B, 2020, 51(5): 2039-2045.

[50] HIDAYAT T, SHISHIN D, DECTEROV S A, et al. Critical assessment and thermodynamic modeling of the Cu-Fe-O-Si system[J]. Calphad, 2017, 58: 101-114.

[51] AVARMAA K, O'BRIEN H, JOHTO H, et al. Equilibrium distribution of precious metals between slag and copper matte at 1250~1350 ℃[J]. Journal of Sustainable Metallurgy, 2015, 1(3): 216-228.

[52] ROGHANI G, TAKEDA Y, ITAGAKI K. Phase equilibrium and minor element distribution between FeO_x-SiO_2-MgO-based slag and Cu_2S-FeS Matte at 1573 K under high partial pressures of SO_2[J]. Metallurgical and Materials Transactions B, 2000, 31(4): 705-712.

［53］SHISHIN D, HIDAYAT T, CHEN J, et al. Integrated experimental study and thermodynamic modelling of the distribution of arsenic between phases in the Cu-Fe-O-S-Si system[J]. The Journal of Chemical Thermodynamics, 2019, 135: 175-182.

［54］SHISHIN D, HIDAYAT T, CHEN J, et al. Combined experimental and thermodynamic modelling investigation of the distribution of antimony and tin between phases in the Cu-Fe-O-S-Si system[J]. Calphad, 2019, 65: 16-24.

［55］AVARMAA K, JOHTO H, TASKINEN P. Distribution of precious metals (Ag, Au, Pd, Pt, and Rh) between copper matte and iron silicate slag [J]. Metallurgical and Materials Transactions B, 2016, 47(1): 244-255.

［56］刘时杰. 铂族金属矿冶学[M]. 北京: 冶金工业出版社, 2001.

［57］黎鼎鑫, 王永录. 贵金属提取与精炼[M]. (2版). 长沙: 中南大学出版社, 2003.

［58］《化学分离富集方法及应用》编委会. 化学分离富集方法及应用[M]. 长沙: 中南工业大学出版社, 1996.

［59］陈景. 火法冶金中贱金属及锍捕集贵金属原理的讨论[J]. 中国工程科学, 2007, 9(5): 11-16.

［60］朱祖泽, 贺家齐. 现代铜冶金学[M]. 北京: 科学出版社, 2003.

［61］何焕华, 蔡乔方. 中国镍钴冶金[M]. 北京: 冶金工业出版社, 2000.

［62］麦松威, 周公度. 高等无机结构化学[M]. 北京: 北京大学出版社, 2006.

［63］AVARMAA K, O'BRIEN H, TASKINEN P. Equilibria of gold and silver between molten copper and FeO_x-SiO_2-Al_2O_3 slag in WEEE smelting at 1300 ℃ [C]// Advances in Molten Slags, Fluxes, and Salts: Proceedings of the 10th International Conference on Molten Slags, Fluxes and Salts 2016. Cham: Springer, 2016: 193-202.

［64］李运刚. 金银在铅、锍中的分布规律[J]. 贵金属, 2000, 21(4): 37-39.

［65］CELMER R, TOGURI J. Cobalt and gold distribution in nickel: copper matte smelting[J]. Nickel Metallurgy, 1986, 1: 147-163.

［66］HOLLAND K, SUKHOMLINOV D, KLEMETTINEN L, et al. Distribution of Co, Fe, Ni, and precious metals between blister copper and white metal[J]. Mineral Processing and Extractive Metallurgy, 2021, 130(4): 313-323.

［67］YU F, LIU Z H, YE F C, et al. A study of selenium and tellurium distribution behavior, taking the copper matte flash converting process as the background[J]. JOM, 2021, 73 (2): 694-702.

［68］AVARMAA K, KLEMETTINEN L, O'BRIEN H, et al. Urban mining of precious metals via oxidizing copper smelting[J]. Minerals Engineering, 2019, 133: 95-102.

［69］HELLSTÉN N, KLEMETTINEN L, SUKHOMLINOV D, et al. Slag cleaning equilibria in iron silicate slag-copper systems[J]. Journal of Sustainable Metallurgy, 2019, 5(4): 373-463.

［70］SINEVA S, SHISHIN D, STARYKH R, et al. Equilibrium distributions of Pb, Bi, and Ag between fayalite slag and copper-rich metal, calcium ferrite slag and copper-rich metal. thermodynamic assessment and experimental study at 1250 ℃ [J]. Journal of Sustainable

Metallurgy, 2021, 7(2): 569-582.

[71] JAK E, HIDAYAT T, SHISHIN D, et al. Modelling of liquid phases and metal distributions in copper converters: transferring process fundamentals to plant practice[J]. Mineral Processing and Extractive Metallurgy, 2019, 128(1-2): 74-107.

[72] PÉREZ I, MORENO-VENTAS I, RÍOS G, et al. Study of industrial copper matte converting using micrography and thermochemical calculations [J]. Metallurgical and Materials Transactions B, 2020, 51(4): 1432-1445.

[73] SANDERSON R V, CHIEN H Y. Simultaneous chemical and phase equilibrium calculation[J]. Industrial & Engineering Chemistry Process Design and Development, 1973, 12(1): 81-85.

[74] 孙亮. 冲天炉熔炼过程成分与温度预测系统的研究与开发[D]. 武汉: 华中科技大学, 2013.

[75] WHITE W B, JOHNSON S M, DANTZIG G B. Chemical equilibrium in complex mixtures[J]. The Journal ofChemical Physics, 1958, 28(5): 751-755.

[76] 郑小青, 魏江, 葛文锋, 等. 通用 Gibbs 反应器的机理建模和求解方法[J]. 计算机工程与应用, 2014, 50(19): 241-244.

[77] 宋东明, 潘功配, 王乃岩. 基于最小自由能法的烟火药燃烧产物预测模型[J]. 弹箭与制导学报, 2006, 26(1): 120-122.

[78] 杨永健. 求全局最优化的几种确定性算法[D]. 上海: 上海大学, 2005.

[79] 王晨. 铜熔炼过程最佳冰铜品位研究[D]. 长沙: 中南大学, 2016.

[80] 李明周. "双闪"铜冶炼全流程物料多相演变行为与元素迁移规律[D]. 长沙: 中南大学, 2018.

[81] 李明周, 周子民, 张文海, 等. 铜闪速吹炼过程多相平衡热力学分析[J]. 中国有色金属学报, 2017, 27(7): 1493-1503.

[82] 黄金堤, 李静, 童长仁, 等. 废杂铜精炼过程中动态多元多相平衡热力学模型[J]. 中国有色金属学报, 2015, 25(12): 3513-3522.

[83] 廖立乐. 氧气底吹铜熔炼仿真平台开发及应用[D]. 长沙: 中南大学, 2016.

[84] 成飙, 陈德钊. 基于混合粒子群算法的复杂相平衡计算方法[J]. 高校化学工程学报, 2008, 22(2): 320-324.

[85] NAGAMORI M. Thermodynamicbehaviour of arsenic and antimony in copper matte smelting-A novel mathematical synthesis[J]. Canadian metallurgical quarterly, 2001, 40(4): 499-522.

[86] SURAPUNT S. Computer simulation of the distribution behavior of minor elements in the copper smelting process[J]. Science & Technology Asia, 2004, 9(4): 61-68.

[87] CHEN C L, ZHANG L, JAHANSHAHI S. Application of MPE model to direct-to-blister flash smelting and deportment of minor elements[C]// Copper 2013. Santiago, Chile: Proceedings of Copper 2013, 2013: 857-871.

[88] CHEN C L, ZHANG L, JAHANSHAHI S. Thermodynamic modeling of arsenic in copper smelting processes[J]. Metallurgical and Materials Transactions B, 2010, 41(6): 1175-1185.

[89] SWINBOURNE D R, WEST R C, REED M E, et al. Computational thermodynamic modelling

of direct to blister copper smelting[J]. Mineral Processing and Extractive Metallurgy, 2011, 120(1): 1-9.

[90] BAI L, XIE M H, ZHANG Y, et al. Pollution prevention and control measures for the bottom blowing furnace of a lead-smelting process, based on a mathematical model and simulation[J]. Journal of Cleaner Production, 2017, 159: 432-445.

[91] LISIENKO V G, HOLOD S I, ZHUKOV V P. Modeling of metallurgical process of copper fire refining[J]. KnE Engineering, 2018, 3(5): 241-250.

[92] 孟飞, 张建坤, 杨光彩, 等. PS转炉铜吹炼模拟[J]. 冶金工程, 2016, 3(4): 121-131.

[93] CARDONA N, MACKEY P J, COURSOL P, 等. Optimizing Peirce-Smith converters using thermodynamic modeling and plant sampling[J]. JOM, 2012, 64(5): 546-550.

[94] SWINBOURNE D R, KHO T S. Computational thermodynamics modeling of minor element distributions during copper flash converting[J]. Metallurgical and Materials Transactions B, 2012, 43(4): 823-829.

[95] LI M Z, ZHOU J M, TONG C R, et al. Thermodynamic modeling and optimization of the copper flash converting process using the equilibrium constant method[J]. Metallurgical and Materials Transactions B, 2018, 49(4): 1794-1807.

[96] 汪金良, 周瑞, 刘远, 等. 基于MetCal的双底吹连续炼铜工艺全流程模拟计算[J]. 有色金属科学与工程, 2021, 12(3): 1-11.

[97] 李明周, 童长仁, 黄金堤, 等. 基于Metcal的铜闪速熔炼-转炉吹炼工艺全流程模拟计算[J]. 有色金属(冶炼部分), 2015(9): 20-25.

[98] 徐晓东, 苏勇, 黄鹤. 基于Metcal的铜富氧侧吹熔池熔炼炉工艺流程模拟计算[J]. 有色金属(冶炼部分), 2016(6): 31-34, 37.

[99] 郭学益, 王亲猛, 田庆华. 氧气底吹炼铜基础[M]. 长沙: 中南大学出版社, 2018.

[100] WANG Q M, GUO X Y, TIAN Q H. Copper smelting mechanism in oxygen bottom-blown furnace[J]. Transactions of Nonferrous Metals Society of China, 2017, 27(4): 946-953.

[101] WANG Q M, GUO X Y, WANG SS, et al. Multiphase equilibrium modeling of oxygen bottom-blown copper smelting process[J]. Transactions of Nonferrous Metals Society of China, 2017, 27(11): 2503-2511.

[102] WANG Q M, GUO X Y, TIAN Q H, et al. Development and application of SKSSIM simulation software for the oxygen bottom blown copper smelting process[J]. Metals, 2017, 7(10): 431.

[103] WANG Q M, GUO X Y, TIAN Q H, et al. Effects of matte grade on the distribution of minor elements (Pb, Zn, As, Sb, and Bi) in the bottom blown copper smelting process[J]. Metals, 2017, 7(11): 502.

[104] CUI Z X, WANG Z, WANG H B, et al. Two-step copper smelting process at Dongying Fangyuan[C]//Extraction 2018. Cham: Springer, 2018: 427-434.

[105] 吴卫国. 铜闪速熔炼多相平衡数模研究与系统开发[D]. 赣州: 江西理工大学, 2007.

[106] BALE C W, CHARTRAND P, DEGTEROV S A, et al. FactSage thermochemical software and databases[J]. Calphad, 2002, 26(2): 189-228.

[107] BALE C W, BÉLISLE E, CE P, CHARTRAND P, et al. FactSage thermochemical software and databases — recent developments[J]. Calphad, 2009, 33(2): 295-311.

[108] SHIMPO R, WATANABE Y, GOTO S, et al. An application of equilibrium calculations to the copper smelting operation[J]. Advances in Sulfide Smelting, 1983, 1: 295-316.

[109] KENNEDY J, EBERHART R. Particle swarm optimization[C]//Proceedings of ICNN'95 - International Conference on Neural Networks. November 27-December 1, 1995, Perth, WA, Australia. IEEE, 2002: 1942-1948.

[110] PULIDO G T, COELLO C A C. A constraint - handling mechanism for particle swarm optimization[C]//Proceedings of the 2004 Congress on Evolutionary Computation (IEEE Cat. No. 04TH8753). June 19-23, 2004, Portland, OR, USA. IEEE, 2004: 1396-1403.

[111] 刘衍民, 隋常玲, 牛奔. 解决约束优化问题的改进粒子群算法[J]. 计算机工程与应用, 2011, 47(12): 23-26.

[112] FUENTES CABRERA J C, COELLOCOELLO C A. Handling constraints in particle swarm optimization using a small population size[C]//Gelbukh A, Kuri Morales ÁF. Mexican International Conference on Artificial Intelligence. Berlin, Heidelberg: Springer, 2007: 41-51.

[113] VENKATRAMAN S, YEN G G. A generic framework for constrained optimization using genetic algorithms[J]. IEEE Transactions on Evolutionary Computation, 2005, 9(4): 424-435.

[114] FARMANI R, WRIGHT J A. Self-adaptive fitness formulation for constrained optimization [J]. IEEETransactions on Evolutionary Computation, 2003, 7(5): 445-455.

[115] LI Y, SUNDARARAJAN N, SARATCHANDRAN P. Neuro-controller design for nonlinear fighter aircraft maneuver using fully tuned RBF networks[J]. Automatica, 2001, 37(8): 1293-1301.

[116] 李炳宇, 萧蕴诗, 吴启迪. 一种基于粒子群算法求解约束优化问题的混合算法[J]. 控制与决策, 2004, 19(7): 804-807, 812.

[117] MICHALEWICZ Z, SCHOENAUER M. Evolutionary algorithms for constrained parameter optimization problems[J]. Evolutionary Computation, 1996, 4(1): 1-32.

[118] RUNARSSON T P, YAO X. Stochastic ranking for constrained evolutionary optimization[J]. IEEE Transactions onEvolutionary Computation, 2000, 4(3): 284-294.

[119] 刘衍民. 一种求解约束优化问题的混合粒子群算法[J]. 清华大学学报(自然科学版), 2013, 53(2): 242-246.

[120] AGUIRRE A H, ZAVALA A M, DIHARCE E V, et al. COPSO: Constrained optimization via PSO algorithm[J]. Center for Research in Mathematics, 2007, 77: 1-30.

[121] BELLEMANS I, DE WILDE E, MOELANS N, et al. Metal losses in pyrometallurgical operations-A review[J]. Advances in Colloid and Interface Science, 2018, 255: 47-63.

[122] TAKEDA Y. Copper solubility in matte smelting slag[C]// Molten Slags, Fluxes and Salts' 97 Conference, 1997: 5-8.

[123] CHEN M, AVARMAA K, KLEMETTINEN L, et al. Recovery of precious metals (Au, Ag,

Pt, and Pd) from urban mining through copper smelting[J]. Metallurgical and Materials Transactions B, 2020, 51(4): 1495-1508.

[124] CHEN C, ZHANG J, BAI M, et al. Investigation on the copper content of matte smelting slag in Peirce-Smith converter[J]. Journal of University of Science and Technology Beijing Mineral Metallurgy Material, 2001, 8(3): 177-181.

[125] 王松松. 氧气底吹连续炼铜多相平衡模拟与砷分配行为研究[D]. 长沙: 中南大学, 2018.

[126] TAKEDA Y, ROGHANI G. Distribution equilibrium of silver in copper smelting system[C]// First International Conference on Processing Materials forProperties. Honolulu, USA: TMS, 1993: 357-360.

[127] RUSEN A, GEVECI A, ALI TOPKAYA Y, et al. Effects of some additives on copper losses to matte smelting slag[J]. JOM, 2016, 68(9): 2323-2331.

[128] CHENG X F, CUI Z X, CONTRERAS L, et al. Matte entrainment by SO_2 bubbles in copper smelting slag[J]. JOM, 2019, 71(5): 1897-1903.

[129] YAMAGUCHI K. Thermodynamic study of the equilibrium distribution of platinum group metals between slag and molten metals and slag and copper matte [C]//Extraction 2018. Cham: Springer, 2018: 797-804.

[130] NAGAMORI M, CHAUBAL P C. Thermodynamics of copper matte converting: part IV. A priori predictions of the behavior of Au, Ag, Pb, Zn, Ni, Se, Te, Bi, Sb, and As in the noranda process reactor[J]. Metallurgical Transactions B, 1982, 13(3): 331-338.

[131] LI S W, PAN J, ZHU D Q, et al. A novel process to upgrade the copper slag by direct reduction-magnetic separation with the addition of Na_2CO_3 and CaO[J]. Powder Technology, 2019, 347: 159-169.

[132] 刘占华, 陈文亮, 丁银贵, 等. 铜渣转底炉直接还原回收铁锌工艺研究[J]. 金属矿山, 2019(5): 183-187.

[133] BACEDONI M, MORENO-VENTAS I, RÍOS G. Copper flash smelting processbalance modeling[J]. Metals, 2020, 10(9): 1229.

[134] KOMKOV A A, KAMKIN R I. Mathematical model of behavior of impurities under the conditions of reducing bubble processing of copper smelting slags[J]. Russian Journal of Non-Ferrous Metals, 2010, 51(1): 26-31.

[135] GEVECI A, ROSENQVIST T. Equilibrium relations between liquid copper, iron-copper matte, and iron silicate slag at 1250℃ [J]. Transactions of the Institution of Mining and Metallurgy, 1973, 82: 193-201.

[136] TAVERA F J, BEDOLLA E. Distribution of Cu, S, O and minor elements between silica-saturated slag, matte and copper-experimental measurements [J]. International Journal of Mineral Processing, 1990, 29(3-4): 289-309.

[137] ELLIOTT J F. Phase relationships in the pyrometallurgy of copper[J]. Metallurgical and Materials Transactions B, 1976, 7(1): 17-33.

[138] YAZAWA A. Thermodynamic considerations of copper smelting[J]. Canadian Metallurgical Quarterly, 1974, 13(3): 443-453.

[139] HIDAYAT T, SHISHIN D, DECTEROV S A, et al. Critical assessment and thermodynamic modeling of the Cu-Fe-O-Si system[J]. Calphad, 2017, 58: 101-114.

[140] HIDAYAT T, FALLAH-MEHRJARDI A, CHEN J, et al. Experimental study of metal-slag and matte - slag equilibria in controlled gas atmospheres [C]// Proceedings of the 9th International Copper Conference, Kobe, Japan, 2016: 1332-1345.

[141] KIM H G, SOHN H Y. Effects ofCaO, Al$_2$O$_3$, and MgO additions on the copper solubility, ferric/ferrous ratio, and minor-element behavior of iron-silicate slags[J]. Metallurgical and Materials Transactions B, 1998, 29(3): 583-590.

[142] SHISHIN D, HIDAYAT T, CHEN J, et al. Experimental investigation and thermodynamic modeling of the distributions of Ag and Au between slag, matte, and metal in the Cu-Fe-O-S-Si system[J]. Journal of Sustainable Metallurgy, 2019, 5(2): 240-249.

[143] 曲胜利. 富氧底吹熔炼处理复杂金精矿新技术的研究及应用[D]. 沈阳: 东北大学, 2013.

[144] 陈涛, 董准勤, 刘永道. 富氧底吹炼铜熔炼烟气干法收砷工艺试验研究[J]. 中国有色冶金, 2020, 49(2): 41-44.

[145] LUO H L, LIU W, QIN W Q, et al. Cleaning of high antimony smelting slag from an oxygen-enriched bottom-blown by direct reduction[J]. Rare Metals, 2019, 38(8): 800-804.

[146] PADILLA R, RUIZ M C. Behavior of arsenic, antimony and bismuth at roasting temperatures [M]// Drying, Roasting, and Calcining of Minerals. Cham: Springer, 2015: 43-50.

[147] HAGA K, ALTANSUKH B, SHIBAYAMA A. Volatilization of arsenic and antimony from tennantite/tetrahedrite ore by a roasting process[J]. Materials Transactions, 2018, 59(8): 1396-1403.

[148] ŽIVKOVIĆ Ž, ŠTRBAC N, ŽIVKOVIĆ D, et al. Kinetics and mechanism of Sb$_2$S$_3$ oxidation process[J]. Thermochimica Acta, 2002, 383(1-2): 137-143.

[149] PADILLA R, ARACENA A, RUIZ M C. Reaction mechanism and kinetics of enargite oxidation at roasting temperatures[J]. Metallurgical and Materials Transactions B, 2012, 43 (5): 1119-1126.

[150] TASKINEN P, SEPPÄLÄ K, LAULUMAA J, et al. Oxygen pressure in the Outokumpu flash smelting furnace—part 1: copper flash smelting settler[J]. Mineral Processing and Extractive Metallurgy, 2001, 110(2): 94-100.

[151] KAPUSTA J P T. Sonic injection in sulphide bath smelting: an update[J]. Journal of the Southern African Institute of Mining and Metallurgy, 2018, 118(11): 1131-1139.

[152] 罗银华. 富邦富氧侧吹熔炼炉技改实践[J]. 中国有色冶金, 2014, 43(2): 51-53, 60.

[153] WOOD J, HUGHES S. Future development opportunities for the Outotec® Ausmelt process [C]// Copper 2016. Kobe: Proceedings of Copper 2016, 2016: 361-372.

[154] HOGG B, NIKOLIC S, VOIGT P, et al. ISASMELT™ technology for sulfide smelting[C]//

Extraction 2018. Cham: Springer, 2018: 149-158.

[155] 袁则平. 贵溪冶炼厂铜熔炼过程中主要杂质分布及脱除探索[J]. 有色金属(冶炼部分), 1997(6): 2-5.

[156] ALVEAR G R, HUNT S P, ZHANG B. Copper ISASMELT-dealing with impurities[C]// Advanced Processing of Metals and Materials. San Diego: Sohn International Symposium, 2006: 673-685.

[157] 程利振, 许欣. 铜造锍熔炼杂质元素分布及回收利用研究进展[J]. 有色金属材料与工程, 2016, 37(3): 103-109.

[158] TASKINEN P, AKDOGAN G, KOJO I, et al. Matte converting in copper smelting[J]. Mineral Processing and Extractive Metallurgy, 2019, 128(1-2): 58-73.

[159] 郭学益, 王亲猛, 田庆华, 等. 基于区位氧势硫势梯度变化下铜富氧底吹熔池熔炼非稳态多相平衡过程[J]. 中国有色金属学报, 2015, 25(4): 1072-1079.

[160] WAN X B, TASKINEN P, SHI J J, et al. Reaction mechanisms of waste printed circuit board recycling in copper smelting: the impurity elements[J]. Minerals Engineering, 2021, 160: 106709.

[161] 郭学益, 王亲猛, 廖立乐, 等. 铜富氧底吹熔池熔炼过程机理及多相界面行为[J]. 有色金属科学与工程, 2014, 5(5): 28-34.

[162] ROGHANI G. Pheseequilibrium and minor elements distribution between slag and copper matte under high partial pressures of SO_2[C]// International Conference on Molten Slags Fluxes & Salts, 1997.

[163] TAKEDA Y, ISHIWATA S, YAZAWA A. Distribution equilibria of minor elements between liquid copper and calcium ferrite slag[J]. Transactions of the Japan Institute of Metals, 1983, 24(7): 518-528.

[164] YAZAWA A, TAKEDA Y. Equilibrium relations between liquid copper and calcium ferrite slag[J]. Transactions of the Japan Institute of Metals, 1982, 23(6): 328-333.

[165] ACUÑA C, YAZAWA A. Behaviours of arsenic, antimony and lead in phase equilibria among copper, matte and calcium or Barium ferrite slag[J]. Transactions of the Japan Institute of Metals, 1987, 28(6): 498-506.

[166] YAZAWA A, NAKAZAWA S, TAKEDA Y. Distribution behavior of various elements in copper smelting systems[J]. JOM, 1984, 36(8): 79.

[167] NAGAMORI M, ERRINGTON W J, MACKEY P J, et al. Thermodynamic simulation model of the Isasmelt process for copper matte[J]. Metallurgical and Materials Transactions B, 1994, 25(6): 839-853.

[168] MENDOZA D G, HINO M, ITAGAKI K. Phase relations and activity of arsenic in Cu-Fe-S-As system at 1473 K[J]. Materials Transactions, 2001, 42(11): 2427-2433.

[169] NAGAMORI M, MACKEY P J. Thermodynamics of copper matte converting: part Ⅱ. distribution of Au, Ag, Pb, Zn, Ni, Se, Te, Bi, Sb and As between copper, matte and slag in the noranda process[J]. Metallurgical Transactions B, 1978, 9(4): 567-579.

[170] KYLLO A K, RICHARDS G G. Kinetic modeling of minor element behavior in copper converting[J]. Metallurgical and Materials Transactions B, 1998, 29(1): 261-268.

[171] CHIBWE D K, AKDOGAN G, ALDRICH C, et al. Characterisation of phase distribution in a Peirce-Smith converter using water model experiments and numerical simulation[J]. Mineral Processing and Extractive Metallurgy, 2011, 120(3): 162-171.

[172] CHIBWE D. Flow behavior, mixing and mass transfer in a Peirce-Smith converter using physical model and computational fluid dynamics [D]. Stellenbosch: University of Stellenbosch, 2011.

[173] WANG D X, LIU Y, ZHANG Z M, et al. Dimensional analysis of average diameter of bubbles for bottom blown oxygen copper furnace[J]. Mathematical Problems in Engineering, 2016, 2016: 1-8.

[174] JIANG X, CUI Z X, CHEN M, et al. Mixing behaviors in the horizontal bath smelting furnaces [J]. Metallurgical and Materials Transactions B, 2019, 50(1): 173-180.

[175] SONG K Z, JOKILAAKSO A. Transport phenomena in copper bath smelting and converting processes - A review of experimental and modeling studies [J]. Mineral Processing and Extractive Metallurgy Review, 2022, 43(1): 107-121.

[176] PÉREZ I, MORENO-VENTAS I, RÍOS G. Post-mortem study of magnesia-chromite refractory used in Peirce-Smith Converter for copper-making process, supported by thermochemical calculations[J]. Ceramics International, 2018, 44(12): 13476-13486.

[177] MARIN T, UTIGARD T, MARIN T. The kinetics and mechanism of molten copper oxidation by top blowing of oxygen[J]. JOM, 2005, 57(7): 58-62.

[178] 杨理强, 赵洪亮, 张立峰. CCS 铜冶炼厂转炉生产模式的实践[J]. 中国冶金, 2017, 27 (1): 58-64.

[179] PARK M G, TAKEDA Y, YAZAWA A. Equilibrium relations between liquid copper, matte and calcium ferrite slag at 1523 K[J]. Transactions of the Japan Institute of Metals, 1984, 25 (10): 710-715.

[180] SHISHIN D, HIDAYAT T, DECTEROV S, et al. Thermodynamic modelling of liquid slag-matte-metal equilibria applied to the simulation of the Peirce-Smith converter[C]//Advances in Molten Slags, Fluxes, and Salts: Proceedings of the 10th International Conference on Molten Slags, Fluxes and Salts 2016. Cham: Springer, 2016: 1379-1388.

[181] SOHN H Y, KIM H G, SEO K W. Minor-element behaviour in copper-making [M]// EMC'91: Non-Ferrous Metallurgy—Present and Future. Dordrecht: Springer, 1991: 205-217.

[182] 张小并. 铜吹炼过程中的杂质脱除[J]. 有色冶炼, 1998(3): 10-15.

[183] SEO K W, SOHN H Y. Mathematical modeling of sulfide flash smelting process: part Ⅲ. Volatilization of minor elements[J]. Metallurgical and Materials Transactions B, 1991, 22 (6): 791-799.